GESTION DURABLE DES EAUX PLUVIALES DANS LES VILLES AFRICAINES

UN ENJEU DE DÉVELOPPEMENT DE MASSE

SYLVESTRE DASYLVA

GESTION DURABLE DES EAUX PLUVIALES DANS LES VILLES AFRICAINES

UN ENJEU DE DÉVELOPPEMENT DE MASSE

UMR 8591 Meudon CNRS - Paris 1
LGP
Laboratoire de Géographie Physique

L'Harmattan

5-7, rue de l'École-Polytechnique ; 75005 Paris

http://www.librairieharmattan.com
diffusion.harmattan@wanadoo.fr
harmattan1@wanadoo.fr

ISBN : 978-2-343-05383-7
EAN : 9782343053837

« Ce n'est que lorsque le puits s'assèche que l'on découvre la valeur de l'eau »

Proverbe chinois

AFD	Agence française de développement
AHWO	Observatoire des ressources humaines en santé de l'Afrique (en français)
AMREF	African Medical and Research Foundation
ANC	Assainissement non collectif
APD	Aide publique au développement
AWF	Fonds africain pour l'eau / African Water Facility
BAfD	Banque africaine de développement
BEI	Banque européenne d'investissement
CCNUCC	Convention-cadre des nations unies sur les changements climatiques
CDB	Convention sur la diversité biologique
CEA	Commission économique pour l'Afrique des Nations Unies (UNECA en Anglais)
CLD	Convention des Nations unies de lutte contre la désertification
ClimDev Africa	Climat pour le développement en Afrique
CME	Conseil mondial de l'eau
CMAE	Conseil des Ministres Africains de l'Eau (ou ACMOW en anglais)
CRDI	Centre de Recherches pour le Développement International / Canada
CTA	Centre technique de coopération agricole et rurale
EAA	Agence Eau et Assainissement pour l'Afrique
EM	Evaluation des Ecosystèmes pour le Millénaire / MEA : Millenium Ecosystem Assessment
FAD	Fonds africain de développement
FADA	Fonds pour l'accélération du développement agricole
FAO	Food and agriculture organization / Organisation des Nations unies pour l'alimentation et l'agriculture
FEM	Fonds pour l'environnement mondial
FFI	Fonds fiduciaire UE-Afrique pour les infrastructures
FIDA	Fonds international de développement agricole
FMI	Fonds monétaire international
FSN	Fonds Spécial du Nigéria
GDEPMU	Gestion développante des eaux pluviales en milieu urbanisé
GIEC	Groupe intergouvernemental d'experts sur l'évolution du climat
-GIRE	Gestion intégrée des ressources en eau
HHA	Partenariat Harmonisation pour la Santé en Afrique (en français)
IADM	Initiative d'allègement de la Dette multilatérale
IAEAR	Initiative pour l'alimentation en eau et l'assainissement en milieu rural

IDH	Indice de Développement Humain
IEC	Information, Éducation et Communication
IED	Investissements étrangers directs
IFPRI	Institut international de recherche sur les politiques alimentaires (en Français)
IRC	Centre international de l'eau et de l'assainissement (en Français)
MTN	Maladies tropicales négligées
MDP	Mécanisme de développement propre
NEPAD	Nouveau partenariat pour le développement de l'Afrique
OCDE	Organisation de coopération et de développement économique
OCHA	Office for the coordination of humanitarian affairs of United Nations
OMC	Organisation mondiale du commerce
OMD	Objectifs du millénaire pour le développement
OMM	Organisation météorologique mondiale
OMS	Organisation mondiale de la santé
OMT	Organisation mondiale du tourisme
PAA	Plan d'actions pour l'Afrique
PDDAA	Programme détaillé pour le développement de l'agriculture en Afrique
PIB	Produit intérieur brut
PIDA	Programme de développement des infrastructures en Afrique
PMA	Pays les moins avancés
PNUD	Programme des Nations Unis pour le développement
PNUE	Programme des Nations Unies pour l'environnement
PPTE	Pays pauvres très endettés
PVD	Pays en voie de développement
UA	Union africaine
UNSGAB	Conseil consultatif auprès du secrétaire général de l'Onu sur l'eau et l'assainissement / United nations secretary general advisory board
USD	Dollar États-Unis
WSSCC	Conseil de concertation pour l'approvisionnement en eau et l'assainissement / Water Supply and Sanitation Collaborative Council
WWAP	Programme mondial pour l'évaluation des ressources en eau / World Water Assessment Programme

AVANT-PROPOS

UN PROJET DE RECHERCHE-ACTION EN DÉVELOPPEMENT

Cet ouvrage est l'expression d'une volonté d'utiliser des résultats de recherche fondamentale, pour la formulation d'une piste de réflexion et d'action sur une lancinante question de développement en Afrique, en lien avec l'eau de pluie. Au plan socioéconomique, une perception partageable est que les progrès actuels semblent relativement insuffisants, car ne profitant pas de façon appropriée au plus grand nombre. Malgré les multiples efforts, on a l'impression que le continent soit pris dans un piège nécessitant des actions d'envergure pour corriger des dysfonctionnements lourds, pesant à la fois sur l'efficacité économique et la justice sociale. Pourtant, les statistiques actuelles révèlent une dynamique assez positive, mais avec des résultats ne favorisant pas un ressenti partagé de satisfaction, la fracture sociale demeurant encore forte. Par exemple en 2011, parmi les dix pays où les inégalités sont les plus accentuées dans le monde, six sont africains : la Namibie, l'Afrique du Sud, le Lesotho, le Botswana, la Sierra Leone et la République centrafricaine (BAfD, 2013a)[1]. Dans un tel contexte, quel type d'actions serait nécessaire pour impulser une trajectoire de développement, conciliant une accélération et une massification des avancées, ne serait-ce que pour réduire les clivages sociaux ?

En thèse, nos résultats en recherche fondamentale nous ont permis d'acquérir des renseignements clés sur les spécificités de ces systèmes hydriques atypiques que sont les bas-fonds d'Afrique intertropicale. Le bénéfice a été d'en tirer des informations représentatives, ayant rendu possible, par la suite, la conceptualisation d'un processus de progrès par la base axé sur la 'gestion développante des eaux pluviales en milieu urbanisé' (GDEPMU). On s'est rendu compte que l'eau de pluie et les écosystèmes humides associés, représentent un enjeu de développement de masse dans le continent. Mais, au regard des approches actuelles de

[1] BAfD, 2013a - Rapport 2012 sur le développement en Afrique. Vers une croissance verte en Afrique. 36 p. URL : http://www.afdb.org/fileadmin/uploads/afdb/Documents/Publications/Rapport%20%20sur%20le%20d%C3%A9veloppement%20en%20Afrique%202012%20%20-%20Vue%20d%E2%80%99ensemble.pdf

résolution des problèmes de société, nos investigations bibliographiques et de terrain ont découvert un besoin avéré d'adaptation des pratiques habituelles. Une satisfaction appropriée des besoins nécessite d'appliquer une démarche rationnelle et contextualisée, ou en phase avec les questions de l'heure ; ce qui implique de miser sur des solutions élargies de maîtrise du ruissellement pluvial. On considère qu'une consolidation des acquis socioéconomiques actuels devrait, indispensablement, s'appuyer sur des mesures transversales visant à sécuriser davantage les ressources naturelles fonctionnelles, et le cadre de vie, de même qu'à rendre effective la gouvernance partagée et concertée. En effet, selon Resweber (1995)[2], la 'recherche fondamentale' est basée sur une démarche formelle, explicative ou abstraite. En faisant fi du réel, elle se veut de construire une démarche soucieuse d'une explication cohérente dans la formalisation des objets étudiés, notamment avec des connaissances justifiées par des savoirs constitués (Richer, 2011)[3]. Quant à la 'recherche appliquée' - ciblée par nos publications scientifiques post-thèse -, ses maîtres-mots sont l'action, la mise en œuvre et/ou la concrétisation sur le terrain des savoirs théoriques, ou des résultats de recherche fondamentale.

En revanche, la particularité de la 'recherche action' - objet de ce projet d'ouvrage en deux volumes - est d'orienter les investigations dans un but de rassemblement d'enseignements, à partir d'un phénomène d'étude ; le résultat attendu étant la formulation d'une approche de résolution des problèmes, susceptible de généralisation. Autrement dit, elle privilégie la mise en œuvre d'activités visant la modification du réel, ou un changement social, avec des hypothèses validées par des faits représentatifs. C'est ainsi que des chercheurs français soutiennent que son objectif est de transformer la réalité, pour en tirer des avancées. Le postulat de cette approche globale ou systémique de terrain, est que de l'action peut naître des acquis nouveaux, mais aussi il ne faut pas perdre de vue que la recherche appliquée, ou l'action, se construit à partir d'argumentations issues de la recherche fondamentale. A cause de la complexité des paramètres en interaction, la recherche-action nécessite

---

[2] Resweber, J.P., 1995 - *La recherche-action.* Paris : PUF. 238 p.

[3] Richer J.J., 2011 – « Recherche-action et didactique du FLE ». *Synergies Chine* n° 6 - 2011 pp. 47-58

une combinaison de plusieurs disciplines, ce qui emmène Lyon (2006)[4] à dire que la recherche-action repose sur un principe d'interdisciplinarité.

Par ailleurs, en matière d'aménagement, n'est-ce pas aussi le but de la géographie de comprendre les dynamiques dans les espaces de vie, dans toute leur complexité et leur diversité, et d'agir. Ainsi, un principe fondamental des réponses apportées par l'approche d'*intelligence territoriale* à mettre en œuvre est de s'appuyer sur une démarche transversale, associant des aspects politiques, économiques, sociaux, culturelles, physiques - relief, sol, climat, eau, végétation - et/ou techniques, entre autres. Et c'est la méthodologie appliquée dans ce projet d'ouvrages, dont l'originalité mise sur un élargissement thématique du procédé de détermination et de règlement des contraintes induites par la variabilité pluviométrique ; cela, rappelons-le, dans un contexte d'une démocratie de plus en plus affirmée. Comme justification, on s'est aperçu que les pratiques généralement en cours sont mises en doute par le plus grand nombre, car n'intégrant pas suffisamment la diversité représentative des questions actuelles en rapport avec la maîtrise des écoulements par temps de pluie, et apparaissent parfois peu efficaces.

Dans le domaine de la recherche, une volonté actuelle dans le continent est de faire progresser les programmes scientifiques, la technologie et l'innovation, au profit d'un progrès économique effectif. En revanche, au regard des usages budgétaires dominants, la recherche-développement n'est pas l'objet d'une attention prioritaire des investissements institutionnels selon le Rapport 2010 de l'UNESCO sur la science. Une enquête menée en 2012 par l'Union Africaine et le NEPAD dans dix-neuf pays africains, révèle que seuls le Malawi, l'Ouganda et l'Afrique du Sud ont consacré plus de 1 % de leur PIB à ce secteur. En ce qui concerne les autres, le taux varie entre 0,2 et 0,5 %, la moyenne continentale étant de 0,3 %. En comparaison, c'est sept fois moins des sommes mobilisées dans les pays industrialisés. En 2007, on ne comptait dans le continent que 164 chercheurs pour un million d'habitants, contre une moyenne mondiale de 1081.

S'agissant d'innovation, on constate que certains pays ont déjà commencé à investir dans le secteur des énergies renouvelables et propres. A l'origine de cette prise de conscience croissante, les contraintes sociétales provoquées par la dégradation des ressources

---

4 Lyon, A.C., 2006 – « La cohérence et la complexité ». In : E. Christen-Gueissaz, G. Corajoud, M. Fontaine, J.B. Racine (dir.), *Recherche-action/Processus d'apprentissage et d'innovation sociale.* Paris : L'Harmattan, 235p.

naturelles productives et le changement climatique, ont fini par provoquer l'émergence d'un intérêt sur ces nouvelles technologies, et aussi sur l'agriculture biologique. Mais, ce n'est pas encore le cas avec la récupération des eaux pluviales, malgré un contexte d'incertitude pluviométrique de plus en plus pesant sur l'économie et les conditions de vie des populations. D'ailleurs, ce dysfonctionnement systémique constitue le fondement de ce plaidoyer, axé sur l'impérieuse nécessité d'adapter les pratiques actuelles de gestion du paramètre pluvial.

Même si les avancées sont timides, certaines initiatives en recherche-développement pour soutenir l'activité hydro-agricole, sont appropriées et à amplifier ; comme par exemple la création du Groupe consultatif pour la recherche agricole internationale (GCRAI, ou CGIAR en anglais). Précisément, c'est un partenariat mondial de recherche mis en place pour promouvoir une révolution verte visant à lutter contre la faim. Il regroupe aujourd'hui quinze centres de recherche thématique disséminés dans le monde. Sa mission de coordination se fixe, surtout, comme résultat final de réduire la pauvreté, mais aussi d'assurer la sécurité alimentaire dans les Pays en développement. Cette initiative de la Banque mondiale est mise en œuvre en partenariat avec la FAO, le PNUD et le FIDA - Fonds international de développement agricole.

En particulier sur la question hydrique, par exemple, l'objectif global de l'IWMI (International Water Management Institute) en Afrique cherche à contribuer à l'amélioration du niveau de vie des populations. Il s'agit de parvenir à un renforcement de la capacité des acteurs, pour des choix rationnels concernant l'accès et la gestion des ressources terrestres et hydriques ; cela au service de la productivité, ou d'autres usages. Pour ce faire, les activités menées s'articulent autour de cinq grands axes thématiques, correspondant à des problématiques actuelles et futures essentielles, notamment en lien avec l'eau et les sols. Ils s'intitulent : (i) 'gestion intégrée des ressources en eau pour l'agriculture', (ii) 'systèmes de gestion durable des ressources hydriques et pédologiques à l'intention des petites exploitations agricoles', (iii) 'gestion durable des eaux souterraines', (iv) 'institutions et politiques liées aux ressources hydriques', (v) 'de l'eau pour la santé et l'environnement'.

Globalement, les questions liées à l'eau constituent aussi le centre d'intérêt des problématiques de 'recherche action en développement' prises en considération dans ce projet. Le focus est de cerner les modalités d'une approche de gestion contextualisée du ruissellement exceptionnel généré dans les centres urbains lors des pluies ; les prescriptions étant surtout destinées aux acteurs de terrain, pour des interventions construites et éclairées. Les préoccupations sont, respectivement : (i) d'établir un diagnostic et une vision de développement pour le continent, s'appuyant sur le paramètre pluvial, (ii) de fournir un mode d'emploi utilisable dans différents contextes d'intervention (à publier plus tard).

Deux catégories d'information sont attendues de ces ouvrages se voulant des outils pour l'action publique. D'abord, il s'agit de démontrer que les écoulements par temps de pluie, tant négativement perçus en ville, représentent aussi un enjeu majeur et incontournable de progrès socioéconomique. Ensuite, on a voulu combler le manque de référentiel de planification sur le terrain, d'une démarche transversale et contextualisée. Et dans ces deux objectifs, l'identification de la diversité représentative des enjeux constitue un baromètre d'une importance primordiale ; d'où l'intérêt de ce premier tome. On considère que la capacité d'un plan d'actions à satisfaire convenablement les attentes des parties intéressées, est fortement tributaire de la pertinence des questions prises en considération.

Du rôle joué par l'eau de pluie et sa gestion dans les performances et les dysfonctionnements observés, découleront des informations attestant des impacts effectifs des politiques en application sur le processus de développement. Sur la base des questions d'actualité - persistantes ou émergentes - mises en exergue, seront décelés les manquements à maîtriser pour combattre l'insuffisance de développement. Ainsi, l'interrogation de base est de savoir si les prérequis d'un dynamisme gagnant sont réunis, ou non. Surtout, en fonction des tendances, un doute à lever est la nécessité et l'urgence de rendre l'activité agricole plus résiliente, et cela face aux aléas climatiques et pressions humaines déséquilibrées. En effet, est-ce que les situations observées exigent une sécurisation des actifs naturels productifs, au bénéfice du plus grand nombre ? Sur d'autres thématiques décisives, les données de santé publique renvoient-elles à un besoin d'appliquer des mesures de renforcement de la protection du capital humain ? Enfin, vu les difficultés de financement du secteur de l'assainissement, les investissements productifs à vocation agricole pourraient-ils constituer une piste crédible alternante d'autofinancement ? En cas d'absence de ressources naturelles minières ou pétrolières, il est approprié d'élucider ces préoccupations pour apprécier la pertinence de la trajectoire rectifiante à promouvoir un progrès socioéconomique rapide et partagé.

Au final, ce projet global est une illustration des bénéfices escomptés d'une activité de 'recherche action en développement', par une théorisation de la méthode GDEPMU. Précisément, il fournit des indications sur : (i) le rôle du paramètre pluviométrique dans l'état situationnel de quatre thématiques clés - agriculture, santé, eau et assainissement -, (ii) des objectifs actualisés de gestion partagée des eaux pluviales en milieu urbanisé, (iii) les modalités d'exécution sur le terrain des mesures recommandées. Maintenant que faudrait-il penser de la pertinence des éléments d'information apportés ? En tout cas, une volonté affichée est d'inscrire cette démarche de maîtrise rationnelle des eaux pluviales dans la logique des mesures recommandées par les parties prenantes au plan international, pour impulser une trajectoire d'émergence gagnante dans le continent africain.

DE L'OUVRAGE : APPROCHE ET ÉLÉMENTS D'INFORMATION DISPONIBLES

Éléments discursifs sur la méthodologie

■ Ce projet d'ouvrage en deux volumes est destiné aux parties intéressées par le développement du continent, c'est-à-dire aux citoyens, preneurs de décision et acteurs de mise en œuvre et de la recherche. Ce premier tome se veut un diagnostic et une vision de progrès axés sur des thématiques d'actualité portant sur des enjeux de société hydriques et hydrologiques, notamment persistants et/ou émergents. L'objectif poursuivi est de promouvoir une *intelligence de développement inclusif* axée sur les effets négatifs et bénéfiques plurielles des eaux pluviales. Précisément, il s'agit de mettre à la disposition des parties prenantes, des éléments de réflexion contextualisés sur les modalités d'une gestion développante des eaux pluviales, basée sur une approche élargie et des mesures rationnellement conçues. On veut rassembler des connaissances factuelles sur les corrélations, avérées et/ou potentielles, existant actuellement entre le paramètre pluviométrique et les résultats obtenus en matière de performance socioéconomique, mais aussi atteignables en faisant évoluer les pratiques. **Le résultat final attendu de la nouvelle démarche de résolution des problèmes est une massification et une accélération des avancées dans le continent, par une maîtrise du ruissellement éclairée par le concept GDEPMU**. En validant ces perspectives, on veut aussi justifier la pertinence de la publication future du tome 2, ou mode d'application de l'approche nouvelle suggérée.

■ Avec les informations disponibles, une volonté est que cet ouvrage soit considéré comme un plaidoyer, ou un cadre explicatif de l'obligation de faire évoluer, ou d'adapter la démarche organisationnelle et opérationnelle. Dans le continent, la situation sociétale actuelle se distingue par une diversité et une complexité des problématiques en rapport avec les tendances pluviométriques et le processus d'urbanisation ; surtout que les solutions de gestion préférées sont thématiquement limitées.

■ Aujourd'hui en particulier, on observe de façon régulière des chocs d'origine naturelle ou humaine, agir négativement sur les activités économiques et le bien-être des populations, particulièrement en milieu rural et dans les quartiers populaires. Le bouleversement du climat - attesté par une occurrence accrue d'évènements extrêmes -, les modes non durables de gestion de l'eau et des terres, les choix inappropriés des sites d'habitation et les contraintes capacitaires des acteurs, sont en coïncidence avec une fluctuation de la production agricole, un exode rural massif, une croissance exponentielle des bidonvilles, une exacerbation de la précarité sociale, une dégradation du cadre de vie, entre autres. Dès lors, il serait instructif de connaître l'étendue réelle des contraintes au développement d'origine hydrique, et les causalités réciproques. Par exemple, quelles sont les liens entre ces goulots d'étranglement, et l'occurrence des inondations et des sécheresses, la répartition inégale des ressources hydriques, la mise en valeur extensive des terres agricoles, l'urbanisation non maîtrisée et l'application du concept hygiéniste du tout-à-l'égout ? Des éléments de réponse obtenus, seront formulées les orientations devant guider les perspectives durables de résolution des problèmes, ou une approche calibrée de gestion, à vocation développante. Le but sera de s'attaquer à des problématiques nationales et locales de terrain, ou non génériques, notamment centrées sur la spécificité réelle des territoires géographiques d'intervention, et les aptitudes des parties prenantes locales.

■ A cet effet, la méthodologie appliquée pour concevoir la stratégie a été la suivante. Sur la forme, la mise en évidence du rôle joué par le paramètre pluvial et sa gestion, dans des thématiques de développement considérées comme décisives, s'appuie sur une division de l'ouvrage en trois parties, ou en dix chapitres. Dans les différentes analyses, le fondement de la réflexion est axé sur une mise en lumière des tendances des résultats sectoriels, des déterminants, des effets socioéconomiques induits et/ou des perspectives appropriées d'action, selon les logiques décrites ci-après.

■ Dans la première partie, quatre secteurs institutionnels - agriculture, santé, hydraulique et assainissement - sont diagnostiqués. Il s'agit d'avoir une compréhension globale sur l'état et l'évolution des performances socioéconomiques, les conditions d'existence des populations et/ou la productivité des ressources naturelles. L'information essentielle recherchée consiste à mettre en lumière des situations significatives imputables au paramètre hydrique, ou à l'eau de pluie en particulier. Dans la seconde, les renseignements ciblés reposent sur une démonstration factuelle des impacts socioéconomiques - directs ou indirects - des précipitations et leur gestion, sur les thématiques de référence. Il est attendu des indications, une connaissance quantitative ou qualitative des contraintes au développement provoquées par une pluviosité changeante dans le temps et dans l'espace. Enfin dans la dernière, les axes transversaux d'une stratégie élargie et développante de gestion en milieu urbanisé sont mentionnés, et surtout aussi, la diversité des bénéfices atteignables, y compris pour l'environnement. De façon plus détaillée, les analyses suivantes tentent de décliner l'argumentaire mis en avant dans les différentes parties, pour justifier la représentativité de la démarche appliquée.

Première partie : place représentative du paramètre pluvial dans quatre thématiques institutionnelles clés de développement

Comme annoncé, ici, les analyses ont pour but de comprendre et de mesurer l'influence du paramètre pluvial dans les situations observées dans les secteurs de l'agriculture, de la santé, de l'hydraulique et de l'assainissement liquide.

Agriculture

■ Cette rubrique débute par un diagnostic des facteurs naturels et humains de production, sans oublier d'aborder une question 'genre' attirant l'attention sur le travail pénible des femmes en milieu rural. Sinon, la principale donne est que la pluie assure environ 95 % de l'approvisionnement en eau agricole, d'après l'Organisation des Nations Unies pour l'alimentation et l'agriculture (FAO).

■ Aussi, on a cherché à connaître les paramètres qui contrôlent la fluctuation des rendements, et fini par déceler le rôle prépondérant joué par des facteurs conjoncturels telles que la variabilité pluviométrique et la faible modernisation des pratiques agricoles, entre autres. Faute d'une production suffisante, les dépenses consacrées annuellement aux importations de produits alimentaires sont l'équivalent du tiers de la richesse créée, c'est-à-dire 33 milliards USD environ d'après la FAO, dont 19 milliards pour des denrées agricoles. Pour précision, si cette tendance est inversée, il s'agit autant de richesse qui sera mise au profit de l'investissement, ou redistribuée aux acteurs locaux.

■ Par ailleurs, cette information a aussi retenu l'attention, à savoir que les gains de productivité actuels sont largement tributaires de l'expansion continue des terres de cultures pluviales. Autrement dit, les techniques d'exploitation des parcelles cultivées n'ont pas beaucoup évolué au fil du temps.

■ Sur son poids socioéconomique, l'agriculture - à dominance pluviale - a par exemple exceptionnellement contribué pour 24,6 % en moyenne dans le PIB continental entre 2002 à 2004, contre une moyenne mondiale de 3 %. Aussi, il a été surtout établi une influence décisive du dynamisme variable de l'activité agricole sur les conditions de vie des populations en milieu rural, et plus globalement sur des questions sociétales se rapportant aux moyens d'existence - pauvreté - et à l'exode rural.

Santé

■ Cet intérêt accordé au secteur de la santé s'explique par un souci de connaître les perspectives de participation sans contrainte du capital humain dans les activités. Un premier objectif a été de préciser la relation dialectique, ou bidirectionnelle, existant entre 'Développement & Santé', ou les bénéfices (avantages) ou pertes (contraintes) mutuellement provoqués. Un second s'est intéressé à la quantification de la prévalence des maladies liées à l'eau dans la mortalité et la morbidité du continent, avec un focus sur le paludisme et les maladies tropicales négligées (MTN). Dans les différentes analyses, il s'agit d'apprécier concrètement le rôle plus ou moins direct joué par les eaux pluviales stagnantes, dans la création de biotopes favorables à l'émergence des pathologies-cibles.

■ A lui seul, le continent supporte environ 26 % du fardeau des maladies dans le monde. En guise d'illustration, 49 % des décès maternels et 50 % des décès d'enfants de moins de 5 ans, y sont enregistrés ; pourtant avec seulement 11 % de la population de la planète. Parmi les facteurs explicatifs, le paramètre environnemental et les réalités socioculturelles sont déterminants : on estime à pratiquement 10 %, la charge globale de maladies associées au manque d'assainissement, d'eau potable et d'hygiène.

■ A propos des problématiques sectorielles actuelles, les manquements majeurs et les perspectives d'amélioration, de même que le coût financier des besoins, sont spécifiés. Rien que les investissements nécessaires pour réaliser les OMD sont estimés, annuellement, entre 20 et 70 milliards USD jusqu'en 2015.

Hydraulique

■ La variabilité dans l'espace et dans le temps des potentialités hydriques mobilisables et mobilisées, a permis de mieux comprendre la diversité des problématiques associées à la disponibilité, ou à l'accès à l'eau. Par exemple, les pays de la zone saharo-sahéliennes sont les moins pourvus en ressources eau de toutes les régions du monde, après le Moyen Orient. Les disponibilités s'élevaient dans cette zone à 1450 m^3/an/habitant en moyenne en 2000, contre une moyenne mondiale d'environ 7500 m^3. Pour rappel, le 'stress hydrique' est déclaré lorsque moins de 1700 m^3 d'eau potable sont disponibles par personne et par an, selon le PNUE. Du coup, dans cet espace géographique, on considère opportun de solliciter davantage les ressources hydriques alternatives pour renforcer l'eau agricole, un paramètre essentiel pour cette filière majeure dans la vie au quotidien des populations et l'économie. Mais aussi un autre repère intéressant : la FAO annonce que c'est seulement près de 3 % des ressources en eau du continent qui seraient exploitées, ce qui démontre l'étendue des contraintes, ou aussi de la marge de manœuvre existante.

■ A propos des problématiques sociétales d'intérêt majeur, il est retenu le faible taux d'accès à l'eau potable, les impacts multiples du manque d'eau, la dynamique régressive des écosystèmes hydriques et de la biodiversité, et les tentatives actuelles de gestion concertée des ressources transfrontalières. Une information préoccupante sur l'offre hydrique réelle : d'après nos estimations, elle était d'environ 106 km^3 (ou 120 milliards m^3) pour l'ensemble du continent en 2004, si c'est seulement 3 % du volume global qui est mobilisé. Du coup, la part potentiellement utilisable par an et par habitant est de 136 m^3, alors que le seuil de 'pénurie absolue' est de 500 m^3/habitant/an.

■ Sur les usages de l'eau, l'agriculture est, de très loin, la principale destination des prélèvements, d'où une très forte exposition aux menaces et contraintes pesant sur les ressources hydriques, en partie d'origine climatique. Comme mesures d'adaptation à la péjoration des conditions pluviométriques et aux modes de gestion non durables, les pratiques de gestion et de conservation de l'eau et des terres les plus couramment utilisées en milieu rural sont examinées, pour identifier des pistes de renforcement ou de protection des ressources naturelles productives.

Assainissement liquide

■ En effet, la performance des actions en application contrôle l'existence d'un cadre de vie sain et résilient aux risques hydriques, ce qui pourrait contribuer à la préservation des aptitudes physiques et mentales du capital humain.

■ D'après les Nations Unies, dans le monde, c'est quelque 2,6 milliards de personnes qui sont privées d'accès à un *assainissement amélioré*, et 1,2 milliard pratiquent la *défécation en plein air*. Pour démontrer l'acuité du problème en Afrique, et sur une population d'environ 788 millions de personnes : (i) 220 millions - 28 % - ont pratiqué la défécation à l'air libre, (ii), 212 millions - 23 % - ont utilisé une installation non améliorée, (iii) 142 millions - 18 % - ont partagé un type adéquat d'installation sanitaire, (iv) seulement 360 millions - 31% - ont disposé d'un moyen d'assainissement amélioré (niveau 4). Ces statistiques datent de l'année 2006.

■ Au plan infrastructurel, ces données renseignent que le manque en nombre approprié de dispositifs sécurisants, ou de protection efficace, représente un point de faiblesse majeur. Les habitudes sont encore largement dominées par un recours à l'assainissement autonome ; aussi bien dans les équipements mis en place, que dans le processus d'évacuation des déchets. En effet, plus de la moitié de la population est concernée par des procédés d'assainissement portant atteinte à l'environnement, ou ne garantissant pas des conditions d'hygiène optimales aux personnes.

■ Dans les questions majeures d'actualité à prendre en charge impérativement, il est identifié : (i) l'insuffisance quantitative et qualitative des infrastructures, (ii) les approches opérationnelles et organisationnelles institutionnelles de gestion inappropriées, (iii) le mode de financement du secteur et de recouvrement des coûts, reposant beaucoup sur les ménages.

■ Plus particulièrement, l'assainissement pluvial a aussi retenu l'attention, une thématique très marginale dans les préoccupations de la communauté internationale et des autorités nationales, mais aussi fortement influencée par le concept hygiéniste. Seulement près de 10 % des villes africaines disposent d'un réseau, le plus souvent de faible densité. Surtout, la valorisation des eaux de drainage ne semble pas une pratique répandue, et cela dans un contexte de pluviosité de plus en plus extrême.

Deuxième partie : des contraintes réelles au développement causées par le paramètre pluvial & Préconisations internationales

Le débat mondial actuel sur le changement climatique a mis la question pluviométrique au-devant de l'actualité. Pour apprécier la gravité de la situation, ses tendances d'évolution dans l'espace et au fil du temps sont examinées, pour approfondir la réflexion sur les contraintes au développement réelles, et à grande échelle, imputables au paramètre pluvial. Il s'agit d'obtenir des informations factuelles justifiant l'intérêt et l'urgence d'agir, de même que la pertinence de changer de paradigme d'intervention. Et cela est possible si l'on parvient à identifier clairement les impacts pluriels provoqués, directement ou indirectement, par l'excès ou le manque d'eau de pluie, sur le dynamisme socioéconomique et sur les actifs productifs.

Tendances climatiques

■ D'emblée, les facteurs de la pluviosité liés à la circulation générale et aux facteurs locaux sont précisés, de même que les principaux domaines climatiques. Ensuite, les tendances actuelles du climat - ou durant le XXe siècle - sont analysées sur la base des caractéristiques des précipitations à partir de 1901. A ce propos, les résultats de la 'variabilité climatique' indiquent sur toute la période, une occurrence accrue de phénomènes extrêmes - inondations et sécheresses, qualifiés par certains de « crises climatiques ». Aussi, d'une année à une autre, une pluviosité sèche peut brusquement succéder une saison très arrosée. Par exemple dans la région de Dakar, entre 1967 et 1968, la station de Dakar-Yoff a respectivement enregistré 895 mm (cinquantenale humide) et 260 mm (décennale sèche). Au plan cyclique, l'évolution des précipitations de 1919 à 1998 dans cette même station, montre un effondrement après1968, la moyenne interannuelle étant passée de 574 à 342 mm.

■ Pour le futur et malgré les incertitudes, les prévisions de 'changement climatique' du GIEC de 2007 prévoient globalement des situations contrastées pour la pluviosité. Elles annoncent une baisse de la moyenne annuelle des précipitations de l'ordre de 20 % le long de la côte méditerranéenne, avec une extension au Nord du Sahara et en Afrique de l'ouest. Pour les pluies d'hiver Afrique australe, la diminution sera d'environ 40 %. En revanche, la moyenne va accroître de l'ordre de 7 % en Afrique centrale et orientale.

Impacts actuels des évènements extrêmes

■ Au plan socioéconomique et depuis 1970, plus de 7000 catastrophes majeures enregistrées dans le monde entier ont occasionné des dommages matériels d'une valeur minimum de 2000 milliards USD, et des pertes en vies humaines d'au moins 2,5 millions de personnes. Au Kenya, les effets conjugués des inondations hivernales de 1997/98 et de la sécheresse de 1998 à 2008, ont provoqué des nuisances estimées à 4,8 millions USD, correspondant à une perte de 16 points de PIB.

■ S'agissant de l'activité agricole, la péjoration des conditions pluviométriques se manifeste par : (i) un démarrage fluctuant de la saison des pluies, (ii) une réduction et un arrêt précoce de l'hivernage, (iii) des séquences sèches au début et au milieu de la saison, (iv) une baisse et une mauvaise répartition du nombre de jours de pluie et du volume des précipitations.

■ Selon un rapport de l'OCDE sur les impacts sur le marché mondial des produits agricoles, les prix mondiaux du blé, des céréales (en particulier le maïs), du riz et des oléagineux ont pratiquement doublé entre 2005 et 2007. Parmi les éléments d'explication retenus pour justifier cette flambée des prix, les périodes de sécheresse ayant frappé les grandes régions céréalières sont indexées, et aussi la faiblesse des stocks de céréales, entre autres.

■ Sur les impacts associés à l'insuffisance des infrastructures d'assainissement, un rapport publié par le programme 'Eau et assainissement' de la Banque mondiale précise que **le manque d'assainissement a coûté à dix-huit pays africains près de 5,5 milliards USD par an, soit entre 1 et 2,5 % de leur PIB**.

DES EFFETS DANS LE FUTUR DE L'INACTION CONTRE LE CHANGEMENT CLIMATIQUE

Le postulat est que si les impacts des prévisions futures vont dans le même sens que les tendances actuelles, il s'agit d'une évolution confirmative de la pertinence d'agir au plus vite. Or, les prévisions dans le secteur agricole renseignent qu'une augmentation de température de 2° C pourrait occasionner une perte de 4,7 % de PNB.

■ Pour les cultures pluviales, le GIEC affirme que le volume de la production dans certains pays pourrait être réduit d'au moins 50 % d'ici 2020. S'agissant des ressources en eau, le pourcentage de la population confrontée à un stress hydrique et à une hausse de la pénurie d'eau pourrait passer de 47 % en 2000, à 65 % en 2025 (Ashton, 2002) ; et dans toute l'Afrique avant cette date-seuil, c'est environ 480 millions de personnes qui habiteraient dans des régions où l'eau est soit en manque, ou sévèrement limitée.

■ Si rien n'est fait, les coûts globaux annuels d'adaptation ont été récemment évalués par la BAfD entre 20 à 30 milliards USD par an environ, sur les 10 et 20 prochaines années ; ce qui justifie largement l'intérêt du rappel ci-dessous de quelques outils destinés à la prise en charge de la question climatique. Comme on le sait, ses incidences sont déjà perceptibles, et cela dans un contexte d'aptitude technico-financière limitée des États africains.

Initiatives africaines d'adaptation au changement climatique

L'intérêt de la présentation de ces mécanismes est qu'ils peuvent servir d'éléments d'inspiration et d'appréciation de la représentativité thématique de l'approche de gestion développante suggérée dans ce projet.

■ Aujourd'hui, deux leviers prioritaires d'intervention - ou activités-cibles - sont mis en avant. D'une part, au regard des réalisations, le développement des infrastructures est la première priorité dans le continent. En plus des réseaux de transport, les périmètres irrigués, les dispositifs d'accès à l'eau et à l'énergie forment les principaux axes du Programme de développement des infrastructures en Afrique (PIDA), pour renforcer les capacités de commercialisation, de stockage et de transformation des produits alimentaires. D'autre part, la deuxième thématique phare est axée sur la promotion d'une révolution verte, et cela dans le cadre du Programme détaillé pour le développement de l'agriculture en Afrique (PDDAA) ; le but étant de doubler les rendements, de dynamiser la croissance économique et de combattre la faim.

■ Mais dans les faits, force est de constater que l'alternative utilisée le plus souvent par les populations rurales - encore majoritaire - pour maintenir la productivité agricole, repose sur la « petite irrigation » ou « petite hydraulique ». Ces solutions locales de protection et de maximisation des ressources naturelles productives, sont plus adaptées aux capacités d'intervention de la majorité des acteurs ruraux.

■ Pour l'exécution sur le terrain des politiques définies, les mécanismes de gouvernance des secteurs de l'agriculture, de l'eau et de l'assainissement, de même que les instruments institutionnels de financement, sont également mentionnés. Toutefois, il est particulièrement ciblé les initiatives menées par ou profitables à l'Afrique, mais aussi en lien avec le paramètre climatique.

◗ Au final, c'est l'ensemble des enseignements tirés des analyses diagnostiques qui ont servi au calibrage de l'approche innovante de gestion préconisée par l'approche conceptuelle défendue, en plus des éléments d'information spécifiques aux zones d'intervention précisés dans la troisième partie.

Troisième partie : vision - ou approche - développante de gestion des eaux pluviales en milieu urbanisé / enjeux, principes d'intervention et bénéfices

On partage cette assertion d'Onu-Habitat[5], indiquant que « les villes sont des constructions humaines que l'humanité façonne et modifie au fil du temps en fonction des besoins et des valeurs supposés dominants ». Ici, il est particulièrement question de préciser les perspectives de progrès de masse réalisables avec l'approche GDEPMU. Malgré la prépondérance du rôle joué par le paramètre pluvial dans le dynamisme socioéconomique et l'état des ressources naturelles productives, les approches opérationnelles de gestion continuent d'être pratiquement centrées sur la seule dimension 'risque'. Très rarement, l'excès d'eau en saison des pluies est mis à profit pour sécuriser davantage les réserves hydriques fonctionnelles, et partant favoriser la création de richesse et d'emplois, par exemple. Et il s'agit de l'objectif final de ce projet, mais à condition d'une appréciation juste des enjeux représentatifs à prendre en considération, y compris ceux observés en milieu urbanisé.

Problématiques spécifiques aux sites urbains

Plus particulièrement classées dans les enjeux émergents, les contraintes et les conditionnalités de mise en œuvre, les opportunités d'usage bénéfique des eaux de drainage et les perspectives de gestion participative, sont passées en revue.

Questions socioéconomiques et démographiques

■ Contrairement à l'Asie et à l'Amérique latine, le basculement urbain en Afrique ne s'accompagne pas d'une tendance massive d'industrialisation. Même si le continent est la région la moins urbanisée, par contre le processus y est actuellement le plus rapide, avec un taux annuel actuel avoisinant 3,4 %. En 2009, le nombre de citadins s'élevait à environ 395 millions, soit près de 40 % de la population totale, vers 2030 il sera proche de la moitié des habitants du continent, selon un rapport d'ONU-Habitat. Sinon, à défaut d'une industrialisation massive, quelle perspective de développement local basée sur les eaux pluviales il faudrait promouvoir ?

■ Dans les villes, le capital humain est pour l'instant négativement corrélé à une charge déséquilibrée sur les territoires de vie, et une surreprésentation des jeunes en situation disproportionnée de précarité.

---

5 Onu-Habitat, 2010 - *L'état des Villes Africaines 2010. Gouvernance, inégalités et marchés fonciers urbains*. Nairobi, 279 p.

Une situation préoccupante est que 60 % des personnes âgées entre 15 et 24 ans - près de 20 % de la population totale - sont au chômage. En revanche pour positiver, on veut compter sur ce potentiel démographique pour promouvoir des activités mettant à profit le ruissellement pluvial exceptionnel.

■ L'urbanisation à marche forcée fait que la demande alimentaire va quadrupler dans les villes d'ici vingt ans, selon la Banque mondiale ; ce qui peut provoquer une fracture alimentaire entre 'offre et besoin'. Faute de solutions endogènes appropriées, une part non négligeable de l'approvisionnement continuera de provenir des importations. Même si l'agriculture urbaine augmente constamment, la marge de progression pour combler le déficit de la production agricole, demeure importante. Pour information : cette activité est reconnue par le PNUD, comme étant : (i) un levier majeur d'approvisionnement des villes en produits alimentaires, (ii) un moyen de création d'emplois et de richesse, (iii) une perspective de gestion de l'environnement urbain.

Questions environnementales

■ En périphérie des villes le plus souvent, des parcelles nécessitant des aménagements préalables sont vendues sans que des précautions de viabilisation ne soient prises. Vu le coût financier exorbitant des actions de déconstruction/reconstruction pour l'amélioration du cadre de vie, on préfère miser sur des solutions techniques adaptées aux quartiers populaires des PVD.

■ Dans les centres urbains, la gestion inefficace des déchets agit négativement sur le fonctionnement optimal du réseau d'assainissement. En se retrouvant dans le dispositif, les rejets solides deviennent une contrainte capacitaire non négligeable, d'où le postulat d'une alternative préventive consistant à baisser le volume du ruissellement.

■ De plus, étant donné un manque cruel en équipement de base, les populations locales ont tendance à entreprendre unilatéralement des initiatives, qui, *in fine*, perturbent les conditions hydrodynamiques. En effet, nos observations de terrain à Dakar ont permis de constater que les actions spontanées d'autodéfense des populations contre les inondations - généralement réalisées par imitation et sans cohérence avec les plans officiels - ont fait surgir d'autres contraintes. D'une part, elles favorisent une modification du modelé topographique, notamment un nivellement des altitudes. D'autre part, elles provoquent un bouleversement de la structuration verticale des sols par une fossilisation de sols argileux ; ce qui rend possible la création d'une nappe superficielle.

Pratiques de gouvernance d'inversion des tendances

Autre catégorie d'informations complémentaires / Limites de l'approche opérationnelle et organisationnelle actuelle de gestion

■ S'agissant de l'approche opérationnelle, deux manquements font qu'il est judicieux de trouver des solutions compensatoires. Non seulement la densité du réseau de drainage laisse à désirer, à cause d'une ramification insuffisante ; mais aussi, les axes linéaires et les dispositifs de stockage sont souvent sous dimensionnés, ou de petit gabarit.

■ Au plan organisationnel, le système décisionnel est exclusif, car étant largement caractérisé par : (i) un schéma vertical, ou descendant de prise de décision, (ii) une démarche sectorielle, ou par projet. Du coup, les objectifs pris en compte sont souvent partiels.

■ Sur la base de ces dysfonctionnements, on retient un besoin avéré de renforcer les capacités du réseau, et surtout de promouvoir la gestion participative. Cependant, un gage d'efficacité des mesures à suggérer sera de privilégier des dispositifs d'appropriation facile, contrairement aux solutions traditionnelles, par exemple assez gourmandes en investissement et techniquement complexes.

Autre catégorie d'informations complémentaires / Perspectives additionnelles offertes par les concepts innovants de gestion

■ Afin d'identifier les infrastructures représentatives à mettre en œuvre, les techniques « alternatives » sont passées au diagnostic, et cela pour connaître la diversité des fonctionnalités applicables pour renforcer le réseau. Par exemple au plan technique, l'édification de ces ouvrages d'appoint permet de contrôler les effets de la pluviométrie sur l'environnement, en maîtrisant mieux la quantité et la qualité des écoulements. Par opposition à la conception « tout tuyau » de l'assainissement classique, ces dispositifs contribuent : (i) à rétablir les conditions hydrologiques se rapprochant le plus possible du cycle de l'eau précédant le développement de l'urbanisation, (ii) à compenser l'insuffisance en longueur et en nombre du réseau, (iii) à créer des ressources hydriques additionnelles fonctionnelles en bon état.

Les différents axes d'une approche élargie et développante de gestion / Le concept GDEPMU

■ En tenant compte des enseignements tirés de l'ensemble des analyses-diagnostics, les impacts socioéconomiques et environnementaux provoqués par l'excès ou le manque de pluie, forment une première catégorie de problématiques d'actualité à intégrer dans la réflexion et l'action. Il en est de même aussi des perspectives de création d'activités génératrices de revenus, pour lutter contre la précarité généralisée. Enfin, les modalités d'une gouvernance partagée efficace et efficiente sont aussi intéressantes à prendre en considération.

■ Après ces considérations, et en rupture avec les pratiques habituelles, trois principes directeurs innovants sont retenus pour former les axes d'une intervention durable, ou de la méthode GDEPMU : (i) la récupération de l'eau de pluie pour sa valorisation, (ii) la gestion participative, (iii) l'usage d'un dispositif mixte multiparamètre, ou multifonctionnel. On considère que ces trois orientations représentent les actions à mettre en œuvre, ensemble, pour impulser une trajectoire développante, misant sur une maîtrise rationnelle du ruissellement pluvial. **En rapport avec les thématiques plébiscitées dans le continent que sont le PDDAA et le PIDA, l'originalité des objectifs-cibles sont de miser respectivement sur la sécurité alimentaire, et sur les infrastructures facteurs de création directe de richesse et d'emplois**.

■ En effet, le concept est calibré selon une démarche visant à s'attaquer à un facteur commun à l'origine de la fragilisation des conditions de vie des populations et des performances économiques. Il est principalement centré sur une perspective transsectorielle, ou multifonctionnelle d'identification et de résolution des problèmes. Un enseignement fondamental est que plusieurs maux dans le continent sont en lien avec la variabilité pluviométrique. Alors qu'on sait que ses tendances actuelles pèsent négativement sur la productivité des ressources naturelles à vocation plurielle - productive, environnementale et récréative -, et sur les conditions de vie *v/s* aliments de subsistance.

■ Cependant, le principe de précaution est d'obtenir des eaux en bon état chimique et écologique d'usage, et c'est le pari de l'acceptabilité de la nouvelle stratégie suggérée. Selon la nature et la concentration des substances polluantes contenues dans les eaux de récupération, la perspective de valorisation des eaux pluviales peut être compromise. Dès lors, les prescriptions techniques misent aussi sur des dispositifs additionnels de maîtrise qualitative des eaux de drainage.

Bénéfices escomptés

■ Le développement par la base, ou endogène, est le cap de la démarche du concept GDEPMU, et cela en promouvant des mesures polyvalentes d'aménagement. Le bénéfice final attendu repose sur la création d'espaces-économiques-locomotives. Pour ce faire, la démarche est construite pour des objectifs de création d'activités génératrices de revenus, en grand nombre, notamment basées sur la filière agricole, de gouvernance partagée impliquant les destinataires, et surtout, d'impulsion d'un dynamisme à moindre impact sur les territoires, les équilibres naturels et la santé humaine. Autrement dit, la trajectoire de progrès de masse visée intègre des préoccupations environnementales et d'équité sociale, par une préservation des actifs productifs et une lutte contre la précarité généralisée.

■ En effet, le projet de société - ou modèle de développement - défendu, consiste à faire de l'assainissement pluvial un levier de maximisation de l'eau agricole, et aussi, une priorité des investissements publics. En combinant plusieurs dispositifs technologiques, il est possible de maîtriser quantitativement et qualitativement le ruissellement urbain massif, au profit d'une création de ressources hydriques additionnelles productives. Et une telle démarche démontre le lien existant entre les secteurs 'assainissement/ eau/agriculture', une corrélation à méditer dans la formulation des politiques publiques.

■ Par exemple, avec les onze millions de mètres cubes d'eau pompés avec les dispositifs du plan ORSEC au Sénégal, lors des inondations de 2012, nos calculs estiment qu'on pourrait réaliser une superficie culturale de 1428 ha pour le riz, et 1833 ha pour l'arachide. Au plan de l'emploi direct, une valorisation en pisciculture pourrait entraîner la création de plus de 10 000 unités.

◗ Pour information, un deuxième tome est consacré à la mise en œuvre sur le terrain des principes de gestion préconisés. Ce référentiel - ou mode d'emploi - fournit des éléments d'information partageables et contextualisables, indiquant clairement : (i) les paramètres de diagnostic pour identifier les enjeux représentatifs, (ii) le mix d'infrastructures multifonctionnel applicable, (iii) les acteurs de gestion selon leur capacité technico-financière.

Cet ouvrage est le premier d'un projet consacré à la gestion durable des eaux pluviales dans les villes africaines, en deux volumes. L'objectif principal est de ressortir la diversité et l'acuité des enjeux en rapport avec ce paramètre, mais aussi de déterminer les lignes directrices d'un ajustement des pratiques de gestion. Il est destiné à l'ensemble des acteurs s'intéressant à cette lancinante problématique de développement du continent, y compris des étudiants en quête d'une spécialisation en 'gestion de l'eau'. Ce continent est le deuxième au monde de par sa superficie - 30 180 808 km², soit 22 % des terres émergées -, et se compose de cinquante-trois pays. Sa majeure partie - plus de 75 % - se situe entre les tropiques du Cancer au nord, et de Capricorne au sud ; ce qui le classe très largement dans le domaine climatique tropical.

À propos de ses performances socioéconomiques, et en référence aux évènements prégnants de l'actualité, force est de reconnaître que les résultats actuels ne sont pas encore à la hauteur des attentes, qui sont certes immenses. La très grande majorité des pays ne s'est pas encore hissée à un niveau de progrès comparable à ce qui est observé dans les pays émergents. Une donnée comparative assez révélatrice : d'après un rapport de l'ONU de 2006, c'est ici que l'on trouve le pourcentage le plus élevé de personnes vivant dans des situations de pauvreté extrême. Parmi les cinquante Pays les moins avancés (PMA), trente-et-un sont africains. Pourtant, le continent détient actuellement l'une des croissances les plus élevées de la planète. Le taux moyen a avoisiné les 5 % par an, au cours des dix dernières années. Malgré une incidence positive - en valeur relative - sur le ratio de pauvreté par habitant, ces performances n'ont pas encore permis de résoudre massivement les problèmes d'inégalité sociale. Il existe encore une très forte relation inverse, entre la croissance économique et le nombre de personnes vivant dans la pauvreté. Pour preuve, l'insécurité alimentaire reste une menace, surtout dans la partie située au sud du Sahara.

Comme facteurs explicatifs, les causes externes sont-elles les seuls obstacles à la réalisation de performances aptes à satisfaire convenablement les besoins ? Sous un autre angle, quelle est la part contributive des nombreux goulots d'étranglement d'origine interne, sur la satisfaction partielle des besoins ? En tout cas, le dynamisme observé est surtout corrélé, en dehors des avancées institutionnelles, à une forte augmentation de l'activité 'exploitation-exportation' des ressources naturelles. Aujourd'hui, les activités sont en expansion dans les secteurs des mines, du pétrole, de l'exploitation du bois et de la pêche, entre autres. Par exemple entre 2000 et 2005, la part attribuée à l'Afrique dans la destruction globale des forêts du monde dépassait 50 % (BAfD, 2013b).

Mais aussi plus particulièrement, l'agriculture se distingue comme une composante essentielle du bien-être social et des résultats économiques. Elle emploie environ 70 % de la population, et contribue pour un quart environ du PIB continental. Or dans les enjeux de ce 21e siècle, sa productivité et son maintien posent problème, et sont devenus des problématiques majeures de société. Le changement climatique et la croissance démographique urbaine très rapide, ont tendance à provoquer respectivement, une réduction de la production et une augmentation de la demande alimentaire. Dès lors, il devient de plus en plus indispensable de faire évoluer les pratiques, ou les réponses d'adaptation. L'ampleur de l'attente et sa diversité, font qu'il est nécessaire et urgent de promouvoir des réponses durables d'atténuation des pressions exercées sur les ressources productives, ou de renforcement des leviers de production.

A l'échelle du continent, on sait que la croissance verte fait partie de l'une des démarches structurantes encouragées. Cette approche a été spécifiquement réaffirmée dans le rapport 2012 de la Banque africaine de développement (BAfD) sur le développement du continent. Précisément, le modèle agricole défendu repose sur un renforcement des tendances actuelles de la croissance, tout en résolvant les problèmes de dégradation environnementale et d'inégalité sociale. On constate que jusqu'ici, le continent a beaucoup misé sur les programmes d'hydro-aménagements, ou sur la construction de barrages ou de dispositifs de transfert géographique d'eau ; d'ailleurs, une approche considérée comme gourmande en investissement. L'hypothèse est qu'en maîtrisant l'offre hydrique au profit de l'irrigation, il est possible de maintenir ou d'accroître la production agricole. Les bénéfices multiples attendus sont d'assurer la couverture des besoins alimentaires, d'améliorer l'état nutritionnel des populations, de générer un surplus de production commercialisable et de créer des revenus pour les paysans, en particulier pour les femmes.

Néanmoins, on s'est rendu compte que les hydro-aménagements, à travers les retenues d'eau, sont souvent synonymes de risques sanitaires, par une propagation de maladies liées à l'eau très impactantes sur le capital humain. Mais, il est aussi vrai que les gains monétaires procurés pourraient renforcer les capacités d'investissement dans des structures et soins de santé, et dans des programmes de prévention des maladies par la sensibilisation. Selon l'Organisation mondiale de la santé (OMS), « sans eau, il n'y a pas de vie, ni de bonne santé ». Ainsi en Afrique, 155 enfants meurent toutes les heures de maladies liées à l'eau. Et au palmarès des pathologies dominantes, les maladies diarrhéiques et le paludisme occupent de loin les deux premières places, de par le nombre de victimes. A propos du paludisme, aux abords des retenues d'eau, ou dans la végétation et les parcelles culturales aux alentours de ces sites, prolifèrent des moustiques anophèles vecteurs de cette affection.

S'agissant de la santé publique en général, toutes les eaux douces - rivières, lacs, cours d'eau, nappes phréatiques - ne sont pas forcément en bon état d'usage, ou fonctionnel. L'eau peut véhiculer des virus, des bactéries, des parasites, des micro-organismes végétaux ou animaux, aux conséquences très dommageables pour l'homme, la faune, la flore et les écosystèmes. Une eau d'apparence normale pourrait contenir des substances polluées, principalement à cause du milieu physique originel, ou des activités humaines à posteriori. Même, la pénurie d'eau est source de maladie, notamment le trachome, principale cause de cécité évitable dans le monde. Une enquête récente estime à 40 millions le nombre de personnes souffrant d'un trachome actif, et à 8 millions le nombre de personnes atteintes de trichiasis, des informations portant sur quarante-deux pays endémiques (Mariotti, et al 2009)[6].

A travers ces réflexions, on a voulu esquissé quelques questions d'actualité en Afrique, qu'une gestion appropriée de l'eau, précisément le concept de 'gestion développante des eaux pluviale en milieu urbanisé' (GDEPMU), ne peut s'épargner d'intégrer. Parmi les préoccupations de base, une première repose sur l'identification des enjeux de société représentatifs à prendre en considération dans la formulation des paramètres de l'équation à résoudre. Et un fondement de la démarche est de les calibrer sur les contraintes de performance dans des secteurs institutionnels clés de développement, et surtout en lien avec le paramètre

---

[6] Mariotti S. P., Pascolini D., J. Rose-Nussbaumer, et al, 2009 – "Trachoma: Global Magnitude of a Preventable Cause of Blindness". *The British Journal of Ophthalmology*, 93(5):563-568.

pluvial. Une seconde devrait favoriser une articulation adéquate entre la diversité des problématiques et les mesures de leur résolution. En tout cas, ces deux perspectives constituent les axes principaux de l'*intelligence de développement inclusif* défendue. On mise sur une approche conceptuelle se voulant un cadrage actualisé des questions et réponses associées à la maîtrise des écoulements par temps de pluie dans les centres urbains, pour une intervention construite et éclairée.

Pour ce faire, il est approprié de passer en revue les tendances dominantes qui caractérisent les statistiques actuelles, et cela sur une diversité de thématiques à fort impact économique, environnemental et social. Ainsi, **au-delà de la temporalité des chiffres de référence, c'est la cohérence du raisonnement qui est privilégiée, ou les enchainements logiques**. Un premier souci est de ressortir le cumul d'obstacles structurels agissant contre le développement, le second étant d'esquisser des effets bénéfiques d'une gestion contextualisée de l'eau de pluie. De la représentativité des réponses, ou des enseignements tirés, vont forcément découler les orientations devant structurer la démarche d'une gestion juste. Le résultat final attendu est de corriger et/ou de consolider la trajectoire actuelle d'émergence, avec des éléments factuels.

S'agissant de la BAfD, dans sa volonté de mise en œuvre de la 'croissance verte', elle privilégie une approche globale économiste, nécessitant des moyens financiers élevés. En effet, elle compte sur la réalisation à grande échelle d'infrastructures structurantes et/ou de pôles industriels, déjà actifs ou à constituer, surtout pour accompagner l'expansion des secteurs miniers et agricoles. La stratégie veut favoriser « la promotion et l'optimisation des opportunités découlant de la croissance économique, à travers la création de conditions favorables à la résilience et la gestion efficace et durable des ressources naturelles, y compris l'amélioration de la productivité agricole ». Bien au contraire dans ce projet, une démarche inverse, et à circuit court, est ciblée. Une première innovation dans l'approche consiste à miser sur une valorisation des écoulements par temps de pluie de proximité, pour la création directe de richesse ; un potentiel d'investissement ensuite mobilisable au profit des infrastructures. La seconde cherche à promouvoir la sécurité alimentaire pour le plus grand nombre, par une amélioration de la production agricole locale basée sur une sécurisation accrue des ressources naturelles fonctionnelles. **La méthode reproductible à définir, ou utilisable dans différents contextes géographiques, veut s'appuyer sur l'existant - ou actifs actuels - pour construire un socle robuste d'impulsion d'un processus de progrès durable et massif**. Autrement dit, on compte sur les dispositifs facteurs de création directe d'emplois en grand nombre et de richesse, en lieu et place des infrastructures de 'service' qui tiennent actuellement le haut du pavé.

Toutefois, une donne essentielle sera de savoir si les thématiques cibles - agriculture, santé, hydraulique et assainissement - sont effectivement représentatives. Autrement dit, est-ce que les problèmes rencontrés dans ces secteurs correspondent aux difficultés majeures observées actuellement dans les sociétés ? Un enjeu central des investigations sera de démontrer les relations multiples existant entre 'eaux pluviales / thématiques-cibles / contraintes & perspectives de développement de masse'. En filigrane, quels sont les impacts réels des résultats sectoriels sur les performances globales et le bien-être des populations, et les facteurs de contrôle des tendances d'évolution ? Aussi, est-ce que les avancées sectorielles actuelles sont à la hauteur des besoins présents et futurs, ou nécessitent une accélération ou une rectification des processus en cours ? S'agissant de ces tendances dynamiques, quel est le rôle joué par la très forte variabilité du paramètre pluvial dans le temps et dans l'espace ? Autrement dit, ses impacts sont-ils aussi décisifs pour influencer sensiblement les résultats économiques et les situations sociales ?

La connaissance de ces informations clés va participer à l'alimentation du processus de conception et de mise en œuvre de la méthode GDEPMU. En promouvant ce concept, il s'agit de mettre à la disposition des acteurs, un outil endogène de consolidation et de renforcement du progrès socioéconomique. Le fondement est de créer les conditions d'une amélioration continue de l'activité productive et de la vie au quotidien des populations, par des actions multifonctionnelles et partagées. Un constat : après les indépendances, l'Afrique reste toujours confrontée à une dépendance extérieure assez forte, notamment vis à vis des bailleurs de fonds étrangers. Certes, il est vrai que le financement exogène constitue un appoint nécessaire, vu les capacités d'investissement des États africains. Mais avec la nouvelle approche, on considère que ce levier ne devrait pas constituer l'élément de base, ou cristalliser tous les espoirs dans l'exécution des politiques publiques développantes définies. La méthode alternante, ou complémentaire défendue dans ce projet, répond à ce besoin de rééquilibrage des mécanismes soutenant la marche du continent vers une émergence profitable au plus grand nombre.

En faisant bouger les pratiques, la notion de maîtrise *durable* et développante de l'eau de pluie suggérée, repose sur l'intégration des trois dimensions 'risque', 'ressource' et 'gouvernance'. Les perspectives d'action reproductibles dans l'espace devraient chercher à prendre en considération simultanément : (i) les contraintes socioéconomiques et environnementales causées par un contexte climatique changeant, (ii) les effets bénéfiques pouvant être tirés des eaux de drainage, (iii) les possibilités de maîtrise globale et participative des problèmes. Aujourd'hui, l'assainissement pluvial est l'objet d'une moindre attention de la part de la communauté internationale et des acteurs publics nationaux. Et la démonstration est apportée par le rythme actuel d'avancement des Objectifs du millénaire pour le développement (OMD) dans ce sous-secteur. Pourtant, en assurant sa maîtrise quantitative et qualitative dans le temps et dans l'espace, le ruissellement pluvial peut être à l'origine d'un progrès réel partagé.

Dans cette perspective positive, quel serait l'impact de la maîtrise de l'eau suggérée sur la productivité de l'agriculture, et partant sur la sécurité alimentaire, les exportations agricoles et/ou la création de richesse ? Dans les territoires, une gestion rationnelle des écoulements peut-elle assurer aux habitants un cadre de vie récréatif et favorable à la bonne santé, une vie en communauté collaborative et/ou des activités créatrices de revenus ? En revanche, est-ce que les solutions techniques appliquées actuellement sont appropriées pour atteindre de tels objectifs, ou faudrait-il les élargir ? Surtout que dans les PVD, la sélection de technologies adaptées aux zones d'intervention est rendue complexe par des situations spécifiques. Par exemple, les capacités limitées des acteurs, les comportements à risque des populations et la structuration anarchique des quartiers populaires, entravent considérablement les possibilités de mise en œuvre de mesures performantes.

En particulier, cet ouvrage se veut un plaidoyer sur le rôle majeur joué par le paramètre pluvial dans la production de biens et services essentiels, de même que les conditionnalités à satisfaire pour valoriser le ruissellement urbain. En centrant les interventions sur des enjeux contextualisés, le but est de faire de la maîtrise de ce phénomène négativement perçu, un enjeu structurant de développement. Sur cette base, le changement attendu est de faire de l'assainissement pluvial, un axe prioritaire des investissements publics.

Afin de mieux calibrer l'approche opérationnelle et organisationnelle, des rubriques 'focus' et 'enjeux spécifiques' - en italique - sont intégrées tout le long du texte, pour attirer l'attention sur des phénomènes - ou situations critiques - agissant en défaveur des performances. Aussi, des 'Encadrés' sont inclus pour rendre compte des principaux enseignements tirés des analyses ; et il s'agit d'éléments de réflexion qui vont directement alimenter le processus de conception des mesures à suggérer. Dans cette même logique, des passages de texte sont mis en gras pour servir de repères décisifs sur des questions majeures d'actualité, pouvant être persistantes ou émergentes. Afin de démontrer la pertinence de ce plaidoyer, les objectifs recherchés en divisant l'ouvrage en trois parties, sont résumés ci-après.

Dans la première partie, quatre secteurs institutionnels clés - agriculture, santé, hydraulique et assainissement - sont investigués. Le but poursuivi des analyses repose sur une appréciation de l'importance du rôle joué par la pluviométrie dans les tendances situationnelles observées actuellement. Le résultat attendu est une identification des contraintes et des pistes de solutions appropriées applicables pour les résoudre. En effet, en appréciant justement les corrélations existantes, il s'agit aussi de connaître, au plan factuel, les déterminants contrôlant le processus de développement dans le continent.

La deuxième partie vise surtout une illustration quantitative ou qualitative des impacts des aléas climatiques et leur gestion, sur les performances socioéconomiques et le capital productif. Dans cet objectif, l'évolution de la pluviosité dans le temps et dans l'espace a servi de variable d'analyse. Aussi, les solutions appliquées ou recommandées pour juguler les dysfonctionnements, ou pour accélérer la marche du continent vers l'émergence, sont précisées. Et la particularité des thématiques retenues a été de cibler les mesures conçues par, ou profitables à l'Afrique.

Dans la troisième partie, une stratégie de gestion calibrée et à vocation développante est définie ; cela en tenant compte des enjeux et des perspectives d'intervention mis en évidence par les analyses précédentes, de même que des problématiques spécifiquement liées aux milieux urbains. Comme démonstration de sa pertinence, les multiples bénéfices socioéconomiques et environnementaux associés aux prescriptions retenues, sont mentionnés.

Au final, ce sont ces renseignements globaux qui ont servi à justifier la représentativité de ce plaidoyer, notamment le besoin et l'urgence d'adapter les pratiques actuelles de gouvernance des eaux pluviales dans les centres urbains.

Partie 1

Place représentative du paramètre pluvial dans quatre thématiques institutionnelles clés de développement

Quatre domaines institutionnels sont retenus pour apprécier le poids réel du paramètre pluvial dans le processus de développement du continent, à savoir l'agriculture, la santé, l'hydraulique et l'assainissement liquide. En lien avec la pluviosité, le résultat attendu des différentes évaluations sectorielles est : (i) une connaissance des situations dominantes observées, et aussi des facteurs explicatifs, (ii) une mise en évidence de pistes d'amélioration des résultats économiques et des conditions sociales.

Une première étape dans le processus de formulation de la stratégie de gestion développante serait d'identifier les contraintes ou opportunités réalistes de progrès, en particulier associées à une pluviométrie évolutive. En examinant les données sectorielles, à l'aune de leur évolution géographique et temporelle, les problématiques de société à prendre en considération en priorité seront objectivement pointées ; et cela en fonction des tendances dynamiques lourdes observées selon les superficies et le nombre de personnes impactées, de même les enjeux financiers. Vu autrement, il s'agit d'éléments d'information représentatifs des points forts et/ou points faibles, indispensables à connaître pour un calibrage approprié d'un plan d'actions.

D'emblée, comme justification première de la pertinence des secteurs de référence, on retient les multiples créations d'organismes internationaux spécialisés sur ces questions considérées comme essentielles au développement, et intervenant surtout dans les PVD. Entre autres, il s'agit de l'Organisation des Nations Unies pour l'alimentation et l'agriculture / FAO (pour l'agriculture), de l'Organisation mondiale de la santé / OMS (pour la santé), du Conseil mondial de l'eau / CME (WWC en anglais), du Conseil de concertation pour l'approvisionnement en eau et l'assainissement / WSSCC, du Centre international de l'eau et de l'assainissement / IRC, du Conseil consultatif des Nations Unies sur l'eau et l'assainissement / UNSGAB, (pour l'eau & l'assainissement).

Chapitre 1

Le secteur de l'agriculture v/s Économie & Conditions sociales

C'est une évidence de reconnaître que l'agriculture figure parmi les activités socioéconomiques majeures en Afrique, vu sa contribution déterminante dans l'alimentation des populations, la création de richesse au plan national et l'emploi. Toutefois à juste raison, on partage entièrement cette déclaration de la Présidente du Libéria, prononcée lors de l'Assemblée annuelle de la Banque mondiale de 2007 : « l'*agriculture représente pour l'Afrique une chance notable de s'extraire de la misère, mais les pays du continent qui comptent développer leurs activités économiques grâce à l'agriculture devront* **opérer des changements** »[7]. Dans une démarche prospective, pourquoi ce constat est d'actualité, au point de justifier la nécessité d'une adaptation des pratiques ? Par exemple au cours des trois dernières décennies, les gains de productivité ont été obtenus surtout grâce à deux procédés. Les retours d'expériences indiquent qu'ils sont principalement assurés par une expansion continue des cultures pluviales sur des terres de plus en plus marginales et/ou par une réduction des périodes de jachère. Et au vu des performances, ces pratiques non durables et relativement moins productives, ont fini de montrer des limites ; la production étant toujours déficitaire.

Dans ce chapitre, les clarifications apportées découleront des interrogations suivantes. D'abord, quels sont les éléments de contrôle des performances dans ce secteur-clé de l'agriculture ? Surtout, comment se manifestent les influences de cette activité sur la vitalité de l'économie et les conditions de vie des populations, en particulier rurales ? Au final, le résultat attendu est d'obtenir des éléments d'information sur les multiples connexions existant entre la pluviosité, les performances agricoles et les situations socioéconomiques.

---

[7] Banque mondiale, 2007 - Assemblée annuelle de la Banque mondiale – « Le rôle de l'agriculture dans la croissance du continent », Washington.

I. Les faits marquants de l'agriculture africaine

De la réalité des faits mis en exergue, vont forcément surgir des éléments d'éclairage sur la pertinence et l'urgence de concevoir une stratégie de maîtrise de l'eau en conformité avec le poids et la diversité représentative des enjeux. Les renseignements recherchés portent sur une connaissance des situations significatives concernant les pratiques dominantes et la productivité de l'agriculture, de même que les effets induits. Autrement dit, il s'agit de rassembler des indications attestant des situations productives structurelles et conjoncturelles, très évolutives dans le temps et dans l'espace. Le but poursuivi est que les spécificités économiques et les conditions de vie soient mieux comprises, et les actions correctives à mettre en œuvre justement cernées.

Les pratiques agricoles : ***une activité pluviale, familiale et à but alimentaire***

Les points majeurs d'intérêt seront axés sur les tendances caractéristiques de trois variables que sont, les ressources hydriques mobilisées, les systèmes anthropiques de mise en valeur des terres et les fonctionnalités sociales de l'agriculture. Ainsi, dans le continent, la pluie est la principale ressource exploitée par les agriculteurs ; d'après la FAO, l'approvisionnement en eau dépend de ce paramètre à plus de 95 %. Vu sous un autre angle, la superficie des terres irriguées s'élève seulement à près de 12,5 millions d'hectares, soit 6,2 % de l'ensemble des parcelles cultivées ; la moyenne mondiale étant de 17 %. De la faiblesse de l'irrigation, on en déduit qu'il existe une perspective immense d'amélioration de la production, si la mise en valeur des terres potentiellement disponibles est accrue par un renforcement des outils productifs, en particulier l'eau agricole. Actuellement, étant donné son inégale répartition, les performances de l'agriculture sont assez contrastées d'un endroit géographique à un autre. Par exemple au Sahel, la production est : (i) structurellement déficitaire dans les parties sahariennes, à cause de la faiblesse des précipitations, (ii) globalement excédentaire dans ses franges soudano-sahéliennes, (iii) aléatoire dans la zone sahélienne proprement dite, du fait de la très forte variabilité des pluies. Et il s'agit là d'exemples de disparité de la productivité justifiant valablement le besoin de renforcer les réserves hydriques, pour maîtriser davantage le volume de la production et de l'offre alimentaire.

A propos du procédé d'intervention, l'agriculture extensive selon un savoir-faire traditionnel est le mode le plus fréquent. Les réponses d'adaptation à la croissance démographique exponentielle et à la baisse de la fertilité des terres, sont souvent basées sur une extension physique des superficies cultivées, leur modernisation n'étant pas encore un procédé généralisé. D'après des statistiques de la FAO, l'Afrique ne détient que 2 % du parc mondial des tracteurs, et les agriculteurs n'utilisent que onze kilogrammes d'engrais à l'hectare. Sur ce dernier aspect, on signale que cette consommation est la plus faible au monde, et c'est six fois moins qu'en Amérique Latine, et onze fois moins qu'en Asie. Aussi, on observe une prédominance des petites exploitations familiales, car la taille des parcelles cultivées n'excède généralement pas cinq hectares. Et même, un très grand nombre cultive de petits lopins de terre : par exemple au Malawi, les trois quart des exploitations ont une superficie ne dépassant pas un hectare. Une autre spécificité est que le travail dans les champs repose essentiellement sur la main-d'œuvre familiale ou communautaire, et parfois sur la force animale. Certes, un avantage de ce type d'organisation est la création d'un ancrage local fort, basé sur un système de solidarité renvoyant à des droits et obligations mutuels entre les acteurs, ce qui favorise un renforcement de la résilience. Par contre, le rôle prépondérant joué par l'homme devient handicapant dans un contexte d'exode rural massif. Un départ en grand nombre des acteurs constitutifs de la force du travail est synonyme de réduction de la capacité productive, et partant d'accentuation de la fragilisation des conditions de vie dans les zones de départ. Et en milieu rural, les femmes sont les plus pénalisées (cf. ci-dessous).

- ***Focus sur les femmes / Question 'genre'*** : *le plus souvent, les femmes sont plus impliquées que les hommes dans les travaux agricoles, comme l'attestent les informations contenues dans le tableau 1, sur l'organisation des droits et devoirs traditionnels dans l'agriculture (CTA, 2000)*[8]*. En milieu rural sahélien par exemple, la tendance est confirmative. Au Burkina Faso, la journée moyenne de travail des hommes se limite à environ 8 heures, contre 14 heures pour les femmes, d'après la FAO. Même, dans les zones très fortement marquées par l'exode rural, elles se retrouvent à assurer la quasi-totalité des responsabilités, en prenant la plupart des décisions liées à la gestion quotidienne des exploitations agricoles.*

[8] Centre technique de coopération agricole et rurale (CTA), 2000 – « Le rôle économique des femmes dans le développement agricole et rural », Rapport de synthèse d'un séminaire, Wageningen, Pays-Bas, 64 p.
URL : http://internships.cta.int/pubs/erw/french.pdf

Domaines	Homme	Femme
Catégories d'activités	Cultures de rente, gros bétail ;	Cultures vivrières et potagères, petit élevage, transformation et vente des produits cultivés ;
Catégories de tache	Défrichage ;	Semis, désherbage, transformation et conservation des produits agricoles ;
Droits fonciers	Propriété ;	Propriété aléatoire déterminée par le mari ou les hommes de la famille ;
Droits aux intrants	Droit aux ressources (terre, main-d'œuvre, informations techniques et crédit) ;	Accès à ces ressources déterminé par les hommes.

Tableau 1 : Droits et devoirs traditionnels des fonctions 'homme-femme' dans l'agriculture (source modifiée : CTA, 2000)

Au plan des objectifs, l'agriculture est une activité de subsistance, la production étant composée pour l'essentiel de cultures vivrières : par exemple, mil, sorgho, fonio et maïs, manioc et igname - golfe de guinée et Afrique centrale -, et ensete en Éthiopie. Logiquement, les cultures de rente occupent une place relativement faible au plan volumique. Dans son ouvrage paru en 2001, Pourtier distingue au plan régional une Afrique des « greniers » (mil et maïs), des « paniers » (tubercules, planteurs des forêts), du pastoralisme ou des zones rizicoles. En Afrique de l'ouest, l'essentiel de la production - 85 % - est destiné à un usage local (Blein et al, 2008)[9], une confirmation que l'activité agricole vise d'abord à satisfaire les besoins alimentaires des ménages, ou l'autoconsommation. Cela signifie que la pratique de l'agriculture à une fin monétaire, ou pour générer des revenus, est encore largement minoritaire. Comme une autre démonstration de la participation minime des paysans dans l'approvisionnement de l'industrie agroalimentaire ou des exportations, une étude (Wolgin, 2001)[10] signale que près de 80 % du surplus commercialisable dans beaucoup de pays, provient de 20 % des acteurs.

---

[9] Blein R. et al, 2008 – « Les potentialités agricoles de l'Afrique de l'Ouest (CEDEAO) », *Fondation pour l'agriculture et la ruralité dans le monde*, 116 p.

[10] Wolgin J. M. (2001) – « Diagnostic préliminaire des défis à relever par les pays en Afrique subsaharienne dans leurs efforts pour réduire de façon considérable la faim et la pauvreté ». *Partenariat pour la Réduction de la Faim en Afrique*, 57 p. URL : http://fsg.afre.msu.edu/africanhunger/wolgin_fr.pdf

◗ Sur la base des conditions de production signifiées, on retient que des objectifs de moyen et long terme, de même la création de richesse, sont difficilement réalisables pour un très grand nombre de paysans, ce qui les rend très vulnérables au moindre choc, ou imprévu. Pour preuve, l'Afrique occupe de façon récurrente les devants de l'actualité dans les médias, et assez souvent pour des questions d'insécurité alimentaire. Dès lors, comment sécuriser les supports productifs pour rendre l'activité agricole plus résiliente, et partant, plus apte à satisfaire les besoins ? En revanche, est-il possible de renforcer davantage l'approvisionnement en eau, avec des mesures favorisant une mobilisation optimale des ressources hydriques existantes ? Dans cette perspective et en rapport avec les préoccupations de ce projet, une mobilisation du ruissellement pluvial dans les villes ne pourrait-elle pas contribuer à une meilleure fiabilisation de l'eau agricole ? Pour ce faire, existe-t-il des techniques de gestion et de conservation des eaux efficaces, et d'appropriation facile par les acteurs locaux, ou généralisables, autrement dit ? Au moment opportun le long du texte, des éléments de réponse seront apportés.

A présent, l'état situationnel de la production globale au plan quantitatif et ses limites, vont être abordés, en accordant une attention particulière au rôle joué par le paramètre hydrique. Un souci est de savoir si les récoltes sont, partout et en tout temps, à la hauteur des attentes, et cela dans un contexte de pluviosité de plus en plus extrême. Précisément, quelle est l'ampleur des manquements à corriger ; et surtout aussi, quelles sont les perspectives de mesures appropriées de résolutions des problèmes ?

La productivité de l'agriculture : ***des résultats globaux en net décrochage par rapport aux besoins***

Vu l'influence décisive des volumes de récolte dans les économies nationales et les conditions de vie des populations rurales, la connaissance des données tendancielles et des facteurs explicatifs associés, constituent des informations primordiales. Selon le rapport offre / besoin, il s'agit d'arguments d'appréciation de la nécessité d'une hausse de la production, ou non ; et dans quelle proportion.

En réponse, les statistiques passées en revue renseignent, globalement, que le volume actuel des récoltes s'inscrit dans une dynamique relativement positive, mais sans pour autant provoquer une autosuffisance chez un très grand nombre d'agriculteurs. Depuis 1985, la productivité augmente à un rythme annuel moyen de 3 %, contre 1,8 % pour les périodes de mauvaise pluviosité. Par exemple en valeur absolue, en 2006, la progression de l'activité a fait qu'en l'Afrique de l'ouest, le volume de production a atteint 212 millions de tonnes pour les produits consommés localement, et 38 millions tonnes pour les spéculations destinées à l'exportation (Blein et al, 2008). En revanche, un dysfonctionnement partagé est que la productivité n'a pratiquement guère évolué depuis 1980. D'après Roy[11], le rendement céréalier a stagné à une tonne par hectare, alors que la moyenne mondiale se situe à environ 3 tonnes, et même 5 à 8 tonnes par hectare en Europe.

Parmi les éléments explicatifs, le paramètre météorologique fait partie des facteurs limitants majeurs. Les pluies sont localement très irrégulières, et les phénomènes de sécheresse de plus en plus récurrents. Nous y reviendrons plus largement dans la troisième partie. Sinon, on veut juste préciser que sans une eau en quantité suffisante, même en cas de maîtrise des autres paramètres du *process* de production, il ne peut y avoir de récolte au final ; c'est ce que tente de démontrer le modèle sur la figure 1. Du coup, ce constat critique sous-tend la volonté d'utiliser les eaux de drainage en ville pour fiabiliser davantage l'eau agricole. Par ailleurs, ces hypothèses renseignent sur la dépendance thématique forte existant entre 'assainissement, eau & agriculture'.

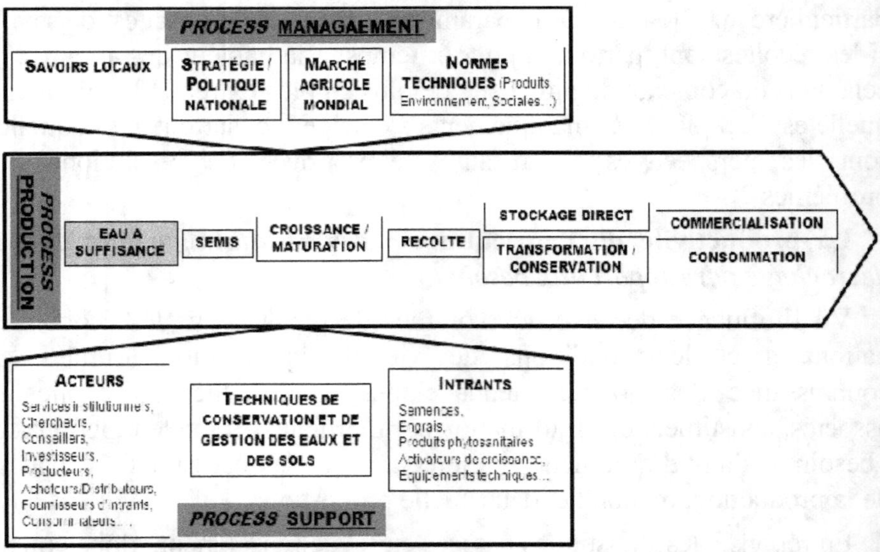

Figure 1 : Les différents aspects du *process* de maîtrise de la filière agricole (Source modifiée : Dasylva, Cosandey, 2010[12])

---

[11] Directeur du Centre international de développement des engrais (IFDC), un institut américain œuvrant en faveur des progrès de l'agriculture dans les pays en développement

[12] Dasylva S, Cosandey C, 2010 - « Éléments d'évaluation et d'action de gouvernance durable de l'eau de pluie en milieu urbanisé au Sahel pour la biodiversité et la

◗ En référence aux résultats mitigés observés dans le secteur de l'agriculture et ses causes principales, il ressort un besoin avéré d'améliorer davantage la productivité, surtout par une meilleure fiabilisation de l'approvisionnement en eau. Et cette perspective est réaliste, car les avancées tirées des progrès actuels sont relativement faibles. Par exemple, les gains procurés par les exportations durant la décennie 90 n'ont crû que de 7,3 %, contre une moyenne mondiale de 60 %, et même plus de 140 % pour l'Asie (Hugon, 2002). Surtout comme bénéfice pour la population, un rapport de l'IFPRI indique qu'une hausse du rendement agricole de 1 % peut permettre à six millions de personnes supplémentaires d'obtenir un revenu supérieur à 1 USD par jour.

Parmi les facteurs limitants d'ordre structurel à maîtriser pour accroître les performances, la destruction et la dégradation des écosystèmes productifs (cf. focus sur la désertification) figurent en bonne place, d'après l'OCDE - Organisation de coopération et de développement économique -. De plus, les autres paramètres signalés sont la faiblesse des investissements, les technologies rudimentaires utilisées, le coût élevé des intrants, le manque en nombre et en qualité d'équipements de transport et de stockage, le faible niveau d'instruction en milieu rural, les difficultés d'accès à des crédits supportables, la dispersion de la population et les liens insuffisants avec l'industrie agroalimentaire.

• ***Focus sur un facteur limitant majeur de productivité / la désertification** : selon la Convention des Nations unies de lutte contre la désertification (CLD), il s'agit d'un processus de dégradation des terres provoqué par des phénomènes climatiques et anthropiques, notamment l'érosion, le surpâturage, le défrichement et le déboisement. Plus exactement, c'est la combinaison de l'extrême dégradation des sols, la raréfaction de l'eau et la violence de l'érosion dans les parcelles de culture, qui tirent vers le bas la productivité. Ce fléau de large échelle de détérioration des ressources terrestres fonctionnelles aboutit, en phase ultime, à un abandon des parcelles agricoles. On estime à près de 500 000 km² la superficie des sols dégradés depuis 1950 en Afrique subsaharienne, ce qui représente une destruction de 65 % des terres*

sécurité alimentaire. Retour d'expérience d'une étude dans les "niayes" de la région de Dakar, Colloque Biodiversité et Évaluation environnementale », SIFEE, Paris.

agricoles (FIDA, FEM, 2002)[13]*. Dans des pays comme le Mali, le Burkina Faso, l'Ethiopie et le Lesotho, plus de la moitié de la population exploite des terres dégradées. S'agissant des pertes de rendement occasionnées, elles varient de 2 à 40 %, le pourcentage le plus élevé au plan mondial (in PNUE, 2013)*[14]*. Au final dans la société, les contraintes se traduisent par une atteinte insidieuse de la sécurité alimentaire et nutritionnelle, cela dans tous les milieux subissant de façon inappropriée des pressions humaines et/ou naturelles déséquilibrées.*

A propos des impacts induits par ces conditions limitantes de productivité, quelles sont les répercussions effectives sur les économies nationales et les conditions d'existence des populations dépendantes de l'activité agricole ? Selon les ordres de grandeur des éléments de réponse obtenus, c'est le poids de l'agriculture - à très forte dominance pluviale - sur le processus de développement, qui est mieux compris.

I. De l'influence réelle de l'agriculture sur les résultats économiques

Une position souvent entendue est que le continent africain dispose de beaucoup de terres agricoles. Une telle affirmation suppose logiquement l'existence d'un potentiel suffisant pour supporter les exigences d'une économie rayonnante, et au profit du plus grand nombre. Mais, qu'en est-il exactement de la réalité des faits ? Plus globalement, quelle est la représentativité des tendances d'évolution des performances économiques, et aussi ses facteurs principaux ? Les informations recherchées vont être : (i) de connaître si les résultats obtenus sont en mesure de favoriser un progrès irréprochablement partagé, (ii) d'identifier la nature et l'ampleur des perspectives d'optimisation des performances. En particulier, quelles seraient les corrélations entre la croissance économique (v/s PIB) et les performances variables de l'agriculture ? Au final, en s'intéressant à ces liens, le but poursuivi est d'apprécier les possibilités d'amélioration des résultats sectoriels - via l'eau agricole -, par une gestion rationnelle du paramètre pluvial.

---

13 FIDA, FEM (2002). Tackling land degradation and desertification. URL : http://www.ifad.org/events/wssd/gef/GEF_eng.pdf

14 PNUE, 2013 – « 3ème Rapport de l'Avenir de l'environnement en Afrique (AEO 3) : Résumé à l'intention des décideurs », 40 p. URRL : http://www.unep.org/pdf/aeo3_Fr.pdf

Dynamisme économique (v/s PIB) : ***performances, facteurs et limites***

L'intérêt de cette analyse est de fournir des indications factuelles et objectives - ou sans catastrophisme ni euphorie démesurée -, attestant de la marche actuelle du continent vers l'émergence. Une préoccupation centrale sera d'apprécier si le processus a atteint son paroxysme, ou non ; cela à la lumière des informations tirées d'un contexte structurel et conjoncturel changeant, et des alternatives de gestion encore insuffisamment explorées. Des caractéristiques tendancielles dégagées, vont ressortir des enseignements sur la vitalité économique, et les perspectives de son amélioration le cas échéant. En effet, il s'agit de rassembler des arguments clés à propos des réussites, des facteurs d'impulsion et de blocage, de même que des pistes de rectification ou d'adaptation de la trajectoire actuelle.

Une première remarque partagée de Conte (2003)[15] résume bien la situation globale. Les économies africaines sont globalement, pour l'instant en tout cas, d'une faible dimension internationale, relativement pauvres et « extraverties ». Comme justification, les situations suivantes sont avancées : (i) les caractéristiques structurelles héritées de la colonisation, (ii) une série de chocs externes - détérioration des termes de l'échange, hausse des taux d'intérêts réels, entre autres - sévissant régulièrement depuis la fin des années 1970, (iii) les politiques nationales appliquées après les indépendances.

Pourtant, des situations décisives sont aujourd'hui favorables à un épanouissement de l'activité économique. « L'Afrique compte à elle seule 25 % des ressources naturelles mondiales. Elle abonde en terres arables et minerais précieux, avec 30 % des réserves de la planète. Elle dispose en grande quantité de ressources énergétiques, en produisant autant de pétrole que l'Iran, le Venezuela et le Mexique réunis, soit 10 % du volume mondial »[16]. De plus, la baisse sensible des conflits armés internes et externes, l'amélioration de la gouvernance et la forte demande intérieure, constituent autant d'éléments de conjoncture pouvant encourager un dynamisme positif. De nos jours, l'investissement étranger direct (IED) y augmente plus rapidement, en valeur relative, que dans les autres régions du monde. En ce qui concerne son intégration dans le

---

15 Bernard CONTE, 2003. « L'économie de l'Afrique », *Perspectives Sud*, pp. 26-30

16 Karim H., 2013 – « L'Afrique, un réel potentiel de croissance », Journal en ligne *Les Afriques*, URL : http://www.lesafriques.com/actualite/la-tribune-de-karim-hajji-l-afrique-un-reel-potentiel-de-crois.html?Itemid=89

commerce international, le continent pourrait aussi profiter du renchérissement de l'euro et de l'augmentation progressive des coûts de production en Chine, pour faire valoir sa compétitivité et renforcer ses exportations vers les nouveaux pays émergents.

Ainsi, au regard des chiffres actuels de la croissance, les performances du continent semblent s'inscrire sur une trajectoire globalement positive, ou font bonne figure. En valeur relative, les résultats enregistrés font partie des meilleurs au monde. Par exemple, la croissance a été supérieure à 9 % entre 2005 et 2012 pour des pays comme l'Angola et l'Éthiopie (BAfD, 2013b)[17]. Parmi les vingt pays ayant connu la croissance la plus rapide en 2012, treize sont africains. Pour information, la croissance se définit comme étant l'amélioration quantitative de la production des biens et services. Elle est appréciée dans cette analyse à travers le thermomètre du PIB (Produit intérieure brut), ou valeur totale de la « production de richesse » effectuée par l'ensemble des agents économiques privés et publics - ménages, entreprises, administrations - en action à l'intérieur d'un pays. Néanmoins, certains défenseurs de l'environnement et du développement durable critiquent l'usage de ce variable pour mesurer la production de richesse. L'argument avancé est que le PIB ne tient pas compte des effets de la production sur le capital naturel, ou l'environnement, mais aussi des avantages comparatifs, ou de la parité de pouvoir d'achat associée aux monnaies nationales.

Effectivement, à l'exception des années 2009 et 2011, le continent a retrouvé un cycle de croissance relativement dynamique. Sur la période 2001-2012, le taux moyen d'accroissement du PIB est évalué à 5,2 %, selon le rapport 2011 de la BAfD et de l'OCDE sur le développement de l'Afrique[18]. Ce rythme est deux fois plus rapide que la dynamique observée au cours des deux décennies précédentes. En 2012, le PIB par habitant a atteint 953 USD, et vingt-six pays africains ont accédé au rang de pays à revenu intermédiaire (BAfD, 2013b). Mais un bémol : près de 60 % de la création de richesse - v/s PIB - de l'Afrique sub-saharienne provient du Nigéria, de l'Afrique du Sud et de l'Angola. Cette contribution très inégale des pays fait que cette embellie ne profite pas encore au plus grand nombre, d'où son inefficacité actuelle à endiguer la pauvreté de masse (cf. plus loin). Aujourd'hui, les bonnes performances

---

[17] Banque africaine de développement, 2013 - Revue annuelle sur l'efficacité du développement. Edition 2013. Vers une croissance durable en Afrique. Groupe de la Banque africaine de développement, 69 p.

[18] Baf D, OCDE et al, 2011 - *Perspectives économiques en Afrique*, 2011. 318 p.

économiques sont toujours, paradoxalement, en coïncidence avec une forte hausse de la précarité et des inégalités sociales. Par exemple, six sur dix des États les plus inégalitaires de la planète, sont africains (BAfD, 2013b). Ultérieurement, on reviendra plus en détail sur cette question sociale.

Quant aux tendances cycliques, la moyenne annuelle de la période 2004-2008 a été exceptionnellement élevée, avec environ 6 %. Durant cet intervalle de temps rayonnant et surtout grâce au pétrole et aux matières premières, il s'est produit une phase d'expansion assez favorable, que certains spécialistes ont qualifié de « renaissance ». Par exemple en 2008, le PIB global du continent s'élevait, en valeur absolue, à 1621 milliards USD, soit 2,6 % du PIB mondial hors Afrique. Par contre, la période d'après 2008 se distingue par un dynamisme de moindre ampleur, les PIB annuels entre 2009 et 2014 étant estimés, en moyenne, à environ 4,6 % (BAfD, OCDE, et al, 2011). Précisément, les plus faibles taux de croissance de la décennie 2004-2010 sont enregistrés en 2009 et 2011, respectivement avec 3,1 et 3,5 %. Sur le court terme et avec une prévision de 4,8 % (en 2013) et 5,3 % (en 2014), l'Afrique sera encore loin de ses performances d'avant la récession de 2009. De plus, comme toute moyenne, les chiffres ne rendent pas compte du différentiel géographique, comme on l'a déjà souligné. En 2011 par exemple, la croissance était supérieure à 5 % dans la partie du continent située au sud du Sahara, contre seulement 1 % environ en Afrique du nord ; un contraste d'ailleurs observé depuis 2003. Et logiquement, l'enseignement y découlant est que les réussites actuelles du continent sont associées aux bons résultats obtenus en Afrique subsaharienne.

Parmi les facteurs explicatifs de l'embellie - ou de la reprise économique -, cette période a principalement coïncidé avec l'apparition de nouveaux partenaires que sont les pays émergents, et vers lesquels l'Afrique a davantage exporté ses produits manufacturés. Depuis le début des années 2000, les relations commerciales entre le continent et des pays comme la Chine, l'Inde, la Corée, le Brésil et la Turquie, se sont considérablement bonifiées. Le volume des échanges du commerce Sud/Sud a doublé en dix ans, et pèse désormais pour près de 40 % du commerce extérieur africain, contre 27 % en 1990, selon un rapport 2010 du FMI (Fonds monétaire international). Comme autre paramètre positif ayant encouragé cette phase de renouveau, on retient un contexte favorable des cours des matières premières. De plus, les autres facteurs contributifs retenus sont des politiques économiques plus efficaces, et une relation améliorée avec les bailleurs ; s'étant traduite par l'Initiative pour les pays pauvres très endettés (PPTE) et l'Initiative d'allègement de la dette multilatérale.

En revanche, un frein majeur à l'amélioration continue des performances - entraînant *in fine* une occurrence répétée de phases de recul - est une forte sensibilité aux chocs exogènes[19] et endogènes[20]. Il ressort de la courbe d'évolution de la croissance, un rythme assez sensible aux cours mondiaux des matières premières, entre autres ; ce qui atteste la vulnérabilité du continent aux retournements de conjoncture. Les fluctuations assez prononcées des prix et la détérioration des termes de l'échange - rapport entre les prix des exportations et les prix des importations -, pèsent négativement et lourdement sur la balance commerciale. Et cette situation est particulièrement pénalisante pour les pays africains importateurs, car la facture des importations augmente généralement plus vite que les recettes. Sinon, il est vrai qu'un renchérissement des cours des matières premières se traduit par une répercussion positive, mais d'une ampleur moindre (cf. Partie 2). Une illustration de la vulnérabilité de l'économie africaine : le taux de croissance observé en 2009 n'a été que de 3,1 %, alors que les prévisions du FMI étaient de 6,5 %. Le phénomène explicatif est que l'économie mondiale avait subi à l'époque une grave crise financière, ayant entraîné une très forte chute de l'offre et de la demande dans pratiquement tous les domaines. Par exemple, d'après la Société financière internationale - la branche privée de la Banque mondiale -, près de 450 promesses d'investissement en Afrique ont été annulées en 2008.

Sur la contribution effective de l'Afrique dans l'activité économique globale, son influence dans le monde demeure très marginale. Au plan des échanges internationaux, les exportations du continent en 2012 représentaient environ 3,2 % - ou 391 milliards USD en valeur absolue -; tandis que les importations étaient évaluées à environ 3,1 % - ou 391

---

19 Facteurs exogènes : (i) hausse des cours des matières premières, (ii) baisse des prix des produits manufacturés et inversion des termes de l'échange, (iii) augmentation significative des flux financiers, (iv) réduction de la dette dans le cadre des PPTE (pays pauvres très endettés), (v) et/ ou impact des relations avec les pays du Sud, notamment d'Asie.

20 Facteurs endogènes : (i) effets des mesures d'assainissement financier, (ii) montée d'une classe moyenne, l'extension de marchés urbains, (iii) climat des affaires, (iv) baisse de la conflictualité au-delà de risques de contagion, (v) hausse des investissements et progrès de productivité dans l'agriculture, (vi) impact des réformes institutionnelles, (vii) et/ou hausse relative de la population active, (viii) pluviométrie extrême.

milliards USD -, selon l'OMC (Organisation mondiale du commerce). Par ailleurs, ces faibles taux présagent d'une infime participation du continent dans la création et la répartition de la richesse mondiale. Pour preuve, en 2011, le FMI (Fond Monétaire International) signale que les apports par pays se répartissaient comme suit : Nigéria (0,03 %), Afrique du Sud (0,02 %), Libye (0,015 %, à cause des effets de la guerre), Egypte et Côte d'Ivoire (0,01%) ; la contribution des autres états étant pratiquement nulle.

Sur l'efficacité sociale des performances, **les niveaux actuels de croissance sont encore en deçà du taux moyen de 7 % sur dix ans**, que les experts jugent indispensable pour endiguer la pauvreté dans le cadre des OMD. Et cette tendance confirme l'existence d'un besoin avéré d'améliorer davantage les capacités productives, pour une redistribution massive des avancées. Force est de constater que sur cinquante ans (1961-2011), l'Afrique n'a engrangé qu'un point d'augmentation de son PIB (BAfD, OCDE, et al, 2011), la dynamique étant rythmée par une évolution en dents de scie. On observe une apparition cyclique de moments de crise, ayant certainement entravé la marche continue du continent pour vaincre le mal développement. Au final, on a l'impression d'un éternel recommencement des efforts entrepris. Mais comme point positif souligné par les spécialistes, même si cette phase actuelle de dynamisme économique n'a pas atteint un niveau mettant l'Afrique à l'abri des phénomènes conjoncturel de contre-performance, elle a néanmoins permis de mettre fin à la crise d'une dette jadis très pénalisante.

◗ S'agissant d'un renversement de cette situation de performance encore globalement insuffisante, est-il permis d'espérer ? D'après la fondation Mo Ibrahim, le PIB du continent rattraperait celui de l'Union Européenne actuelle en 2050, avec une richesse monétaire d'environ 20 000 milliards USD. En tout cas, l'une des préoccupations de ce projet repose sur la proposition d'une piste de consolidation et d'amplification des acquis, une tache pas aisée. Le levier ciblé est de promouvoir une gestion rationnelle des eaux pluviales en milieu urbanisé, et cela pour un processus vertueux axé sur une meilleure sécurisation de l'eau agricole.

Dans le but de mieux comprendre les moteurs actuels de la croissance, la part contributive des trois secteurs conventionnels va être évaluée. En particulier, le rôle joué par l'activité agricole - à base pluviale - retiendra le plus l'attention, naturellement.

Répartition sectorielle de la croissance : *quel poids de l'activité agricole ?*

Habituellement, l'activité économique est répartie en trois grands domaines que sont les secteurs primaire, secondaire et tertiaire. Et c'est l'évolution de la production des biens ou services dans ces différents groupes d'activités qui détermine les performances globales, très variables dans le temps et dans l'espace.

Secteur tertiaire

Ce secteur apparaît actuellement comme un ensemble majeur d'activités. Par exemple, avec une croissance du PIB évaluée à 5,8 % en 2006, sa contribution était d'environ 44,7 % (CEA / UNECA, 2008)[21]. L'amélioration des résultats dans les sous-secteurs des télécommunications, de l'énergie, des transports et des supports aux entreprises et aux personnes, apparaît comme un catalyseur essentiel du dynamisme observé ces dernières années. Plus précisément, le tourisme, le commerce, la banque et la téléphonie mobile, sont aujourd'hui dans une phase très positive, notamment d'expansion rapide et continue. Sur ce, on considère qu'en maîtrisant davantage la disponibilité, l'accessibilité, la compétitivité et/ou la qualité de ces services et biens, il s'agit là autant de perspectives pouvant consolider et amplifier la trajectoire développante actuelle.

Dans le cas des télécommunications, ce sous-secteur émergent gagne considérablement du terrain. En ce début du 21e siècle, l'Afrique est le deuxième marché de téléphonie mobile dans le monde, le taux de pénétration étant passé de 1 % en 2000, à 54 % en 2012. En valeur absolue, le nombre de souscripteurs aux services mobiles est passé de 51,8 millions en 2003, à 735 millions en 2012 d'après l'ITU (International Telecom Union) ; une hausse deux fois supérieure à celle observée au niveau mondial. Les gains financiers des services de télécommunication contribuent pour près de 5 % dans le PIB des états africains.

Également dans certains pays - Afrique du Sud, Botswana, Cap-Vert, Égypte, Kenya, Maroc, Maurice, Seychelles, Tanzanie et Tunisie -, l'activité touristique assure des revenus non négligeables à l'Etat et aux populations locales. Selon des données du PNUD, le nombre de touristes

[21] Commission économique pour l'Afrique (CEA - UNECA), 2008 - *Perspectives économiques en Afrique. L'Afrique et le Consensus de Monterrey.* Addis-Abeba, Éthiopie, 221p.

internationaux visitant l'Afrique est passé de 27 millions en 2000, à plus de 50 millions en 2012. S'agissant des recettes générées, elles ont triplé en l'espace de dix ans, en passant de 10 milliards USD en 2000, à 33,6 milliards en 2012, d'après l'Organisation mondiale du tourisme (OMT).

Secteur secondaire

Après les indépendances, les pays africains ont beaucoup misé sur l'industrie pour promouvoir le développement, en ciblant l'exportation de 'matières transformées' et de 'produits manufacturés'. Au final, une volonté d'industrialisation qui n'a pas abouti aux résultats escomptés, même si le secteur industriel a exceptionnellement contribué à une hauteur de 41 % dans le PIB en 2006 (CEA/UNECA, 2008). De nos jours, les performances de l'industrie manufacturière - une des trois principales branches du secteur, avec l'exploitation minière et la construction - sont relativement limitées. Ce sous-secteur représente, au mieux, 10 % du PIB dans une très grande majorité de pays. Les exceptions sont l'Afrique du Sud, le Cameroun, la Côte d'Ivoire, l'Égypte, le Lesotho, Madagascar, le Maroc, Maurice, la Namibie, la Tunisie et le Zimbabwe ; où la contribution du secteur manufacturier est comprise entre 15 et 20 %.

A propos de la richesse générée et selon l'OMC, les exportations de biens manufacturés de l'ensemble du continent n'ont atteint qu'une valeur de 95 milliards USD en 2010, soit environ 1 % des flux mondiaux ; contre 1,4 % pour l'Inde et 15 % pour la Chine. Pour certains, les points de faiblesse de cette activité découle du manque d'infrastructures, de l'incertitude de l'approvisionnement en électricité et de la bureaucratie, mais surtout aussi de la concurrence de produits importés, pourtant réalisables localement parfois. Au plan politique, l'application de programmes d'ajustement structurels appuyés par la Banque mondiale et le FMI, ont favorisé une libéralisation des marchés, par un désengagement de l'État sur le processus d'industrialisation ; ce qui a été, au final, généralement très pénalisant pour l'activité.

Comme lueur d'espoir, on observe que le commerce intra-africain augmente régulièrement au fil des ans, faisant que les marchés économiques sous régionaux sont devenus un potentiel de débouchés prometteurs sur lesquels la production locale pourrait davantage compter. Et cette piste de satisfaction endogène des besoins, serait un levier intéressant pouvant booster une activité industrielle en panne de conquête de marchés à l'international.

Secteur primaire

En plus de leur fonctionnalité alimentaire, la production agricole assure une contribution assez significative dans les résultats économiques et la création de richesse. Elle fait partie des sources d'approvision-nement de la demande alimentaire locale et industrielle, et aussi du commerce extérieur. Entre 2002 et 2004, la part contributive de l'agriculture dans le PIB du continent a exceptionnellement atteint 24,6 % environ, contre une moyenne mondiale de 3 %. Même dans certains pays, elle est : (i) supérieure ou égale à 40 % au Burundi, en Éthiopie, en Guinée Bissau, au Niger, au Libéria et en République centrafricaine, (ii) située entre 20 et 40 % au Bénin, au Burkina Faso, au Cameroun, en Côte d'Ivoire, en Guinée, au Ghana, au Kenya, à Madagascar, au Malawi, au Mozambique, au Nigéria, en Ouganda, au Soudan, en Tanzanie, au Tchad et en Zambie. En revanche, comme on l'a déjà souligné, sa forte sensibilité aux aléas pluviométriques et la volatilité des prix, font que sa contribution dans le PIB varie considérablement selon les années, et faisant qu'en 2006 par exemple, elle n'a été que d'environ 14 % (CEA/UNECA, 2008). S'agissant de l'agriculture à « petite échelle », elle est à l'origine de près de 70 % des ressources financières de la population, un indicateur de la contribution de l'agriculture dans les conditions de subsistance locales, notamment en milieu rural.

Sur les recettes publiques tirées du commerce extérieur, l'agriculture pratiquée dans les villages en Afrique subsaharienne est à l'origine d'au moins 40 % des sommes mobilisées, d'après le FIDA. Mais, une situation déplorable est que ces gains sont continuellement en baisse. Selon la FAO, la part du continent dans les exportations mondiales de produits agricoles est passée de 8 % dans les années 1970, à 1,3 % en 2005. Pour la période 2002-2005 en particulier, le déficit commercial céréalier a atteint un coût d'environ 6,7 milliards USD. Parmi les facteurs exogènes, le fait de trouver sur le marché international des produits de substitution moins chers, serait à l'origine d'une réduction des volumes locaux de production. Une telle situation favorise une sélection des cultures par les paysans africains ; et par ailleurs, a contribué à l'émergence du concept de l'eau virtuelle (cf. deuxième partie). Dès lors, la question de l'autosuffisance alimentaire est logiquement posée, vu l'importance et la part croissante des dépenses consacrées aux importations dans les budgets nationaux. En réduisant considérablement les sommes mobilisées par une offre nationale, l'enjeu est d'économiser des devises et de disposer de ressources d'investissement supplémentaires, pour d'autres secteurs essentiels et prioritaires.

Depuis plus de trente ans, les importations agricoles augmentent plus rapidement que les exportations, un processus qui a fait du continent un importateur agricole net dès 1980. Du coup, cela a fait dire à certains qu'il n'y a pas meilleur marché de consommation que l'Afrique. Elle achète aujourd'hui à l'extérieur, les trois quarts de ses besoins alimentaires ; la majorité des produits étant pourtant réalisables localement. Par exemple entre 2000 et 2005, l'Afrique subsaharienne a acheté à l'étranger 15 millions de tonnes de céréales, et 45 millions de tonnes de produits agroalimentaires. La FAO estime que **le continent consacre chaque année environ 33 milliards USD pour l'importation de produits alimentaires**, parmi lesquels du riz, du blé, des pommes de terre, de la viande et du lait. Et même, pendant les périodes de hausse des prix des produits de base, le continent a dépensé en moyenne jusqu'à 5 ou 6 % de son PIB pour combler son déficit de production selon la FAO. Vu autrement, il s'agit d'autant de points de PIB à engranger si les performances agricoles sont au rendez-vous, ou de richesse financière distribuée aux acteurs locaux. Et dans cet objectif, on soutient qu'une meilleure maîtrise des effets négatifs induits par le manque de fiabilité de l'eau agricole, serait d'un apport certain.

A propos des exportations, elles contribuent pour un tiers des recettes fiscales, les principaux produits étant le cacao, le café, le coton, le thé, le sucre et le tabac, qui assurent plus de deux tiers des ventes à l'extérieur. En 2000, le cacao en provenance de la Côte d'Ivoire représentait pour près de la moitié du volume des produits échangés dans le monde, et le Ghana 15 % (Hugon, 2002)[22]. Globalement, il ressort, d'une part que les produits exportés sont peu diversifiés, et d'autre part, qu'ils sont à faible valeur ajoutée, donc génèrent moins de ressources financières. Ainsi, l'OMC **évalue les exportations de l'Afrique en produits agricoles en 2007 à près de 7 milliards USD**. Rapportées en point de PIB, la part des recettes est estimée à environ 0,4 %.

Par ailleurs, s'agissant du sous-secteur des mines, il occupe une place de plus en plus importante dans l'activité économique, à la suite des réformes des années 2000. Selon McMahon (2011)[23], le taux moyen de

[22] Hugon P., 2002 - *Rétrospectives et perspectives économiques. La Côte d'Ivoire à l'aube du XXIe s.* Paris, Karthala, p. 137-192

[23] McMahon G., 2011 – « Quels impacts de la libéralisation du secteur minier africain ? » *Revue Secteur Privé & Développement*, n° 8, 16p. URL : http://www.proparco.fr/

progression dans douze pays africains, est passé de 0,3 % dans les années 1990, à 5,7 % dans les années 2000. En 2005 par exemple, l'Afrique produisait environ 77 % du platine utilisé dans le monde, 56 % du cobalt, 46 % des diamants et 21 % de l'or, la source étant un rapport 2007 de *Performances Management Consulting.*

◗ On retient de cette analyse sur l'économie agricole, sa forte dépendance au paramètre pluvial. Du coup, sur la base des tendances actuelles de la pluviosité, il est d'une nécessité avérée de fiabiliser davantage l'eau agricole (figure 1). On considère que cette mesure est urgente si l'on veut une consolidation, voire une amplification des performances, vu que l'agriculture assure des services multifonctionnels, et décisifs à plusieurs égards -. De plus, les données portant sur le bilan commercial ont révélé un rapport assez défavorable à l'Afrique. Les importations sont largement supérieures aux exportations, ce qui agit négativement sur les finances publiques et la production locale. Pourtant, la plupart des produits achetés à l'international sont réalisables localement, si les conditions de production sont maîtrisées.

La rubrique suivante s'intéresse aux corrélations existantes entre l'agriculture et les conditions sociales. En effet, il s'agit de mieux comprendre les causes et la nature des impacts des performances agricoles sur l'état de la pauvreté actuelle en milieu rural ; un fléau jadis dominant dans ces territoires, mais qui s'est généralisé aujourd'hui à cause, en partie, des mouvements migratoires déséquilibrés.

III. Une pauvreté persistante en corrélation avec une agriculture pluviale de faible productivité

De l'influence des performances agricoles sur les conditions sociales

Si l'analyse est exclusivement consacrée aux zones rurales, c'est parce que les problématiques urbaines seront abordées dans la troisième partie. En Afrique, malgré une diversification continue de l'économie - par des activités accrues de transformation et de commercialisation des produits agricoles, d'artisanat, de tourisme, entre autres - l'agriculture de subsistance occupe encore une place centrale dans les terroirs villageois. En plus d'être la principale source de l'alimentation des populations, elle est à l'origine de près de 70 % des emplois, comme déjà annoncé ; même si, pour la plupart, ils ne sont pas rémunérés. Souvent associé à l'agriculture, l'élevage génère des revenus complémentaires assez utiles.

---

webdav/site/proparco/shared/PORTAILS/Secteur_prive_developpement/PDF/SPD8/SPD8_gary_mcmahon_fr.pdf

Au Burkina, les gains financiers procurés par l'élevage représentent environ 34 % du budget des ménages ruraux (Zonon, 2006)[24]. En zone sahélienne, les ressources financières de la très grande majorité des ménages proviennent essentiellement de l'élevage. Vu ces chiffres, on partage cette affirmation de la BAfD soutenant que la croissance du PIB associée à l'agriculture, est au moins deux fois plus efficace dans la réduction de la pauvreté, que celle induite par les autres secteurs.

Mais à cause des performances insuffisantes de l'agriculture, les conditions d'existence des populations sont rythmées par une répétition des périodes de soudure. En s'étalant de plus en plus dans le temps, ces phénomènes ont tendance à aggraver l'insécurité alimentaire (cf. focus ci-dessous). En Afrique subsaharienne, la FAO estime à environ 30 % la proportion de population souffrant aujourd'hui de faim et de malnutrition. De nos jours, la question alimentaire n'a pas encore été résolue au plan quantitatif et qualitatif ; un paramètre de complication étant l'accroissement démographique disproportionné. Par exemple entre 1961 et 2003, le taux de progression de la production a été d'environ 2,4 % par an, contre une augmentation de la population de 2,8 %. Du coup et dans une proportion assez significative, le continent est encore dépendant de l'aide extérieure, en plus des importations. A propos de l'aide alimentaire mondiale, les céréales constituent environ 90 % du volume global, des cultures réalisables dans le continent. S'agissant de son volume, il est passé de 2,6 millions de tonnes à 5,2 millions de tonnes entre 1996 et 2003, d'après un rapport 2005 du PAM (Programme Alimentaire Mondial), pour redescendre en 2013 à 3,1 millions de tonnes.

• ***Focus sur les crises alimentaires en Afrique*** : *l'acuité de ce fléau est attestée par une répétition et une amplification géographique. Le Sahel a connu de nombreuses crises alimentaires, notamment en 2005, 2008 et 2010, et qui auraient touché selon les estimations d'Oxfam, plus de 10 millions de personnes. En 2011, la Corne de l'Afrique a aussi subi la plus grave crise alimentaire de ces soixante dernières années, la cause étant une série de sécheresses en 2005, 2006 et 2008, d'après la BAfD. En Afrique Orientale et Australe, le PNUE renseigne que le nombre de personnes vivant dans l'insécurité alimentaire a presque doublé entre les années quatre-*

24 Zonon A, 2006, « Comment réduire les écarts régionaux de pauvreté dans le contexte de la décentralisation ? » *Mondes en développement*, 2006, vol. 33, no 133, p. 31-44. 140 p.

vingt et quatre-vingt-dix, passant de 22 millions à 39 millions. Globalement, il est estimé dans le rapport 2012 de la FAO, sur « l'état de l'insécurité alimentaire dans le monde », à 234 millions le nombre d'Africains sous-alimentés sur la période 2010-2012, et c'est le record mondial, avec une part représentative de 23 %. L'effectif des personnes victimes de la famine est passé de 171 millions en 1992, à 239 millions en 2012, selon l'UNECA (Commission économique pour l'Afrique des Nations Unies). Sur la base de ces statistiques assez alarmantes, la réalisation de la 'sécurité alimentaire' devrait être considérée comme un objectif prioritaire dans le continent.

D'après la FAO, « la sécurité alimentaire existe lorsque tous les êtres humains ont, à tout moment, un accès physique et économique à une nourriture suffisante, saine et nutritive leur permettant de satisfaire leurs besoins énergétiques et leurs préférences alimentaires, pour mener une vie saine et active ».

A propos des efforts à accomplir pour atteindre l'OMD sectoriel, il faudra d'ici 2015, que le nombre de personnes sous-alimentées dans le continent passe sous la barre des 90 millions de personnes. En rappel, cet objectif est atteignable avec une croissance moyenne annuelle de 7 % ; ce qui est loin d'être le cas actuellement.

En particulier dans le monde rural, les crises alimentaires semblent essentiellement résulter de l'incapacité des populations à vivre de leur agriculture, ou à se procurer d'aliments sur le marché en cas de récolte insuffisante. Les victimes de la faim ne sont pas des consommateurs acheteurs ne disposant plus assez d'argent pour acheter de la nourriture, mais le plus souvent des producteurs-consommateurs en manque de récolte. Comme on l'a déjà évoqué, ***le problème du continent n'est pas un manque de terres agricoles potentiellement valorisables, mais plutôt d'assurer aux « petits » paysans les conditions d'une agriculture productive en tout temps. Voilà pourquoi, dans ce projet, on préfère surtout centrer les préoccupations sur la notion de 'sécurité alimentaire', mais endogène, qui est plus en phase avec les besoins du plus grand nombre, même s'il s'agit d'un défi immense.***

Les indicateurs de mesure de la pauvreté

Parmi les éléments de définition de la pauvreté suggérés par le Comité des droits économiques, sociaux et culturels des Nations Unies, on retient les situations de la vie quotidienne dans lesquelles un être humain se retrouve privé de manière durable ou chronique de ressources, de moyens, de choix, entre autres ; lui empêchant l'accès à un niveau de vie suffisant et à d'autres droits socioéconomiques et politiques. La pauvreté est souvent mesurée par trois catégories d'indicateurs : la pauvreté monétaire, la pauvreté des conditions d'existence et la pauvreté subjective. Pour information, la source des précisions ci-dessous provient d'un article publié dans le magazine d'information spécialisé '*Alternatives économiques*', paru en mai 1998.

La *pauvreté monétaire* - marqueur le plus fréquemment utilisé - définit comme pauvre une personne dont les ressources sont inférieures à un certain seuil ; comme c'est le cas avec les OMD. Le seuil de pauvreté international retenu par la Banque mondiale, est passé de 1 USD par jour en 1985, à 1,25 USD en 2005 pour les pays les moins développés ; contre 2 USD par jour pour les pays dits intermédiaires. Quant à l'extrême pauvreté, elle correspond à la situation vécue par les personnes disposant d'un revenu journalier de moins de 0,70 USD. Cependant, des objections font remarquer que cet indicateur ne reflète qu'une dimension du problème. En cause, il ne permet pas une bonne évaluation de la situation d'existence en zone rurale, où l'économie est peu monétarisée.

La *pauvreté liée aux conditions d'existence* est utilisée comme indicateur pour prendre en considération les progrès globaux et le bien-être. Cette approche complémentaire cible un certain nombre de manquements dans la situation des ménages : (i) la pauvreté de nature existentielle - alimentation, logement par exemple -, (ii) la précarité sociale - relations, emploi, loisirs... -. Et c'est le PNUD qui a créé en 1990 l'IDH (Indice de Développement Humain), davantage centré sur les conditions d'existence des personnes. Il est basé sur une évaluation englobante des paramètres de santé et d'espérance de vie à la naissance, de niveau d'éducation et de revenu au plan quantitatif et qualitatif.

S'agissant des *approches subjectives de la pauvreté*, elles ne se réfèrent pas à un seuil minimal de ressources défini conventionnellement, ou à des conditions objectives d'existence. L'information se base sur l'interrogation directe des ménages sur la perception qu'ils ont de certaines réalités vécues avec leurs revenus, et sur le minimum financier nécessaire pour vivre décemment.

État de la pauvreté

Au plan situationnel, un rapport 2013 de la BAfD (BAfD, 2013b) renseigne que 350 millions d'Africains - environ un tiers de la population - gagnent actuellement entre 2 et 20 USD par jour. La part de la population vivant sous le seuil de pauvreté est descendue de 51 à 39 % entre 2005 et 2012. Ou, plus de 60 % des Africains vivent avec moins de 2 USD par jour. En particulier, les travaux de l'Institut des ressources mondiales - World Resource Institute / WRI - menés en collaboration avec le PNUD et la Banque mondiale en 2005, précisent que dans le continent, plus de sept pauvres sur dix vivent en milieu rural. Alors qu'on sait que dans ces zones, les conditions de vie reposent directement sur des ressources naturelles, actuellement très fragilisées par les pressions climatiques et anthropiques déséquilibrées. Aujourd'hui, on recense un total de 330 millions de personnes vivant dans des conditions de *pauvreté extrême*, une donnée des Nations Unies. Sur la base de l'IDH, sur les 50 pays les plus pauvres de la planète, 33 sont africains, la moyenne continentale étant de 0,464, contre 0,920 pour les pays riches.

Avec ces statistiques, on vient de démontrer, factuellement, que la croissance actuelle ne bénéficie pas encore au plus grand nombre. Mais au-delà de cet enseignement, elles symbolisent l'ampleur des efforts à consentir pour combler le retard accusé pour parvenir à un processus de développement socioéconomique partagé. Ainsi, pour comprendre la situation sociale actuelle, on partage ce constat du PNUD de 2012 : « *bien que l'Afrique ait connu une croissance économique rapide au cours des dix dernières années, celle-ci ne s'est pas traduite par des réductions significatives des niveaux de la pauvreté et de la faim, et n'a pas généré des emplois en masse* » (PNUD, CEA et al, 2012)[25]. A quelques années de la date limite de 2015, l'écart - hors Afrique du Nord - sur l'objectif de réduction de la pauvreté, est d'environ 41 %.

◗ On sait que le désœuvrement se manifeste par une aptitude limitée à faire face aux besoins, ou parfois même, par une insolvabilité. De ce fait, elle empêche la création d'une masse critique de consommateurs disposant d'un pouvoir d'achat approprié, pour booster l'activité économique. Dès lors, toute alternative visant un renforcement massif des activités génératrices de revenus, serait une perspective appropriée ; un des objectifs de ce projet. A défaut, c'est la précarité en ville (cf. troisième partie) et l'exode rural (focus ci-dessus) qui risquent de se poursuivre, et de se généraliser.

[25] PNUD, CEA, UA, BAfD, 2012 - *Évaluation des progrès accomplis en Afrique dans la réalisation des objectifs du Millénaire pour le développement*, 214 p. URL : http://www.undp.org/content/dam/undp/library/MDG/english/MDG%20 Regional%20Reports/Africa/MDG%20Report%202012_FRE.pdf

L'Exode rural : ***une migration de la pauvreté***

Pour certains acteurs, la quête d'un emploi en ville est la principale cause de l'exode rural, reléguant ainsi au second plan, à tort ou à raison, le rôle déterminant joué par la désertification et/ou la sécheresse. Actuellement dans le continent, près de 15 millions de ruraux quittent annuellement les campagnes pour rejoindre les villes ; à ce rythme, les Nations Unies estiment que vers 2025, plus de 1,1 milliard de citadins seront des migrants ruraux.

Dans ses aspects négatifs, ces mouvements de masse incontrôlés provoquent des déséquilibres aussi bien dans les zones de départ, que dans les zones d'accueil. En milieu rural ou dans les campagnes, ces départs entrainent une accélération du déclin de l'activité agricole, d'où une paupérisation accrue, et un éclatement des structures familiales. Au final, cette diminution en grand nombre des éléments constitutifs de la principale force de travail, tire vers le bas le volume des récoltes, à moins d'une compensation par des avancées technologiques.

Chez les femmes en particulier, les migrations de longue durée des hommes entraînent inéluctablement une surcharge de travail. La main d'œuvre masculine n'étant pas disponible pour les travaux de labour et de récolte, il en résulte une amplification des activités des femmes. Et la conséquence est une tendance à l'alourdissement de leur emploi du temps, d'où une disponibilité réduite pour les tâches domestiques. De plus en plus, elles assument des responsabilités jadis dévolues aux hommes, et cela dans un contexte où les conditions d'une bonne productivité sont de moins en moins assurées. Plus globalement, la féminisation de la pauvreté est devenue un phénomène mondial, avec une surreprésentation dans l'économie informelle et les emplois non qualifiés.

◗ Après cette analyse thématique, l'interrogation sur les perspectives concrètes de sortie de crise au profit du plus grand nombre, est appropriée. Dans un but d'inversion des tendances lourdes décelées, quels sont les types de mesures contextualisées à mettre en œuvre pour rompre ce cercle vicieux de sous productivité et de déficit de développement ? En tout cas, des exemples à suivre existent. L'agriculture américaine, bien que contribuant que pour 2 % au PIB national et n'employant que 3 % de la population active, a su relever le double défi de satisfaire à la fois les énormes besoins des Américains, et d'approvisionner les exportations agricoles considérables du pays. Le Mali est passé d'un pays à déficit vivrier, à un pays exportateur de denrées alimentaires, avec une production globale dépassant la consommation nationale pendant quatre années consécutives. Avec un bon système de financement, le Ghana a su positionner ses petits producteurs sur des cultures d'exportation comme l'hévéa ou le cacao. Le Sénégal a baissé le déficit de sa production de riz, grâce à des investissements publics importants dans l'irrigation - en profitant des potentialités du fleuve Sénégal par la construction de barrages -, une forte subvention des intrants et une politique de taxation aux frontières du riz de brisure. Vu ces réalisations et les avancées effectives observées, une accélération et une amplification de la vitalité socioéconomique, misant sur une meilleure sécurisation des actifs productif, demeurent possibles. Le continent dispose actuellement d'atouts pouvant être davantage valorisés, pour tirer vers le haut la production agricole globale et réduire les importations. Une argumentation : la FAO estime la superficie de ses terres cultivables à un peu plus d'un milliard ha, dont les 4/5e ne sont pas mises en culture ; des réserves supérieures à celles de l'ensemble de l'OCDE, et deux fois plus élevées qu'en Asie.

Après l'ensemble des analyses, on devine mieux les bénéfices d'une amélioration des performances socioéconomiques sur les richesses nationales et sur les conditions de vie, et partant, sur la santé publique par exemple ; la deuxième thématique institutionnelle retenant l'attention. Quelle est la relation entre 'développement et santé', avec en filigrane l'explicitation du rôle joué par le paramètre pluvial dans les pathologies dominantes ? Le cas échéant, une gestion préventive basée sur une maîtrise rationnelle des eaux pluviales, pourrait-elle occasionner une amélioration des résultats sectoriels et économiques ? Entre autres, telles sont les préoccupations de l'analyse suivante.

CHAPITRE 2

LE SECTEUR DE LA SANTÉ

Il existe un consensus sur le fait que la santé et l'éducation occupent une place déterminante dans le processus de développement, même si la relation n'est pas forcément linéaire, ou directe. Une confirmation a été apportée par l'économiste Berthélémy (2007)[26], en comparant les données structurelles de deux groupes de pays africains : (i) les pays sortis de la pauvreté depuis 1950 pour devenir des États à revenu intermédiaire - Botswana, Lesotho et Tunisie -, (ii) les autres nations restées pauvres. Le résultat de ses investigations met clairement en évidence que parmi les paramètres pouvant justifier l'existence d'un piège de sous-développement, seules les variables portant sur la santé et/ou l'éducation différenciaient, au départ, ces deux groupes de nations. Et ce postulat ne fait que justifier la pertinence de connaître les tendances situationnelles dans le secteur de la santé. Selon le degré de vulnérabilité du capital humain et l'efficacité des solutions apportées, il serait possible d'apprécier si les conditions actuelles sont favorables à un processus vertueux de développement, ou s'il est nécessaire de mettre en œuvre des mesures rectificatives. En particulier, la situation à élucider sera de préciser le rôle joué par le facteur hydrique sur l'état de la morbidité et de la mortalité. Selon la prévalence des pathologies, il sera obtenu des renseignements sur la nécessité, ou non, d'envisager des actions alternatives de résolution des problèmes, par une gestion rationnelle des eaux pluviales.

I - Une influence bidirectionnelle entre la santé et le développement

Dans sa constitution de 1946, l'OMS définit « la santé comme un état de complet bien-être physique, mental et social ». En réalité, la santé et le développement entretiennent une relation dialectique, bidirectionnelle. Certes, la bonne santé du capital humain a une influence déterminante sur les performances économiques - via les capacités productives - ; mais aussi, ces dernières génèrent une richesse pouvant être transformée en

[26] Berthélémy J. C., 2007 – « Les relations entre santé, développement et réduction de la pauvreté », *Mini-Forum sur la santé dans les pays en développement*, Paris, 22 p.

investissement d'amélioration du dispositif sanitaire, ou de maximisation de l'offre en soin.

Relation Santé & Développement

On considère cette dimension de la relation d'une importance primordiale dans le continent, vu que la richesse créée ne permet pas de dégager des marges d'investissement à la hauteur de la diversité et de l'ampleur des besoins. Pourtant, il est d'une nécessité absolue pour les forces productives de disposer d'une aptitude physique et mentale irréprochable. D'ailleurs, c'est pourquoi on juge que la solution consistant à faire financer la santé communautaire directement par des patients démunis, présente un risque. Des dépenses coûteuses pourraient devenir pénalisantes pour ces populations, et les obliger à se détourner des circuits officiels.

Précisément, ce que l'on va chercher à démontrer à travers quelques exemples, ce sont les gains potentiels ou réels que procureraient des acteurs en bonne santé, c'est-à-dire un capital humain robuste, ou en capacité optimale. Autrement dit, on va tenter de renseigner dans quelle proportion, les bons ou mauvais résultats sectoriels agissent au détriment des avancées socioéconomiques. Pour ce faire, nos investigations ont permis de découvrir que les acteurs utilisent plusieurs sources d'information, pour apprécier les corrélations existantes entre la santé et le développement. Selon les cas, il s'agit : (i) des écarts statistiques entre pays riches et pays pauvres, (ii) de la productivité des acteurs, (iii) du volume et de la destination des investissements dans les entreprises, entre autres.

Un constat banal de départ est que les individus disposant d'une capacité physique et mentale maximale, vivant logiquement plus longtemps, participent plus durablement et plus efficacement aux activités productives. Dans les PVD, une réduction de la mauvaise santé serait d'un apport très bénéfique, au regard des statistiques sur la morbidité et la mortalité. Les investigations de Bhargava *et al* (2001)[27] ont démontré que les bénéfices de l'amélioration des conditions de santé sur la croissance, sont beaucoup plus décisifs dans les pays pauvres que dans les autres. En Afrique en particulier, où l'agriculture a fait de l'homme sa principale force de production, le maintien des capabilités de cet acteur essentiel devient une condition incontournable. La longueur et

27 Bhargava Alok, Dean T. Jamison, Lawrence Lau, Christopher JL Murray, 2001, "Modelling the effects of health on economic growth", *Journal of Health Economics*, 20(3), 423-440

la pénibilité des journées de travail, exigent une capacité physique optimale. Plus spécifiquement chez les femmes, cette conditionnalité est indispensable, pour le rôle déterminant qu'elles assurent dans l'activité agricole et la vie quotidienne en milieu rural, (cf. Étude sur l'agriculture). En guise d'illustration, Berthélémy (2007) a trouvé une relation contre-productive entre la prévalence de certaines maladies comme la bilharziose ou l'anémie, et la performance des agriculteurs.

Au plan des investissements, une réduction massive des coûts de la mauvaise santé dans la société et les entreprises, génère des ressources financières additionnelles pour le financement d'autres activités de développement. De plus, les entreprises auront tendance à investir d'autant moins que leur personnel peut être affecté par des problèmes de santé. Par exemple au Botswana, les firmes multinationales auraient réduit leurs investissements depuis la propagation de l'épidémie du VIH/SIDA[28].

Dans les analyses suivantes, les corrélations établies constituent autant d'exemples renseignant sur l'effet positif de la bonne santé sur les résultats économiques. Une étude de Jamison *et al* (2005) a montré qu'en valeur relative, une année supplémentaire d'espérance de vie relève de quelque 4 % le PIB[29]. Une autre donnée signale qu'une amélioration de 10 % de l'espérance de vie à la naissance, entraîne une accélération de la croissance économique d'environ 0,3 à 0,4 % par an, d'après le Partenariat Harmonisation pour la Santé en Afrique (HHA, 2011)[30]. Des auteurs ont trouvé que 10 à 15 % de la croissance économique survenue entre 1960 et 1990, est en lien avec une réduction de la mortalité chez les adultes[31]. Bloom et Canning (2005)[32] estiment qu'un accroissement du

---

28 Sala-i-Martin, Xavier, 2005, "On the Health-Poverty Trap", in GuillemLópez-Casasnovas, Berta Rivera and Luis Currais (ed.), *Health and Economic Growth: Findings and Policy Implications*, MIT Press: 95-114

29 Jamison, D. T., L. J. Lau et J. Wang., 2005 – "Health's Contribution to Economic Growth in an Environment of Partially Endogenous Technical Progress", In *Health and Economic Growth: Findings and Policy Implications*, ed. G. Lopez-Casasnovas, B. Rivera et L. Currais, 67-91. Cambridge, MA: MIT Press.

30 HHA (Harmonization for Health in Africa), 2011 - Investir dans la santé pour l'Afrique. L'argumentation en faveur du renforcement des systèmes pour de meilleurs résultats sanitaires, 72 p. URL:http://www.who.int/pmnch/media/membernews/2011/investir_sante_afrique.pdf

31 Sachs, J.D. et al, 2001 – "Macroeconomics and Health: Investing in Health for Economic Development". *Report of the Commission on Macroeconomics and Health*. Geneva: World Health Organization.

taux de survie des adultes de 1 %, augmente la productivité du travail de 2,8 %.

A propos de la prévalence des maladies, le Sida et le paludisme étaient jadis les pathologies les plus récurrentes, en occupant tout simplement les deux premières places d'un classement en date de 2002. En particulier, une économie dans laquelle la population est à un niveau zéro de risque du paludisme, augmente plus rapidement que celle présentant un taux de risque supérieur à 1 % par an[33]. Plus concrètement, une éradication du paludisme en Afrique subsaharienne pourrait renforcer le taux de croissance par habitant d'environ 2,6 % par an, selon le rapport 2011 de HHA.

◗ Sur la base de ces informations représentatives, on peut considérer que les ressources consacrées à l'amélioration de la santé constituent un investissement pouvant être rentable économiquement. En assurant la bonne santé du capital humain, par des mesures préventives et/ou curatives, ces dépenses seraient très bénéfiques pour la performance et la durabilité des activités productives.

Relation Développement & Santé

A l'inverse aussi, la richesse accumulée avec le progrès socioéconomique peut être décisive dans l'amélioration du nombre et de la qualité des systèmes de santé, via le volume des dépenses mobilisé ou mobilisable. Autrement dit, une hausse des ressources publiques et/ou de la capacité financière des populations, est potentiellement synonyme d'une augmentation des investissements, ou des dépenses affectées à la santé.

Une telle corrélation est particulièrement vraie dans les PVD, où un très grand nombre de citoyens ne parvient pas à satisfaire ses besoins de base, à cause d'une solvabilité financière limitée. Dès lors, un accroissement des capacités d'action ne peut être que salutaire pour les populations, mais à condition qu'il favorise une réduction de leur participation dans le recouvrement des coûts. Au regard des insuffisances des performances sectorielles actuelles, une hausse du revenu national serait synonyme d'une marge de manœuvre améliorée, ou d'une multiplication des opportunités d'intervention. Par exemple, elle pourrait

---

32 Bloom, D. E., Canning D., 2005, "Health and Economic Growth: Reconciling the Micro and Macro Evidence", *mimeo*, Harvard School of Public Health.

33 Gallup, John Luke et Jeffrey D. Sachs. 2001 – "The Economic Burden of Malaria". *American Journal of Tropical Medicine and Hygiene* 64 (1 supplément, janvier) : 85-96.

favoriser un soutien à la recherche et au renforcement du dispositif technologique de prise en charge des soins, une construction de structures de santé et un recrutement de personnels supplémentaires et compétents, entre autres. Au plan social, cette éventualité permet aussi de mener à bien les programmes sociaux - distribution gratuite de médicaments ou de moustiquaires imprégnés, actions de sensibilisation, aides financières pour les plus démunies, entre autres -.

A cause des contraintes financières, dans la plupart des pays du continent, le volume global du financement destiné à la santé publique n'est pas à la hauteur des manquements à corriger. Et ce comparatif sur le montant des sommes réelles mobilisées selon le niveau de développement des pays, est un indicateur approprié, les données étant de l'OMS (*in* Bulletin de l'OMS, 2002). Dans les États développés - où la richesse par habitant est supérieure à 8000 USD -, les dépenses s'élèvent, en moyenne, à 8 % du revenu national - soit entre 1000 et plus de 4000 USD par habitant et par an -. Par contre dans les pays pauvres, où le revenu par habitant est inférieur à 1000 USD, elles sont généralement comprises entre 1 à 3 % du PIB seulement, - ou entre 2 et 50 USD par an et par habitant -. Cet écart atteste des limites des ressources disponibles dans les PVD, au départ, pour couvrir convenablement les dépenses, l'Afrique y compris surtout. Et les conséquences vont être abordées dans l'analyse suivante.

II - Données de base & Besoins

Dans un premier temps, les principales questions ciblées pour aborder les tendances statistiques actuelles, sont : (i) les pathologies dominantes, de par l'ampleur des impacts, (ii) la frange démographique la plus vulnérable, (iii) et/ou les zones géographiques marquées par une situation particulière. Ensuite, dans une approche d'amélioration continue, on tentera d'expliciter les logiques principales, ou interactions, à l'origine des situations dominantes observées. Par exemple, le niveau des investissements, la qualité et la quantité des infrastructures, le nombre et la compétence du personnel, l'organisation du système de santé, ont-ils des répercussions sur l'offre en soin ? On sait qu'une croissance rapide et non maîtrisée de la population, comme c'est le cas en Afrique, est un facteur réel de complication de la satisfaction de la demande sociale. Un tel processus va souvent de pair avec une augmentation exponentielle des besoins, d'où a priori, un premier paramètre structurel défavorable pour assurer la bonne santé au plus grand nombre.

Données de base / État des lieux

Bien que des progrès indéniables aient été réalisés, les résultats sectoriels sont encore largement en deçà des attentes, comme le démontrent les informations suivantes sur la santé publique. A lui seul, le continent supporte environ 26 % du fardeau des maladies dans le monde. Par exemple, 49 % des décès maternels, 50 % des décès d'enfants de moins de 5 ans et 67 % des cas de VIH/Sida y sont enregistrés, pourtant avec seulement 11 % de la population mondiale. Il s'agit de la région du monde où l'espérance de vie à la naissance est la plus basse, et la prévalence du sida la plus élevée.

Plus particulièrement, on retient de ces statistiques, la situation très critique qui prévaut chez les enfants, devenue une question majeure de société, et même une préoccupation de la communauté internationale. De plus, l'OMS signale que près d'un enfant sur dix décède avant l'âge d'un an, et un enfant sur cinq avant l'âge de 5 ans, et cela dans la très grande majorité des États. Dans le rapport de l'Unicef de 2008, par pays, le taux moyen de mortalité infanto-juvénile a varié, par exemple, entre 67 ‰ en Afrique du Sud et 194 ‰ au Mali. Par ailleurs, l'espérance de vie à la naissance n'est que de 57 ans au Ghana, 51 ans au Burundi et 47 ans en Angola, contre 81 ans pour la France.

Parmi les pathologies contribuant à la mortalité excessive, le sida qui occupait jadis la première place en 2002, a reculé en troisième position en 2008 (tableau 2). Dans le rapport 2012 d'ONU-sida, il est précisé que 1,2 million de personnes sont décédées de cette maladie en 2011, même si le taux est en baisse comparé au pic de 2005 (1,8 million de personnes). Si l'on se réfère au nombre de malades qui est d'environ 1,5 million, l'enseignement est que cette maladie ne laisse guère d'issu favorable. Le plus souvent dans le monde, les personnes âgées entre 20 et 40 ans sont les plus touchées, c'est-à-dire les forces vives du capital humain.

S'agissant du paludisme - une maladie liée à l'eau et à l'origine aussi de beaucoup de décès -, les efforts entrepris par la communauté internationale pour son éradication sont relativement couronnés de succès, car il apparaît en cinquième position en 2008 ; soit un recul de trois places, comparé à 2002. Toutefois, le paludisme est endémique dans quarante-deux pays, et plus de 90 % des 300 à 500 millions de cas cliniques survenant chaque année dans le monde, touchent des Africains. On y reviendra plus loin. Comme dernière remarque : les statistiques de 2008 sur les 'Pays à faible revenu', y compris l'Afrique, renseignent sur le rôle non négligeable joué par les maladies diarrhéiques - dysenterie et choléra - dans la mortalité, toujours massivement présentes dans le continent (cf. plus loin pour le choléra).

Rang	Années	
	2002 (Afrique subsaharienne)	2008 (Pays à faible revenu)
1er	VIH/Sida	Infection des voies respiratoires (11,3 %)
2e	Paludisme	Maladies diarrhéiques (8,2 %)
3 e	Infection voies respiratoires	VIH/Sida (7,8 %)
4 e	Maladies diarrhéiques	Cardiopathie ischémique (6,1 %)
5 e	Affections périnatales	Paludisme (5,2 %)
6 e	Maladies cérébro-vasculaires	AVC et Maladies cérébro-vasculaires (4,9 %)
7 e	Tuberculose	Tuberculose (4,3 %)
8 e	Cardiopathie ischémique	Prématurés et faible poids à la naissance (3,2 %)
9 e	Rougeole	Asphyxie et traumatismes à la naissance (2,9)
10 e	Accidents de la route	Infections néonatales (2,6)

Tableau 2 : Évolution des dix principales causes de mortalité en Afrique subsaharienne (Source : OMS)

Pour mieux comprendre les manquements, il faut savoir que les approches de 'santé publique' et de 'santé communautaire' en application pour inverser les tendances, n'ont pas donné les résultats escomptés. La santé publique cible un ensemble d'actions transversales visant une amélioration du bien-être physique et mental, par un assainissement du cadre de vie, une lutte contre les maladies épidémiologiques. Sa démarche s'appuie sur un enseignement de l'hygiène corporelle, une organisation des structures sanitaires, une facilitation de l'accès aux soins précoces et aux traitements préventifs et la mise en œuvre de mesures sociales de renforcement de la résilience des personnes. Quant à la santé communautaire, elle privilégie des procédés par lesquels, les populations locales et les pouvoirs publics agissent en concertation, en vue de rétablir, maintenir ou promouvoir des conditions adéquates de bonne santé dans un espace géographique. Pour précision, cette dernière démarche a marqué une rupture dans les pratiques. Jusque-là, le système de financement du secteur était principalement fondé sur des prestations curatives gratuites, ayant persisté plusieurs années après les indépendances. C'est en 1987, au cours d'une session du comité régional de l'OMS tenue à Bamako (Mali), que les ministres africains ont pris l'engagement de mettre en œuvre « l'Initiative de Bamako », visant à faire participer les communautés destinataires dans le recouvrement des coûts. Cependant, on tient à rappeler que chez les patients disposant d'un revenu faible, la fin de la gratuité des soins comporte un risque d'exclusion pouvant favoriser un recours à des circuits non conventionnels, ou à l'automédication.

Mais, pourquoi les réalisations tardent à renvoyer les signaux positifs tant attendus, ou quels sont les dysfonctionnements annihilant les efforts déployés ? Dans les investigations suivantes, les principaux points de faiblesse du secteur être passés en revue, notamment pour rendre compte de l'immensité des difficultés à surmonter.

Points spécifiques d'amélioration & Coûts des besoins

Parmi les facteurs à l'origine de l'insuffisance des résultats, on a déjà évoqué le rôle non négligeable joué par la faiblesse du financement national, un reflet du niveau de développement socioéconomique actuel. Faute d'investissement endogène approprié disponible, le manque d'équipements et de ressources humaines, au plan qualitatif et quantitatif, est monnaie courante dans la très grande majorité des pays. D'autant plus que la croissance démographique exponentielle aggrave considérablement la situation, par une demande forte et en augmentation continue. Ces deux paramètres, financier et démographique, composent les paramètres de l'équation à résoudre, si l'on veut inscrire les résultats sur une trajectoire de succès, mais à quel prix.

Le système actuel de financement de la santé

Qu'ils soient d'origine externe ou interne, les fonds publics constituent, globalement, une source de financement décisive. Il faut noter que ces dernières années, le financement international à destination du continent s'est considérablement amélioré, ce qui a été profitable au secteur de **la santé** qui **a reçu le quart de l'aide globale**. Surtout depuis le lancement des OMD, les investissements ont été pratiquement multipliés par cinq. D'après un rapport de l'Agence française de développement (AFD / Mathonnat, 2010)[34] : le volume sectoriel cumulé - aide publique bilatérale, multilatérale et privée - mobilisé par l'Afrique,

---

[34] Mathonnat J., 2010 – « Disponibilité des ressources financières pour la santé dans les pays d'Afrique subsaharienne », *Agence Française de Développement, Département de la Recherche*, 284 p.
URL :http://www.afd.fr/webdav/site/afd/shared/PUBLICATIONS/RECHERCHE/Archives/Notes-et-documents/52-notes-documents.pdf

est passé de 970 millions USD en 1999, à 4,8 milliards USD en 2006. A propos de sa pertinence dans les Pays à faible revenu, l'aide extérieure contribue autour de 30 % en moyenne dans le financement de la santé.

Sur l'affectation des fonds extérieurs, ce rapport de l'AFD renseigne qu'une part non négligeable est destinée à la 'santé de base', qui a reçu près de 40 % des investissements. Cette approche, ou concept, vise à assurer : (i) les soins, les infrastructures et la nutrition de base, (ii) le contrôle des maladies infectieuses, (iii) la formation du personnel médical (iv) l'éducation des populations.

Logiquement, cette place déterminante de l'intervention étrangère est un signal de la faiblesse du financement public national disponible, comme l'atteste le pourcentage de PIB consacré à ce secteur par les Etats africains (figure 2). Sur les quarante-huit pays de référence, et cinq ans après le lancement des OMD, seuls quatre consacraient plus de 6,5 % de leur PIB à ce secteur, et plus de 8 % pour l'Afrique du sud, le Zimbabwe, le Malawi et le Rwanda.

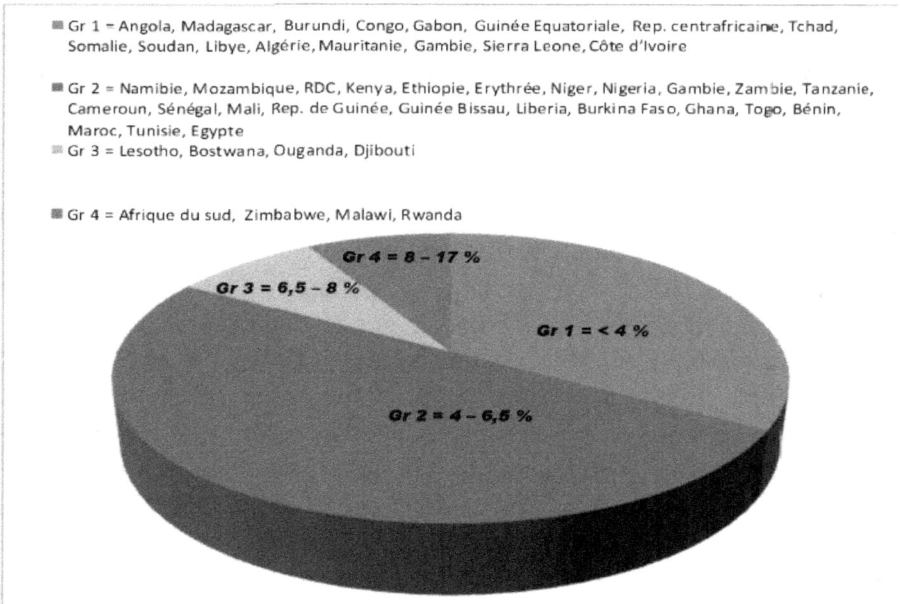

Figure 2 : Répartition par pays de la part représentative dans le PIB des investissements affectés à la santé publique en Afrique (source : Banque mondiale, 2006)

A ce jour, force est de constater que les résultats obtenus après la déclaration d'Abuja de 2001 - engagement des chefs d'État à investir dans la santé 15 % des dépenses publiques - sont en deçà des attentes. A mi-parcours, le rapport de l'AFD de 2010 cité ci-dessus a fait ce bilan : (i) seuls quatre pays sur quarante-six, soit 9 % ont atteint l'objectif fixé - Burkina Faso, Rwanda, Libéria et Malawi, (ii) près de la moitié des pays alloue à la santé moins de 10 %, (iii) sept y consacrent moins de 5 %. Une autre information malgré le volontarisme affiché : la part relative des dépenses publiques de santé a diminué dans près de la moitié des pays. Toutefois, la pertinence de cet indicateur est critiquée dans ce même rapport de l'AFD. En effet, l'auteur juge plus approprié d'indexer les performances sur l'augmentation, en volume, des ressources financières publiques consacrées à la santé, et non sur leur part relative. En valeur absolue, les dépenses sont effectivement en augmentation dans plus de 80 % des États. Cette hausse, surtout remarquable au cours des dix dernières années, apporte la preuve d'une détermination à investir davantage dans la santé, mais les sommes mobilisées ne sont pas encore à la hauteur des besoins.

Un dernier constat en rapport avec le paramètre financier : le poids substantiel des dépenses personnelles pour se soigner pose toujours problème, même si la tendance est à la baisse. Le nombre de pays où la part représentative de cette participation est égale ou supérieure à 50 %, est passé de vingt-neuf pays (soit 64 % des pays) à vingt-trois (51 %). Mais aussi, une autre interprétation possible est que dans près de la moitié des États, ce mode d'intervention égale ou dépasse de très loin la part du financement public. Parfois même, il atteint 70 %, comme par exemple en Guinée, Cote d'Ivoire, Togo, Gambie, Burundi et Cameroun. Le plus souvent, les frais à la charge du patient restent élevés, ce qui a emmené certains spécialistes à soutenir que l'apport du prépaiement par l'assurance publique ou privée demeure encore déficient. Ainsi en 2006, il a été adopté lors de la 56e session du Comité régional de l'OMS pour l'Afrique, une résolution invitant les États-membres à renforcer les systèmes nationaux de prépaiement. On sait que près de la moitié de la population vit actuellement en dessous du seuil de pauvreté ; ce qui devient un handicap dans un système de paiement direct à l'acte, le mécanisme de financement des soins actuellement préféré.

Besoins en investissement v/s OMD

A propos des dépenses nécessaires pour inverser les tendances, et promouvoir la bonne santé, les ressources financières globales requises pour réaliser les OMD vont servir d'indicateur. A cet effet, la Commission macroéconomie et santé des Nations Unies a estimé dans son rapport de 2001, le coût minimal à prévoir pour élargir la couverture d'une série d'interventions essentielles. Il serait, en moyenne, de 34 USD par personne et par an à l'échéance 2015, pour éliminer une grande partie de la mortalité évitable, avec des systèmes fournissant des services de base. Bien entendu, cette valeur-seuil n'est qu'un indicateur pouvant varier en fonction de la situation sanitaire de départ dans un pays. En comparaison, dans les quarante-huit Pays les moins avancés du monde - dont trente-quatre en Afrique -, les dépenses réelles moyennes de santé n'atteignent qu'environ 21 USD d'après la Commission, une statistique de 2002 ; d'où un gap de 13 USD par personne et par an.

Avec une population africaine estimée à environ 1,1 milliard de personnes en 2013, les sommes investies devraient atteindre près de 34,3 milliards USD pour cette année. Si le niveau réel de dépense de 2002 est maintenu - on a vu plus haut que la *déclaration d'Abuja* n'a pas été suivie de beaucoup d'effet -, le déficit annuel serait donc d'environ 13 milliards USD. Potentiellement, cela pose problème puisque la totalité de l'aide publique sectorielle - 30 % du financement global - n'était que de 4,8 milliards USD en 2006. En tout cas avec cette précision, on comprend mieux l'insuffisance des résultats actuels et la prépondérance des dépenses personnelles. En effet dix ans après le lancement des OMD, le rapport de l'AFD évalue, indépendamment des investissements actuels, à près de 140 milliards USD le montant additionnel nécessaire sur la période 2011-2015. Ce montant prévoit : (i) le sauvetage de la vie d'environ 3,1 millions de personnes, et la prévention du retard de croissance de 3,8 à 5,1 millions d'enfants, (ii) l'accroissement du nombre d'agents de 2 à 2,8 millions, et des établissements de 58 000 à 77 000, (iii) un gain économique de 100 milliards USD pour la seule année 2015.

Au final, l'enseignement fondamental retenu est qu'il existe un énorme différentiel entre les montants investis et les besoins financiers nécessaires pour atteindre les OMD. Surtout, on considère que ce déficit se situe, pour plusieurs pays africains, bien au-delà des capacités d'investissement en fond propre, et aussi de mobilisation de capitaux étrangers. Et ce manquement se traduit sur le terrain par des dysfonctionnements qualitatifs et/ou quantitatifs concernant les infrastructures et le personnel : les deux préoccupations des analyses suivantes. Toutefois, le Partenariat HHA renseigne que cinq pays sont en passe d'atteindre l'OMD 4 : il s'agit du Botswana, de l'Égypte, de l'Érythrée, du Malawi et du Maroc.

Besoins en investissement v/s Infrastructures

Avant d'en venir aux enjeux associés au dispositif sociotechnique de prise en charge, l'approche organisationnelle de la répartition des équipements dans l'espace, va être passée en revue. Dans la plupart des pays, l'architecture est sous forme pyramidale, et généralement divisée en deux niveaux composés de catégories d'infrastructures assurant des objectifs complémentaires. Le premier est constitué par des cases ou centres de santé, et des dispensaires ; les zones géographiques de prédilection étant le milieu rural et les zones péri-urbaines. Le second niveau est structuré en trois sortes de dispositifs : des équipements de type 'polyclinique' (en milieu urbain), des centres hospitaliers 'généralistes' ou 'spécialisés' (à portée départementale ou régionale) et des centres hospitaliers universitaires (à vocation nationale).

En guise d'information, les fonctionnalités de ce système infrastructurel vont être précisées, en s'appuyant sur un document de l'AMREF (African Medical and Research Foundation)[35]. La *case - ou poste - de santé* est l'unité de première ligne en zone rurale et périurbaine ; et il s'agit d'une petite structure à fonctionnement autonome, effectuant de la consultation et des activités de prévention, mais aussi offrant des soins de première nécessité. Un *centre de santé* s'oriente plus vers la santé maternelle et infantile, de même que la prise en charge de certaines pathologies récurrentes. En plus des soins infirmiers, le cas échéant il assure des services courants de médecine générale et spécialisée, entre autres. Un *dispensaire* prend en charge les besoins primaires en milieu urbain, avec un personnel composé de spécialistes, de médecins chefs et d'infirmiers, par exemple. Un *hôpital général* ou un *centre hospitalier régional ou préfectoral* est le dispositif de recours pour les urgences, la chirurgie, la pédiatrie, etc. ; en particulier il joue un rôle d'interface en accueillant les malades provenant du niveau primaire. Un *hôpital spécialisé* se concentre sur un domaine de pathologie bien précis, comme par exemple la psychiatrie, la pneumologie ; généralement implanté dans la capitale, il est souvent dirigé par une équipe de chercheurs. Un *centre hospitalo-universitaire* (CHU), à vocation universitaire, dispense des prestations de soins et services dans toutes les disciplines médicales ; il dispose d'un statut lui conférant une autonomie financière et une personnalité morale. Comme dispositif additionnel, on a la *clinique privée*, qui vient en relais au

---

[35] URL : http://www.amref.fr/nos-publications/fiches-sante/systeme-sante

secteur public surtout dans les villes, mais avec des tarifs plus élevés et une prise en charge plus appropriée.

- ***Focus sur le système traditionnel*** *: au regard de pratiques récurrentes, la médecine traditionnelle fait partie intégrante du système de santé. Et même en zone rurale, elle joue les premiers rôles, car les guérisseurs traditionnels, les voyants et les matrones y assurent souvent la prise en charge des patients. Selon l'OMS, dans certains pays d'Asie et d'Afrique, près de 80 % de la population dépend de la médecine traditionnelle pour les soins de santé primaires. En effet, l'OMS définit la médecine traditionnelle comme « la somme des connaissances, compétences et pratiques qui reposent sur les théories, croyances et expériences propres à une culture, et qui sont utilisées pour maintenir les êtres humains en bonne santé, par une approche de prévention, de diagnostic, de traitement et de guérison des maladies physiques et mentales ». Contrairement aux formes de soin appliquées dans les structures modernes, cette thérapie « parallèle » est basée sur des interventions combinant des plantes médicinales et des substances animales ou minérales. Sur la fréquence de recours, par exemple au Ghana, au Mali, au Nigéria et en Zambie, les plantes médicinales représentent le traitement de première intention pour plus de 60 % des enfants atteints de forte fièvre. Des études menées en Afrique ont montré que 75 % des personnes vivant avec le VIH/SIDA s'oriente exclusivement en premier vers la médecine traditionnelle, ou parfois en complément d'autres traitements modernes. Une information à charge : la médecine traditionnelle se heurte à deux obstacles principaux que sont le manque d'une formation adéquate des prestataires et l'absence de système de qualification et de délivrance d'autorisation officielle d'exercer, d'après l'OMS. Des manquements qui laissent une part belle aux charlatans. En référence aux statistiques, une synergie et des complémentarités avec la médecine moderne devraient être trouvées, afin de consolider cette forme d'accès aux soins, devenue un recours de première intention pour un très grand nombre.*

Concrètement sur l'offre en équipement, les données sectorielles mentionnées plus haut présagent d'une situation assez critique, et comme vont le démontrer ces informations sur la Côte d'ivoire et le Sénégal. En 2006, le réseau sanitaire public ivoirien - un pays affectant moins de 4 % de son PIB à la santé - se composait officiellement de 1691 structures.

Sur une superficie totale du pays de 322 400 km^2 et une population de 17 662 417, le ratio est respectivement d'environ 1/190 km^2 et 1/10 500 personnes. Au Sénégal, - un pays de 196 192 km^2, d'une population estimée à 11 841 123 (en 2008) et affectant entre 5 et 6,5 % de son PIB à la santé - on dénombrait 1207 structures en 2008, ce qui donne des rapports de 1/163 km^2 et 1/9800 personnes.

Avec ces statistiques assez représentatives du manque global d'équipements dans le continent, il est certain que les possibilités d'une prise en charge appropriée des patients sont limitées, surtout en milieu rural. Le plus souvent, trouver un centre de santé de proximité est un luxe réservé aux citadins, tandis que le manque de fournitures est une constante quelle que soit la zone de référence. Par exemple au Malawi - un des quatre pays où les dépenses en santé dépassent 8 % du PIB -, on comptait à partir des années 2000, un microscope pour 100 000 habitants (Mundy *et al*, 2000)[36]. De plus, presque la moitié était hors d'usage, ou nécessitait une réparation. Un autre exemple : à l'hôpital central de Kampala (Ouganda), seulement deux flacons d'hémoculture par quartier sont disponibles chaque semaine en moyenne. En plus du délai d'attente, une autre contrainte est la réutilisation des tubes de collecte de sang (Narasimhan *et al*, 2004)[37] ; ce qui peut être une source de contamination, ou d'une infection nosocomiale. Pour rappel, dans les besoins en investissements additionnels projetés à l'horizon 2015, précisés plus haut, un des objectifs est un renforcement du dispositif existant de lits d'hôpital entre 550 000 et 650 000 unités. De plus, le manque de soins de haut niveau, fait qu'il existe beaucoup de pathologies non couvertes par les traitements disponibles, d'où un recours fréquent à des transferts à l'étranger.

---

36 Mundy C, Ngwira M, Kadwele G, et al., 2000 – "Evaluation of microscope condition in Malawi". *Trans R Soc Trop Med Hyg*, 94:583-4

37 Narasimhan V, Brown H, Pablos-Mendez A, et al., 2004 – "Responding to the global human resources crisis". *Lancet*, 363:1469-72.

◗ Au regard de l'acuité des problèmes évoqués et de ses causes, l'amélioration des performances nécessite : (i) une garantie de la disponibilité des produits sanitaires essentiels pour tous, (ii) une modernisation du matériel de traitement, (iii) une accélération du processus de construction et d'entretien des infrastructures. Mais, étant donné un contexte d'investissement limité - favorisant un temps long ou incertain d'exécution -, quelle alternative basée sur une gestion rationnelle des eaux pluviales - ou aléa - serait applicable ? Le résultat escompté est la création de conditions contribuant à garantir immédiatement un assainissement efficace des territoires, gage d'une bonne santé pour un très grand nombre. Surtout, est-ce qu'il est possible de promouvoir une approche à faible coût, notamment en phase avec les capacités des parties prenantes locales ?

Besoins en investissement v/s Ressources humaines

Toujours sur la lancée des contraintes induites par la faiblesse des richesses nationales, le déficit en ressources humaines constitue aussi une autre problématique de taille : le continent compte seulement 1,3 % des agents en activité dans le monde (PMC, 2010)[38]. L'Observatoire des ressources humaines en santé de l'Afrique (AHWO) estime à plus d'un million le manque en agents de santé. En plus du nombre des futurs diplômés sortant des structures de formation existantes, il faudrait un supplément d'environ 90 000 médecins, 500 000 infirmiers et 300 000 agents de santé communautaire.

En valeur relative, la majorité des pays a un ratio 'effectif des agents de santé / nombre de population' inférieur à 1,15 $^{0}/_{00}$. Selon les statistiques disponibles aujourd'hui, quelques trente-huit pays se situent sous la norme minimale de l'OMS de 20 médecins pour 100 000 habitants. Et treize parmi ces pays comptent 5 médecins ou moins pour 100 000 habitants ; la figure 3 étant une précision de la répartition moyenne du nombre de médecins disponibles pour les populations. Un autre indicateur confirmatif : l'OMS a fixé un seuil minimal de 2,3 $^{0}/_{00}$ pour que les États puissent bénéficier de l'aide qualifiée à l'accouchement pour les femmes à hauteur de 80 % : sur les cinquante-sept pays identifiés par le « Rapport sur la santé dans le monde 2006 » - notamment ayant une densité des agents de santé inférieure au seuil minimal -, trente-six sont d'Afrique subsaharienne ; soit largement au-delà de la moitié.

---

[38] Performances Management Consulting / PMC, 2010 – « La santé en Afrique subsaharienne : panorama, problématiques, enjeux et perspectives », 15 p. URL : http://www.perfcons.com/page/doc/NS%20Sante_2010.pdf

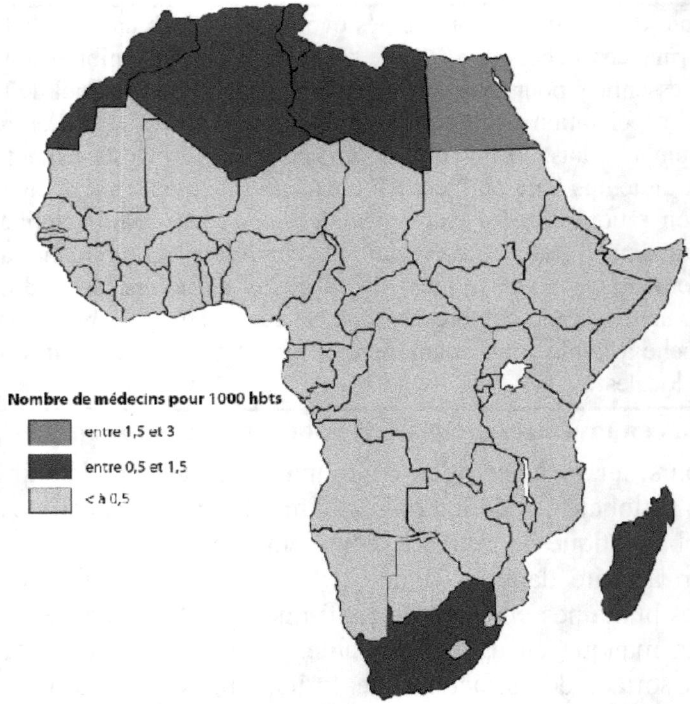

Figure 3 : Distribution du nombre de médecins par pays en Afrique (Source : statistiques-mondiales.com)

Par ailleurs, un facteur aggravant de la tendance observée est le départ des compétences vers les pays développés. Un médecin africain sur cinq exerce dans les pays riches, d'après le think tank américain 'Center for global development'. Au total, c'est près de 135 000 médecins et infirmiers qui sont recrutés hors du continent. Ce rapport affirme que des pays jadis en guerre comme l'Angola, la Guinée-Bissau, le Liberia ou le Rwanda, avaient perdu environ 40 % de leurs médecins. De surcroît, un nombre relativement élevé du personnel qualifié resté dans le continent travaille dans des projets d'aide au développement, et se retrouve avec une surcharge de travail d'ordre surtout administratif.

Le cas particulier des zones rurales

A juste raison et pour des faits liés à l'éloignement, la pauvreté, l'analphabétisme, mais aussi à l'inégale répartition des médecins et des infrastructures, la place prioritaire accordée aux zones rurales par les acteurs internationaux du développement, se justifie. Globalement, trois problématiques résument bien la situation précaire prévalant en milieu villageois : (i) le manque d'un personnel de haut niveau, (ii) une offre en soin limitée, (iii) l'omniprésence de la médecine traditionnelle. Par exemple au Sénégal, près de 70 % des médecins et 80 % des pharmaciens et des dentistes exercent dans la capitale, et cela au détriment des zones rurales. Dans ces territoires, les chefs de poste sont en majorité des infirmiers, qui assurent la totalité des activités curatives, préventives et de sensibilisation. Le plus souvent, ils sont assistés par une équipe locale composée de matrones et/ou d'aides-soignants formés en interne, et rémunérés à partir de ressources propres. De plus, ils sont surchargés de travail, à cause des obligations relatives aux procédures associées aux multiples programmes de santé publique en application.

En milieu rural, l'offre se limite à des 'soins de santé primaire' (SSP), mais dans un contexte marqué par une insuffisance de médicaments et de matériels. Pourtant, la Conférence d'Alma Ata (Kazakhstan / Ex URSS) de 1978 avait approuvé les SSP comme stratégie-clé à mettre en œuvre dans le monde, pour améliorer l'état sanitaire des populations, et aboutir à la réalisation de la 'Santé Pour Tous d'ici l'An 2000'. Ce premier niveau de contact avec le système de prise en charge, cible une démarche basée sur une résolution participative des problèmes. Pour l'amorçage d'un processus continu de protection - par des services de promotion, de prévention, de soins et de réadaptation -, l'OMS a recensé cinq objectifs clés : (i) réduire l'exclusion et les disparités sociales, (ii) intégrer la santé dans tous les secteurs, (iii) organiser les services autour des besoins et des attentes des populations, (iv) suivre des modèles de collaboration, (v) augmenter la participation des destinataires. Aujourd'hui, il faut reconnaître que rares sont les centres de santé assurant de façon satisfaisante leur mission de santé publique. Les dysfonctionnements font légion. Aussi pour des raisons socio-culturelles et techniques déjà soulignées, la majorité des ruraux fait d'abord appel aux tradipraticiens.

◗ En définitive, ce qu'on retient globalement c'est que, pour des raisons diverses, la situation sanitaire reste préoccupante malgré les efforts déployés, ce qui n'est pas un atout pour favoriser un développement durable. Vu les montants financiers nécessaires pour inverser les tendances et que le continent a du mal à mobiliser, l'alternative consistant à mettre en œuvre des actions préventives d'amélioration des conditions de vie dans les territoires, par une gestion rationnelle du paramètre pluvial, n'est-elle pas plus que justifiée ?

Dans la suite, on va s'intéresser plus particulièrement aux maladies tropicales négligées et aux maladies liées à l'eau, car pouvant découler des pluies. En se basant sur le tableau 2 (cf. § Données de base), on s'aperçoit que ces maladies font partie des premières pathologies à l'origine des décès et des fièvres.

III. Prévalence des maladies tropicales négligées (MTN) & maladies liées à l'eau

Les maladies tropicales négligées (MTN)

Les MTN sont pour l'essentiel des maladies parasitaires dues à des protozoaires ou des helminthes. La transmission s'effectue à partir d'animaux hôtes (moustiques), d'œufs ou de larves de parasites contenus dans le sol (géohelminthiases), et aussi en buvant une eau contaminée (dracunculose/filariose/ver de Guinée). Elles sont endémiques dans cent-quarante-neuf pays, et touchent plus de 1 milliard de personnes selon l'OMS, le continent africain supportant encore la charge la plus lourde. Compte tenu de leur prévalence actuelle, ces pathologies jadis 'négligées' sont devenues une préoccupation de santé publique. Ainsi, les avancées réalisées ont permis de trouver des solutions efficaces et réalistes, pour les combattre, les prévenir et éventuellement les éliminer. Pour preuve, l'approche coordonnée et intégrée de lutte menée par l'OMS depuis 2007 a fait chuter le nombre de cas de dracunculose à moins de 1100 cas notifiés en 2011.

Précisément, l'attention accordée à ces maladies s'explique, principalement, par ces cinq caractéristiques communes : (i) elles sont un signe de pauvreté et d'exclusion, (ii) elles touchent des populations peu visibles et qui ont peu de poids politique, (iii) elles favorisent la stigmatisation et la discrimination, (iv) elles ont un impact important sur la morbidité et la mortalité, (v) elles intéressent relativement peu la recherche. Selon le type de pathologie, ces maladies peuvent entraîner une cécité (onchocercose et trachome), des difformités (filariose lymphatique, leishmaniose, lèpre et ulcère de Buruli), et provoquer souvent un décès à une étape avancée de l'affection (trypanosomiase africaine, maladie de Chagas, dengue et schistosomiase). Elles sont également corrélées à diverses complications cliniques, notamment l'anémie et la malnutrition dans les cas de la schistosomiase et des helminthiases transmises par le sol. Enfin, certaines de ces maladies ont des conséquences socioéconomiques graves, car pouvant entraîner une mise à l'écart d'une longue durée, ce qui impacte sur la productivité globale des personnes.

Sur le tableau 3 ci-dessous, les cas de MTN les plus récurrents dans le continent et/ou ayant un rapport avec les écosystèmes hydriques, sont mentionnés.

Type	**Manifestation & Conditions de transmission**	**% d'infection dans la pop. Africaine** (Source : Helen Keller International)[39]:
Ankylostomiase	Infection parasitaire due à des nématodes (*Ancylostoma duodenale* ou *Necator americanus*) vivant dans un sol contaminé par des larves contenues dans les matières fécales, et pouvant survivre six mois dans un sol humide et des eaux boueuses à température tempérée ;	29
Schistosomiase / Bilharziose	Parasitose provoquée par des vers (trématodes) du genre *Schistosoma* ; Risque d'infection lié à une mauvaise gestion de l'environnement, notamment une exposition à des eaux infestées ;	25
Ascaridiase	Infection par *Ascaris lumbricoides*, le plus fréquemment en zone où l'assainissement est insuffisant ;	25
Filariose lymphatique / Eléphantiasis	Infection causée par des vers ronds de la famille des Filaridés, transmis par des moustiques du genre *Culex* et *Anopheles* ;	6 – 9
Onchocercose	Filariose cutanée transmise par une petite mouche noire (simulie) ou *Onchocerca volvulus*, vivant près des cours d'eau agités en zone intertropicale ;	5
Trachome	maladies infectieuses provoquée par *Chlamydia trachomatis*, un micro-organisme qui se transmet par le contact avec les sécrétions oculaires de la personne infectée et par des mouches ;	3
Choléra/ Maladies diarrhéiques	cf. commentaire ci-dessous sur le choléra	

Tableau 3 : Présentation des MTN les plus fréquentes en Afrique

[39] URL : http://www.hki.org/research/HKI%20NTD%20External%20Position%20Paper%20FRENCH.pdf

• ***Focus sur le choléra** : il est transmis par le bacille* Vibriocholerae, *soit par voie orale - après une consommation d'aliments contaminés -, ou par la peau - dans le cas des ankylostomes et des schistosomes -. Selon l'OMS, ce fléau affecte chaque année un demi-million de personnes, et en tue 12 000 ; essentiellement en Afrique. On recense dans ce continent environ 90 % des cas déclarés dans le monde. Par exemple dans les périodes de forte prévalence, 136 202 cas de choléra y ont été déclarés à l'OMS en 2002, et même 209 640 en 1999. Son apparition dans le continent date vraisemblablement des années 1970, notamment en Afrique de l'ouest, et sa propagation s'est réalisée à partir de vagues épidémiques successives. Une des principales caractéristiques de cette maladie est la violence de sa manifestation, et un processus massif de contamination : en 1994, 23 800 individus ont péri du choléra dans un camp de réfugiés à Goma (Rwanda).*

Au plan écologique, Vibriocholerae *est une bactérie hydrique, se développant avec des températures supérieures à 15° C, et dans des milieux humides alcalins (pH > 8) et salés. Cette bactérie est capable de vivre six à dix jours dans les déjections humaines, et deux jours à la surface des aliments souillés. En revanche, elle est détruite par la chaleur sèche, la dessiccation, un chauffage supérieur à 70° C, l'eau de javel et les milieux acides. Généralement, les eaux usées contiennent une forte concentration d'agents pathogènes, en particulier dans les espaces géographiques où les maladies diarrhéiques et les parasites intestinaux sont répandus.*

Mais, qu'en est-il exactement de la réalité des maladies liées à l'eau dans le continent ?

Les maladies liées à l'eau

Selon l'OMS, « *sans eau, il n'y a pas de vie ni de bonne santé* ». Privée d'eau, une personne meurt en quatre jours environ alors que, sans nourriture, ce même individu survivrait à peu près quatre semaines. Globalement, un constat est que les usages inappropriés des ressources hydriques sont les causes les plus courantes, et cela surtout dans les Pays en développement. L'OMS soutient que 80 % de toutes les maladies peuvent être attribuées au manque d'eau salubre, ou à l'inadaptation des systèmes d'assainissement. Pasteur affirmait que « nous buvons 90 % de nos maladies » ; en cause, 3 personnes sur 5 dans le monde consomment une eau non traitée, contenant des virus et des bactéries. Concrètement, les modes dominants de transmission sont : (i) la consommation ou le contact avec une eau contaminée, (ii) un organisme vecteur vivant dans l'eau - moustiques ou vers -, (iii) des infections vectorielles favorisées par le manque d'eau pour se laver, ou d'hygiène.

Chaque année dans le monde, 7 millions de personnes meurent à cause de l'usage d'une eau impropre à la consommation, près de la moitié étant des enfants. Aussi, 3 millions de personnes décèdent de maladies véhiculées par des invertébrés et des insectes se développant dans l'eau, comme le paludisme, la dengue, entre autres. La diarrhée tue presque 2,4 millions d'enfants de moins de cinq ans[40]. Enfin, on enregistre 16 millions de nouveaux cas de typhoïde, pour le seul continent africain. Vu ces tendances, on peut affirmer l'acuité de cet enjeu de santé publique.

Ces affections sont classifiées en quatre groupes : (i) les maladies hydriques, (ii) les maladies d'origine hydrique, (iii) les maladies dues à des vecteurs liés à l'eau, (iv) les maladies causées par la pénurie d'eau. Le tableau 4 ci-dessous apporte des indications sur les causes, le mode de transmission et les pathologiques dominantes associées.

Catégorie	Réservoir / Mode de transmission	Pathologies associées
Maladies hydriques	Péril fécal ; Consommation d'une eau à teneur excessive en fluor, nitrate, plomb, pesticide… ;	Diarrhée ; Fièvre typhoïde ; Hépatites virales de type A et E ; Poliomyélite.
Maladies d'origine hydrique	Parasitoses vivant en milieu aquatique ;	Bilharzioses / Schistosomiase ;
Maladies dues à des vecteurs liés à l'eau	Insectes-vecteurs se développant, au départ, dans des points d'eau temporaires ou permanents ;	Paludisme ; Onchocercose ; Fièvre jaune ; Filariose lymphatique
Maladies dues à la pénurie d'eau	Bactéries transmises par des mouches se reproduisant près des habitations, dans un contexte de manque d'eau en quantité suffisante et de systèmes d'assainissement ;	Trachome ;

Tableau 4 : Classification typologique des maladies liées à l'eau (Source[41])

A propos du milieu de prédilection, on remarque qu'en Afrique noire, la filariose, la bilharziose, la fièvre jaune, et autres infections

[40] UNICEF and WHO. 2009. Diarrhoea: "Why children are still dying and what can be done". Available from: http://whqlibdoc.who.int/publications/2009/9789241598415_eng.pdf

[41] Troisième Conférence Annuelle sur l'Initiative de Développement des Académies des Sciences d'Afrique, 2007

diarrhéiques, composent les pathologies les plus courantes. En cause, d'une part les retenues artificielles, les mares et les marigots sont des sites favorables de reproduction, et d'autre part, l'homme et/ou le manque d'hygiène ou d'assainissement représentant des facteurs de propagation. En particulier, l'Afrique centrale - domaine des forêts tropicales humides - se distingue comme une zone préférentielle d'apparition de la glossine, une larve de la mouche tsé-tsé responsable de la maladie du sommeil, ou trypanosomiase. Le paludisme est endémique dans les zones tropicales. Enfin localement, la jacinthe d'eau proliférant dans les cours d'eau, est un facteur déterminant de propagation du *vibrio* responsable du choléra, une bactérie aussi dangereuse que les parasites.

- ***Focus 9 sur le paludisme*** *: le paludisme est la deuxième cause des mortalités liées à l'eau dans le monde ; et pratiquement 80 % des cas enregistrés chaque année concernent l'Afrique. Pour sa prévalence sociétale, les résultats d'une enquête effectuée par le 'Centre de recherche pour le développement humain', pour le compte du 'Programme national de lutte contre le paludisme' au Sénégal, vont servir d'illustration. Ils indiquent que la mortalité juvénile associée au paludisme dans ce pays était de 33* $^{0}/_{00}$ *en 2008, celle infantile de 54* $^{0}/_{00}$, *et de 85* $^{0}/_{00}$ *chez les bébés d'environ un an. Parmi les explications fournies, il est évoqué que de 2006 à 2010, par exemple, seulement : (i) 29 % chez les moins de 5 ans dormaient sous une moustiquaire imprégnée d'insecticide, (ii) 9 % des personnes atteintes de fièvre recevaient des médicaments antipaludiques.*

Le paludisme est une parasitose qui se transmet d'homme à homme par l'intermédiaire d'un moustique femelle, l'anophèle. Par exemple en Afrique occidentale, Rémy (1988 / in Dasylva, 2001[42]) affirme que cinq espèces peuvent jouer le rôle de vecteur : Anophelesgambiae (présence presque partout), A. arabiensis et (prédominance dans les régions les plus sèches), A. melas (strictement localisés dur le littoral atlantique), A. funestus (uniquement dans les zones soudaniennes) et A. nili (régions humides). Il faut savoir que le processus de reproduction dépend essentiellement du paramètre hydrique. Parmi les quatre stades du cycle, trois sont aquatiques (œufs, larves et nymphes). Pour

---

[42] Dasylva, 2001 - *Les bas-fonds des sables dunaires de la Région de Dakar : potentialités agricoles et contraintes urbaines.* Thèse doctorat. Univ. Paris 1-Sorbonne. 405 p.

information, les eaux douces, stagnantes, claires, peu profondes et ensoleillées (avec une température ambiante supérieure à 15°) sont des biotopes de qualité pour la reproduction de l'anophèle d'après Neuvy (1991 / in Dasylva, 2001).

Ainsi, on voit que le rôle joué par les zones humides temporaires ou pérennes dans l'apparition du paludisme est déterminant, dont certaines d'entre-elles sont dues à une stagnation prolongée des eaux pluviales en surface. Pour preuve, le tableau 5 est une illustration tirée de nos études menées dans la région de Dakar au Sénégal. L'évolution de la pathologie dans le temps met en évidence une corrélation, entre le pic de paludisme et la période de remplissage des bas-fonds pendant la saison des pluies. En effet, le nombre de malades est plus important aux 3e et 4e trimestres, c'est-à-dire pendant et après l'hivernage (Dasylva, 2006)[43]. En recevant plus d'eau, c'est leur durée de stagnation en surface dans les bas-fonds qui augmente, ce qui favorise le développement de l'anophèle.

Localités	**Superficie des inondations (en ha)**	**Durée de l'inondation (en jours)**
Lansaar	17,7	210
Diameguène Diaksao	12,8	90
Médina Gounass	8,7	180
Ginaw Rail	4,7	90
Fass « Rue 22 »	7,1	14
Ngor	5,0	180
Grand Yoff	5,8	30

Tableau 5 : Caractéristiques des eaux d'inondation lors des événements de 1989 en banlieue dakaroise (Dasylva, 2006)

Sur les perspectives de maîtrise de ce fléau, les résultats obtenus par le Sénégal en matière de lutte contre le paludisme laissent présager qu'il est possible d'inverser les tendances. En cinq ans seulement d'après les statistiques officielles, le pays a réduit de

[43] Dasylva, Cosandey, 2006 – « Risques environnementaux dans les bas-fonds urbanisés à Dakar : limite des solutions actuelles de gestion du temps de pluie et éléments techniques d'atténuation d'impacts ». Colloque Développement, Environnement et Santé, SIFEE, Bamako, Mali

façon spectaculaire sa charge de paludisme. Le nombre de cas confirmés a été réduit de 41 % entre 2008 et 2009 ; et en particulier, la prévalence chez les enfants de moins de cinq ans est passée de 400 000 'cas suspects' en 2006, à 30 000 'cas confirmés' en 2009. Les raisons de ce succès avancées sont : (i) les actions d'IEC - Information, éducation et communication -, (ii) les pulvérisations intra-domiciliaires et une distribution massive de moustiquaires imprégnées d'insecticide, (iii) les traitements préventifs gratuits, (iv) les tests de diagnostic rapide et de combinaisons thérapeutiques à base d'artémisinine. Et globalement dans le continent, la prévalence du paludisme a été réduite de 49 % depuis 2000, et même de 54 % chez les enfants de moins de 5 ans, selon un rapport 2013 de l'OMS.

◗ Au plan des mesures souvent appliquées par les parties prenantes, on constate que les approches techniques sont plus centrées sur le vecteur et l'homme, ce qui fait que la gestion préventive de l'aléa (eaux stagnantes) et de l'environnement n'est pas une pratique prioritaire, ou répandue. Pourtant, ces actions alternatives ciblant une maîtrise rationnelle des eaux en surface, ou visant à combattre le mal à la racine, en élimant les biotopes favorables aux moustiques, constituent une méthodologie d'intervention appropriée pour obtenir des résultats durables. En tout cas, il s'agit de l'une des innovations visées par la démarche transversale de gestion à préconiser, surtout que la plupart des affections liées à l'eau font partie des maladies tropicales négligées (MTN).

IV. Les principaux déterminants des maladies liées à l'eau

A propos de la genèse et de la propagation de ces pathologies, les facteurs environnementaux et socioculturels sont particulièrement décisifs.

Le paramètre environnemental

Pour un très grand nombre de population dans le monde, la qualité environnementale de base requise pour s'assurer une vie saine n'est pas de mise. Faute d'un système d'assainissement adéquat (cf. chapitre 4), on observe dans les territoires une multiplication des réservoirs (sol et/ou ressources en eau) contaminés, ou de sites d'hébergement d'agents vecteur d'affections liées à l'eau. La stagnation d'une eau impropre ou leur infiltration, suite à une défaillance des dispositifs d'assainissement, génère plusieurs formes de pollution, directes ou indirectes, très dommageables pour la santé humaine. Parmi les pratiques aggravantes à l'origine du maintien ou de l'apparition de sites insalubres, on retient singulièrement les rejets de déchets solides et d'eaux usées dans le milieu environnant. En effet, on sait que les eaux usées domestiques sont riches en substances organiques (excréments et déchets alimentaires), en graisse (eaux de cuisine), en matières minérales (eaux de bain, de lessive) et en hydrocarbonates, azote, phosphore et potassium (eaux vannes ou eaux usées des W.C). Pour information : (i) une eau est dite polluée lorsque ses qualités sont dégradées, de telle sorte à perturber la vie aquatique ou à rendre son utilisation dangereuse pour l'homme et les animaux, (ii) les polluants organiques sont par contre plus facilement biodégradables, c'est-à-dire qu'ils peuvent progressivement s'éliminer naturellement, par réaction chimique ou par l'action des micro-organismes présents dans l'eau.

Afin d'apprécier le lien existant entre le déterminant environnemental et les maladies-cibles, les analyses menées sur le paludisme et le choléra ont déjà donné quelques indications, en renseignant que les zones humides sont des biotopes favorables. Dans la réalité, ces milieux font légion dans le continent pendant la saison des pluies, faute d'un système d'assainissement adéquat. Par exemple, le bureau d'étude japonais JICA avait recensé 45 sites d'inondation en 1989 dans les départements de Pikine et de Dakar au Sénégal[44], dont quelques caractéristiques sont indiquées sur le tableau 5.

Toutefois, on tient à préciser que la logique de propagation est différente selon que l'on soit en milieu urbain ou en zone rurale. En ville, la précarité des conditions de vie prévalant dans les quartiers périurbains pauvres, et sous équipés en infrastructures d'assainissement, apparaît comme le déterminant principal, la transmission d'homme à homme jouant par la suite pour la contamination à grande échelle. Dans les zones urbaines, le contact régulier direct entre l'homme et les sites hôtes est moins fréquent, seuls quelques enfants s'aventurent dans ces milieux insalubres faisant partie de leurs lieux de distraction en hivernage. Bien au contraire, en milieu rural, les zones humides constituent le centre de la vie socio-économique. Leur plurifonctionnalité favorise une multiplication des contacts entre l'homme et les milieux souillés, d'où une implication directe de ces sites atypiques dans la propagation en masse des affections.

44 J.I.C.A. (1993) – *L'étude sur l'assainissement de Dakar et ses environs*, Rapport intérimaire, TOKYO, 231 p.

Le paramètre socioculturel

Déjà, les explications ci-dessus donnent des éléments d'information sur le rôle déterminant du paramètre socioculturel dans le déclenchement et la propagation de ces périls associés à l'eau. Les croyances, les perceptions, les tabous et les interdits sont autant d'obstacles empêchant un rassemblement de conditions favorables à la bonne santé, surtout en milieu rural. De plus, l'usage des mêmes lieux de toilette par un très grand nombre, expose les populations à des risques de contamination.

Au Sénégal, il a été observé à propos du paludisme, que parmi les enfants ayant eu la fièvre, 20 % des familles ont recherché les premiers conseils ou soins dans le circuit non officiel, notamment chez les guérisseurs traditionnels. A Madagascar lors d'une épidémie de choléra en 2000, des populations se sont opposées à une initiative des autorités communales proposant un enterrement rapide et sécurisé des personnes décédées. Le motif invoqué est qu'un tel procédé est contraire à la cérémonie traditionnelle des funérailles. Ainsi malgré les risques de contagion, des familles ont exposé des dépouilles en public, ou transféré discrètement des corps dans les villages pour une inhumation selon les règles des us et coutumes. Et on sait que cette pratique est largement partagée dans les sociétés traditionnelles africaines.

◗ Maintenant, comment comprendre le rôle effectivement joué par les secteurs de l'hydraulique et de l'assainissement dans cette prévalence des maladies liées à l'eau ? Plus globalement, quelles sont les tendances des données, et aussi les liens avec l'agriculture, l'environnement, les conditions de vie des populations, et *in fine* le dynamisme économique ? En particulier, les ressources en eau mobilisées et mobilisables sont-elles suffisantes au plan qualitatif et quantitatif, pour faire face aux multiples besoins thématiques ciblés dans ce projet ? La situation de l'assainissement est-il favorable : (i) à un cadre de vie et un capital humain sains, (ii) au façonnement de territoires résilients aux risques hydrique et hydrologique ? Comment s'organise la gouvernance dans ces deux secteurs ? Les réponses à ces différentes interrogations constituent les préoccupations des deux chapitres suivants.

CHAPITRE 3

LE SECTEUR DE L'HYDRAULIQUE

Dans le chapitre 18 de l'Agenda 21 du sommet de Rio en 1992, il est mentionné que l'eau est une ressource naturelle limitée, nécessaire à la vie et aux systèmes écologiques, et essentielle pour le développement économique et social. Pour promouvoir le développement dans le monde, l'une des cibles des objectifs du millénaire n'est-elle pas de « *réduire de moitié, d'ici 2015, la proportion de personnes sans accès durable à une eau potable salubre, ou n'ayant pas les moyens de s'en procurer* » (OMD 7 – cible 10). Sur la base des investissements consentis dans ce secteur depuis l'année 2000, la réduction du déficit en équipement de base est devenue une question prioritaire dans les PVD.

En Afrique, le paramètre hydrique représente un paramètre central des performances socioéconomiques. Surtout, comme on l'a déjà souligné, l'homme demeure la principale force de travail ; ce qui signifie que cet acteur a besoin d'une eau de boisson en qualité et en quantité suffisante pour être en bonne santé, ou en pleine aptitude physique. Mais, le continent ne dispose que d'environ 9 % des ressources en eau douce de la planète, ce qui pourrait devenir un écueil de taille. Surtout dans le contexte hydraulique actuel, quelles sont les possibilités pour un très grand nombre de disposer de ce bien aux multiples services, le cas échéant les mesures alternatives de maîtrise des contraintes ? Afin de mieux cerner la diversité des enjeux, les préoccupations sont d'abord centrées sur la caractérisation de l'état et de la variabilité des potentialités hydriques mobilisables et mobilisées ; et cela, à une échelle géographique variée. Ensuite, il sera abordé des questions majeures d'actualité, notamment : (i) la situation de l'accès à l'eau potable dans un contexte d'influence des OMD, (ii) l'accentuation des pressions sur les ressources, (iii) les situations critiques de disponibilité de l'eau et les problématiques de gouvernance. Enfin, on s'intéressera à la répartition des usages des eaux prélevées, de même que les techniques de gestion de l'eau et des terres généralement appliquées pour sécuriser davantage l'activité agricole.

I. Les ressources en eau mobilisables et mobilisées : potentialités, variabilité spatiale et enjeux

Les hypothèses justifiant l'intérêt de cette analyse sont multiples. En déterminant les tendances dominantes du potentiel différencié des principaux systèmes de ressource, les perspectives d'exploitation sont globalement mieux cernées, la réalité de l'accès à l'eau localement mieux comprise et la pertinence des interventions de résolution globale des contraintes justifiée. Pour des informations appropriées, les spécificités vont être déterminées à partir d'une approche continentale et régionale.

Approche continentale

Dans cette étude des ressources en eau au plan global, le but poursuivi est de ressortir les situations marquantes des principales catégories de ressources mobilisées et mobilisables. Les renseignements recherchés sont la connaissance de la variabilité dans l'espace, de la composition, des potentialités et/ou des contraintes d'accès et de renouvellement des systèmes hydrauliques. Par une démarche thématique ciblée, il s'agit de rassembler des indications factuelles sur les réserves volumiques et les perspectives techniques d'offre ou de disponibilité de l'eau, en s'intéressant davantage aux 'ressources renouvelables' et aux 'eaux souterraines'.

Considérations générales

Alors que l'Afrique est surtout perçue comme le continent de la sécheresse et de la pénurie d'eau, pourtant, les données révèlent qu'elle dispose d'un potentiel hydraulique élevé, les zones d'exception étant les milieux arides et semi-arides. Elle est parcourue par de nombreux grands fleuves, et renferme une centaine de lacs, de même que des réserves d'eau souterraine assez importantes, en plus des ressources pluviales. Pour preuve, rien que les ressources aquifères de la République Démocratique du Congo (Afrique centrale) suffiraient à satisfaire les besoins du continent (figure 4). Sur les tendances de la répartition typologique des potentialités, plusieurs particularités sont intéressantes à signaler. Par exemple, les pays de l'Afrique saharo-sahélien - Libye, Algérie, Soudan, Égypte et Tchad - se distinguent par l'existence de vastes aquifères sédimentaires, contenant les plus grandes réserves d'eau souterraine du continent. Quant à la région des Grands Lacs, elle est plutôt la pauvre en aquifères. En revanche, les zones les plus pourvues en nappes phréatiques et en ressource pluviale sont l'Afrique centrale et le Golfe de Guinée.

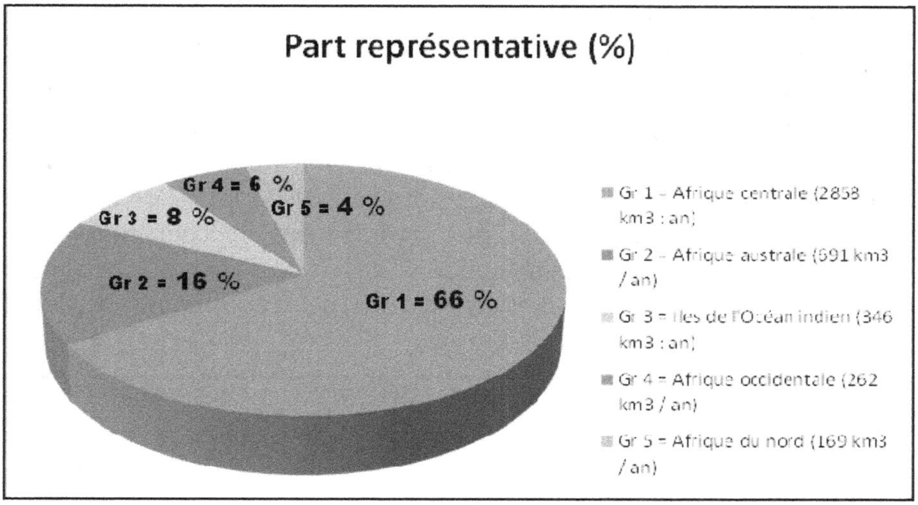

Figure 4 : Contribution des ensembles sous régionaux dans le total des ressources hydriques renouvelables en Afrique (Source : données brutes de la FAO)

Selon les modes locaux d'approvisionnement en eau, ou les ressources les plus sollicitées par les acteurs, deux systèmes hydrauliques sont thématiquement appropriés à analyser, notamment les 'ressources en eau renouvelables' et les 'eaux souterraines'. La première catégorie représente le principal potentiel mobilisé actuellement dans le continent, alors que la seconde constitue les réserves alternatives utilisées en cas d'insuffisance des ressources pluviales et de surface.

Les '*ressources en eau renouvelables*' mobilisables

Les 'ressources en eau renouvelables' se composent du débit des cours d'eau et des apports pluviométriques nets. En fonction du découpage administratif, elles sont formées de flux internes - débits moyens annuels des rivières et des eaux souterraines, générés à partir des précipitations endogènes -, et/ou de flux externes - eaux issues hors des limites d'un pays -. Les ressources hydrauliques des bassins fluviaux - couvrant les deux tiers de la superficie du continent - constituent le potentiel le plus sollicité, avec une proportion de 93 % des eaux de surface exploitées, nous y reviendrons plus en détail dans les études régionales.

Concernant les ressources d'origine pluviale, les données révèlent que le potentiel disponible varie considérablement d'une année à une autre, naturellement en fonction de la variabilité des précipitations. Et ce sont les zones de l'Afrique centrale et du Golfe de guinée qui reçoivent le plus de pluies. Globalement, les totaux annuels de pluie enregistrés en Afrique subsaharienne s'élevaient à environ 18 911 km^3 en 2004, selon les données de la FAO (tableau 6). Une autre information tirée de ce tableau : le volume par an des *ressources en eau renouvelables internes* totales est estimé à environ 3588 km^3, ou 3588 milliards de m^3. Mais comparé au volume des précipitations brutes - 19461 km^3 -, on considère que ce potentiel est assez faible. Et c'est l'une des préoccupations de ce projet de recourir à une récupération massive de l'eau de pluie, pour éviter les déperditions de tous ordres de cet intrant productif multifonctionnel.

	Superficie	**Pluie**	**Ressources en eau renouvelables internes**			
	(100 km^2)	**(km^3 / an)**	(km^3 / an)	(mm / an)	(% du total)	(% / pluie)
Région soudano-sahélienne	85 870	2 671	159	20	2	6
Golfe de guinée	21 192	2 873	951	452	46	32
Centre	53 286	7 592	1 876	365	37	26
Est	29 249	2 665	285	89	9	11
Sud	47 362	3 110	270	58	6	9
Total Afrique subsaharienne	156 964	18 911	3 541	984	100	19
Afrique du nord	57 528	550	47	8	1	7

Tableau 6 : Disponibilité en eau douce / Ressources en eau renouvelables internes globales du continent (Source modifiée : FAO 2006)[45]

Avec une population africaine d'environ 885 millions en 2004, la disponibilité en eau annuelle théorique par habitant est de 4000 m^3, contre une moyenne mondiale de 6500 m^3. Si l'on se réfère aux seuils critiques de référence, on peut affirmer que la réserve mobilisable est, à priori, largement suffisante pour faire face aux différentes sollicitations - ou besoins -. Cette hypothèse va dans le sens de l'affirmation selon laquelle le continent dispose d'un potentiel suffisant de ressource en eau. En rappel, on est en situation : (i) de 'pénurie absolue' avec 500 m^3/habitant/an, de 'pénurie relative' en dessous de 1000 m^3, (i) de 'stress

[45] FAO, 2006 – « L'irrigation en Afrique en chiffres ». Enquête AQUASTAT 2005, FAO Division de la mise en valeur des terres et des eaux.
URL : http://www.fao.org/docrep/009/a0232f/a0232f07.htm

hydrique' en dessous de 1700 m^3, (iii) de 'vulnérabilité hydrique' entre 1700 et 2500 m^3. Pour en savoir davantage sur la situation réelle, des indications sont données dans la rubrique suivante, analysant les volumes réellement exploités et l'offre hydrique effective. Plus loin, dans un paragraphe abordant la question de l'accès à l'eau, des informations complémentaires seront apportées.

Sur la base des résultats des investigations, plusieurs enseignements sont retenus concernant la répartition de cette première catégorie de ressource. La partie du continent disposant le plus de potentialité - sud de l'équateur géographique - est la zone la moins étendue en superficie ; par opposition à la partie septentrionale. Les lieux recevant le plus d'eau ne sont pas les plus peuplés. Pour preuve, le bassin du Congo renferme 30 % des réserves du continent, mais abrite seulement 10 % de la population africaine. Comme informations complémentaires, une récente étude de la FAO signale que l'Afrique centrale - 18 % de la superficie de l'Afrique - est la zone la mieux dotée avec 48 % des réserves continentales, suivi par le Golfe de Guinée avec 24 % ; la région de l'Afrique du Nord étant la plus désavantagée, avec moins de 1 % des ressources en eau renouvelables, à cause d'une double faiblesse des précipitations et des eaux de surface. Par pays, la République Démocratique du Congo détient 900 km^3 de ressources renouvelables internes, soit 23 % du potentiel des ressources africaines, contre seulement 0,01 % pour la Lybie. Des zones comme le nord du Kenya, le Niger, la Somalie ou le Maghreb sont pauvres en ressources hydriques. Il s'agit là, autant d'éléments factuels témoignant de l'inégale répartition dans l'espace de ce bien commun essentiel.

Les '*ressources en eau souterraines*' mobilisables

L'intérêt de cette analyse découle du fait que les eaux souterraines deviennent une alternative salutaire dans les zones où les ressources hydrauliques renouvelables évoquées ci-dessus sont en manque. En effet, plus de 40 % de la population africaine vit dans des zones arides et semi-arides, où la rareté des précipitations est la principale donne. Pour précision : les eaux souterraines sont formées par des nappes dites libres - ou contenues dans des réservoirs perméables -, et des nappes dites captives - confinées entre des niveaux de couches imperméables -. D'après une étude 2012 de géologues britanniques dirigée par Mac Donald du British *Geological Survey* et de l'*Université College de Londres*, les réserves totales d'eaux souterraines du continent sont estimées à environ 0,66 million de km^3 (ou 660 000 milliards de mètres cube), les principaux systèmes aquifères étant indiqués sur la figure 5. De cette répartition géographique, on retient que les plus importantes réserves en eau souterraines se localisent en Afrique saharo-sahélienne et en Afrique centrale. Ces deux sous régions forment les principales zones où ce sont constitués de grands aquifères sédimentaires, notamment répartis entre l'Algérie, la Tunisie, la Libye et l'Egypte, de même que le bassin du Congo. A titre de comparaison, ces réserves représenteraient vingt fois celle des lacs africains en eau douce. De plus, les scientifiques ayant dirigé cette étude considèrent ce potentiel comme une importante variable d'ajustement face au changement climatique, car réagissant beaucoup plus lentement aux conditions météorologiques que les eaux de surface.

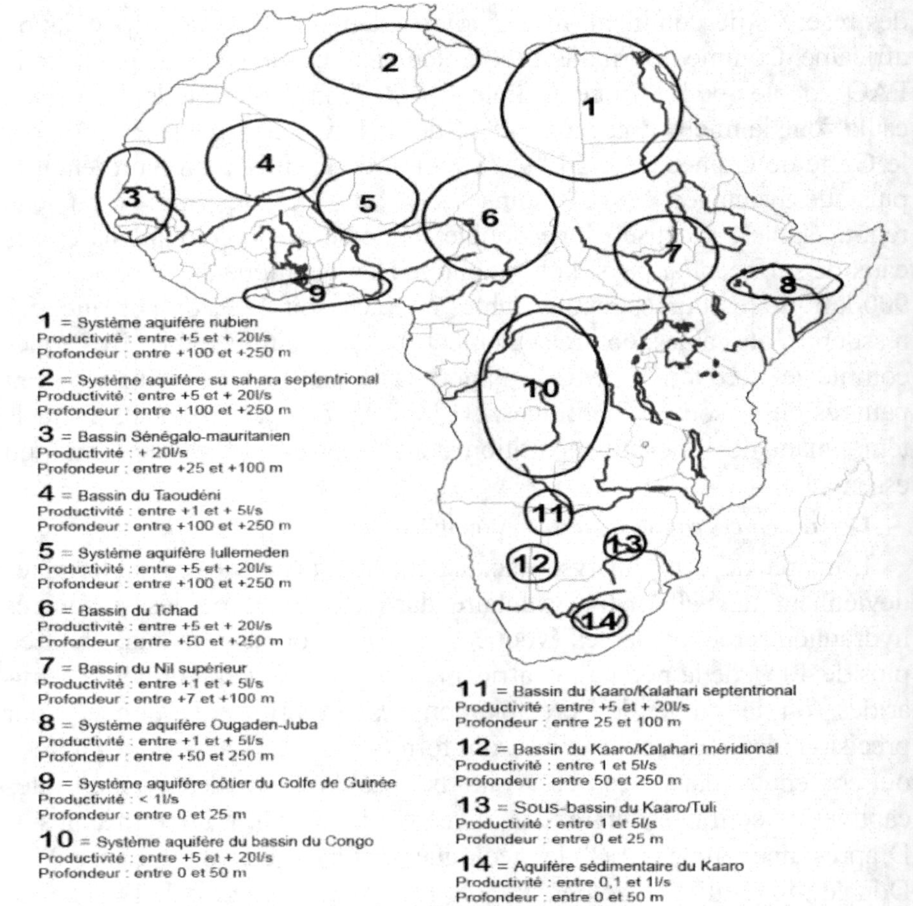

Figure 5 : Les systèmes aquifères transfrontaliers d'intérêt majeur en Afrique

Certes, la majorité des ressources en eaux souterraines du continent peut se renouveler, mais à un rythme et un volume variant très fortement selon le degré de perméabilité des formations, et la pluviosité. Toutefois, les zones abritant des systèmes aquifères localisés en milieu désertique et renfermant une eau fossile, sont une exception, les précipitations y étant parfois inexistantes tout simplement. Par ailleurs, même si les potentialités théoriques des réserves sont relativement élevées, les contraintes d'exploitation font que les coûts de captage s'alourdissent considérablement parfois. A cause d'un contexte géologique défavorable, le continent renferme, relativement, moins d'aquifères sédimentaires, ou à bonne perméabilité. Et on sait que cette conditionnalité est nécessaire pour rendre possible, partout, une exploitation efficiente des eaux. Dans de nombreux secteurs géographiques, le cadre géologique est formé par des roches magmatiques et métamorphiques du Précambrien. Autrement dit, c'est seulement près de 170 millions de personnes qui vivent dans des territoires où le soubassement géologique est constitué de roches sédimentaires, plus favorables à la formation de nappes phréatiques peu profondes et facilement mobilisables. A l'opposé, la population vivant en milieu de socle est estimée à environ 220 millions. Globalement, la part représentative des quatre ensembles géologiques, ou réservoirs, abritant les eaux souterraines, se répartie comme suit[46] : (i) le socle cristallin, 40% de la superficie des terres, (ii) les roches volcaniques (surtout présentes dans la Corne de l'Afrique), 6 % des terres, (iii) les roches sédimentaires consolidées (surtout Grès et Calcaire), 32 % des terres, (iv) les sédiments non consolidés (surtout sables et graviers), 22 % des terres.

Les volumes d'eau mobilisés & Contraintes

Selon les informations de la FAO, c'est seulement environ 3 % des ressources en eau du continent qui seraient exploitées. De ce taux faible de mobilisation, on peut d'emblée déduire que c'est le déficit d'utilisation, et non le manque d'eau, qui pose problème dans le continent. Comme facteur explicatif majeur, on retient l'inégale distribution des potentialités dans l'espace et les contraintes technico-financières, évoquées ci-dessus. Pour rappel, la disponibilité théorique annuelle en ressource en eau renouvelable par habitant, est estimée à environ 4000 m^3, en faisant référence à l'année 2004. Si l'on se base sur le taux de mobilisation indiqué par la FAO, l'eau réellement disponible n'est que d'environ 106 km^3 (ou 120 milliards m^3). Du coup, le potentiel

[46] Source, URL : http://www.envirobf.org/eau/487-situation-des-ressources-en-eau-dans-le-monde-et-en-afrique.html

effectivement utilisable par an et par habitant se situait à près de 136 m^3 en 2004. Logiquement, on en conclue que l'offre réelle disponible pour l'ensemble de la population et ses activités, est très faible dans le continent. A cause de ce manquement, l'Afrique se classe dans une situation très critique, si l'on se réfère au seuil de 'pénurie absolue' fixé en dessous de 500 m^3/habitant/an. Sur les nuances à propos de la répartition spatiale et des perspectives d'évolution sur le moyen terme de l'offre hydrique théorique - calculées sur la base des ressources globales mobilisables -, on y reviendra en abordant les questions d'actualité.

De toutes les façons, rien qu'avec ces statistiques, les problèmes d'accès à ce bien commun essentiel dans le continent, occupant tant l'actualité et intéressant en priorité les acteurs du développement, sont explicités, de même que la réalité de la corvée de l'eau. D'ailleurs, c'est la raison pour laquelle des programmes d'envergure sont actuellement mis en œuvre pour faire face à l'indisponibilité locale de l'eau. A propos des réponses plébiscitées actuellement, elles reposent beaucoup sur la construction d'infrastructures de retenue d'eau, ou de transfert géographique vers les zones à déficit hydrique (cf. études régionales et partie 2). En effet, les années 1950 ont marqué le début d'un processus de construction d'une série de grands barrages, considérés comme un puissant instrument d'aménagement du territoire, surtout à des fins d'irrigation et de production d'énergie. Aujourd'hui, le continent compte près de 1300 barrages, le plus symbolique étant certainement celui d'Assouan sur le Nil moyen en Égypte. En revanche, les dispositifs de mobilisation des eaux souterraines les plus couramment utilisés en milieu rural sont : (i) les puits traditionnels fonctionnant par puisage manuel, ou traction animale -, (ii) les forages et puits modernes équipés d'une pompe électrique, solaire, thermique, ou à motricité humaine.

◗ En effet, plusieurs facteurs expliquent la faiblesse des volumes d'eau mobilisés, ou réellement disponibles, notamment des contraintes physiques (perméabilité et porosité), technologiques et/ou financières (capacités d'action). La productivité des formations de socle - largement dominantes - est très faible, ce qui fait que leur exploitation à grande échelle exige un niveau technologique encore inaccessible, en interne, pour de nombreux États africains. De même, les nappes sont généralement très profondes, d'où un renchérissement considérable des coûts d'installation de dispositifs de mobilisation de l'eau. Par exemple au Zimbabwe, il faut débourser entre 4000 et 5000 USD pour installer une pompe manuelle alimentant 500 habitants, d'après Richard Owen, responsable du Réseau africain des eaux souterraines (AWG-Net).

Après cette approche globale sur les ressources en eau, on va se focaliser sur les particularités régionales, pour mieux apprécier les réalités locales, ou du terrain.

Approche régionale

Cette analyse se veut d'apporter des informations sur les nuances géographiques des caractéristiques dominantes de ces biens essentiels pour l'homme et les activités fonctionnelles que sont. En tenant compte de la disparité des données disponibles, les préoccupations seront axées sur : (i) les spécificités des ressources hydriques mobilisées, (ii) les tendances d'usage et d'aménagement, (iii) les opportunités et/ou les contraintes en lien avec le paramètre hydraulique. Le résultat attendu est surtout une connaissance de la variabilité dans l'espace des enjeux socioéconomiques, environnementaux et/ou géopolitiques. Avec les éléments d'information ciblés, on voudrait qu'il soit décelables des pistes d'action de valorisation des ressources existantes, ou de renforcement de l'offre hydrique. Sur la base des tendances des données, trois ensembles assez homogènes sont distingués pour mener à bien cette analyse : la zone équatoriale et du Golfe de Guinée, la zone saharo-sahélienne et l'Afrique australe.

L'Afrique tropicale humide

L'espace géographique situé de part et d'autre de l'équateur, y compris celle du golfe de guinée, est le domaine par excellence de l'abondance des ressources en eau renouvelables - précipitations et eaux de surface -. Généralement dans cette zone, les réserves hydriques sont largement suffisantes, quelle que soit le secteur ou la temporalité de référence. Précisément, elle se singularise par une bonne pluviométrie et des réserves en eau de surface en quantité abondante, l'exception étant la façade orientale, ou 'Corne de l'Afrique' (cf. partie 2). Par exemple à propos des ressources pluviales, les précipitations moyennes annuelles dépassent 1000 mm. Mais surtout, elles peuvent atteindre localement plus de 3000 mm (près des côtes de Sierra Leone et du Liberia), voire même 3400 mm (à Douala au Cameroun). Au plan fonctionnel, ces importantes précipitations contribuent à la formation d'un potentiel hydrique d'appoint élevé, pouvant alimenter le renouvellement des réserves hydriques souterraines (tableau 7).

Dans le but de mieux cerner les avantages comparatifs des stocks disponibles, le ratio 'Eau souterraine renouvelable par kilomètre carré de surface' (ESR/S) est le marqueur ciblé, pour tenir compte des limites associées à la variabilité en superficie des Etats. On considère qu'il s'agit d'un indicateur intéressant d'estimation des potentialités théoriques, en complément de la disponibilité par habitant, habituellement utilisée par la FAO. Selon les résultats, c'est le Libéria qui dispose le plus de ressource brute par km^2 avec 403 000 m^3 environ, sa densité démographique à cette échelle de superficie étant de 35 habitants. Mais, en volume d'eau disponible rapporté à la population, la République du Congo occupe la première place avec 67 268 m^3 par an et par habitant, le Libéria disposant de 19 023 m^3, selon les statistiques 2005 de la *World Resource Institute*.

Pays	**Superficie (S)** (en km^2)	**Eau souterraine renouvelable (ESR)** (en 10^9 m^3/an)	**Densité pop.** (nbre hab. / km^2)	**Ratio ESR /S** (en m^3/km^2)	**Pluies** (en mm / an)
Cameroun,	475 442	100	42.3	210 330	1 604
Gabon,	267 668	62	6.0	231 630	1 831
Libéria	111 469	45	34.9	403 700	2 391
Nigéria	923 768	87	184.2	94 180	1 150
Ouganda	241 038	29	152.0	120 313	1 180
Rép. centrafricaine	622 984	56	8.1	89 890	1 343
Rép. du Congo,	342 000	122	31.4	356 725	1 646
Rép. Dém. Congo	2 344 858	421	12.8	179 542	1 543
Guinée équatoriale	28 051	10	24.4	356 499	2 156

Tableau 7 : Éléments sur les potentialités des ressources en eau renouvelables en Afrique tropicale humide (Source modifiée : FAO 2006)

Sur l'importance des flux d'eau véhiculés par le réseau hydrographique, il faut savoir que le bassin du fleuve Congo est le deuxième bassin hydrologique de la planète, avec une superficie de près de 789 000 km², soit 12,5 % de la surface du continent. A lui seul, ce bassin rassemble environ 30 % des ressources renouvelables du continent. C'est aussi dans la partie orientale de cette zone de l'Afrique située de part et d'autre de l'équateur, notamment au sud de la vallée du grand rift, que s'est formée une succession de grands lacs à eau douce. D'ailleurs, les eaux en provenance de cet espace géographique fournissent l'essentiel du débit du Nil. Dans le monde, le lac Victoria est le deuxième lac d'eau douce en superficie, et le Tanganyika le deuxième lac le plus profond.

Au plan environnemental, les systèmes hydrologiques de cette région de l'Afrique tropicale humide assurent plusieurs fonctionnalités essentielles. Vu sa richesse en faune et en flore, ce secteur est d'importance mondiale pour la biodiversité, la sauvegarde des zones humides et le tourisme. En guise d'illustration : (i) le bassin du Congo renferme seize zones humides reconnues comme sites « Ramsar », (ii) des dizaines de parcs naturels ont été fondés dans la région des *Grands lacs*, l'un des plus connu étant celui de Serengeti en Tanzanie. Ce parc a été inauguré en 1951, et il est inscrit sur la liste du patrimoine mondial de l'UNESCO en 1981, avec plus de 30 000 animaux (zèbres, rhinocéros, lions, crocodiles, éléphants, entre autres -. Les vastes superficies de forêt font que cette zone est considérée actuellement comme un élément déterminant de la régulation du climat global. Ainsi, elles sont l'objet d'une attention particulière de la part de la communauté internationale, qui tient à leur maintien dans la bataille de l'atténuation du changement climatique.

Au plan socioéconomique, le lac Albert abritait une flotte de pêche de près de 6000 unités en 2011. Aussi, un gisement de pétrole y a été découvert en 2006, de même que du méthane dans le lac Kivu, d'une réserve estimée à plus de 57 milliards de mètres cubes. En matière de transport des biens et des personnes, l'absence de route fait que le réseau hydrographique est pratiquement devenu l'unique alternative. Les voies navigables du bassin du fleuve Congo ont une longueur d'environ 25 000 km, même si les chutes Victoria empêchent un accès à la mer par navigation. Aussi, plusieurs autres contraintes liées à ces écosystèmes sont aujourd'hui observées. Parmi les menaces, on retient les risques d'éruption volcanique dans le lac Kivu, la surpêche et pollution humaine, les crises épisodiques de choléra, jadis assez régulières.

Dans le tableau 8 ci-dessous, il est effectué un récapitulatif d'informations relatives aux potentialités, services et/ou problématiques socioéconomiques, environnementales et techniques, de même que les aménagements réalisés ou prévus. En revanche, on a ciblé les deux principaux hydrosystèmes fonctionnels de la zone, que sont le bassin du fleuve Congo et les *Grands lacs*. En rapport avec les préoccupations de ce projet, il s'agit d'éléments de connaissance, utiles, des contraintes et perspectives de développement.

Bassins	**Pays concernés**	**Potentialités, Aménagements & Contraintes**
Congo / 3.789.053 km² (12,5 % du continent africain)	Angola, Burundi, Cameroun, Gabon, République centrafricaine, République du Congo, République démocratique du Congo, Rwanda, Tanzanie, Zambie	POTENTIALITÉS - 4700 km de long ; - Débit moyen : 41 688 m^3/s ; - Débit spécifique : 12 $l/s/km^2$; - Débit d'étiage : 36 000 m^3/s (en février / saison sèche) ; - Débit des hautes eaux : 57.000 m^3/s (en décembre / en haute saison) ; - Pertes en mer (vers océan Atlantique) : 40 000 m^3 d'eau par seconde ; ***- 2ème bassin hydrologique du monde*** ; - 32 % des ressources renouvelables de l'Afrique ; - Potentiel hydroélectrique : plus de 100 000 MW ; - 20 millions ha de forêts inondées ; ***- Biodiversité : 16 zones humides reconnues comme sites « Ramsar »*** ; - Environ 800 espèces de poissons, dont plusieurs étant endémiques ; - Terres aptes à l'irrigation : 109 815 500 ha ; - Potentiel d'irrigation : 9 800 000 ha ; EX. D'AMÉNAGEMENTS - Construction des barrages hydro-électriques d'Inga I (1972) et II (1982), avec un potentiel de production respectif de 351 MW et 1424 MW ; - Projet Inga 3 en cours : une capacité de production d'électricité de 4800 MW, et d'un coût de 12 milliards USD ; - Projet 'Grand Inga' en cours : d'une capacité de production d'électricité de 44 000 MW, et d'un coût de 80 milliards USD ; EX. DE CONTRAINTES - Grand écart entre les débits d'étiage et des hautes eaux ; - Menace de désertification aux deux extrémités amont et aval du bassin ; - Ensablement des cours d'eau ; - Débits faibles dans l'Oubangui : arrêt de plus de 200 jours de la navigation depuis 2002 ; - Étiage le plus sévère : 24 700 m^3/s, soit 6,8 $l/s/km^2$ (en juillet 1990)

Les Grands lacs / - **Lac Victoria** (S = 68.100 km² / P_{maxi} = 82 m / V = 2750 km³); - **Lac Tanganyika** (S = 32900 km² / P_{maxi} = 1310 m / V = 17.800 km³); - **Lac Malawi** (S = 30.900 km² / P_{maxi} = 706m / V = 7725 km³); - **Lac Turkana** (S = 6405 km² / P_{maxi} = 109m); - **Lac Rukwa** (S = 5760 km²); - **Lac Albert** (S = 5 270 km² / P_{maxi} = 51m); - **Lac Moero** (S = 5 120 km² / P_{maxi} = 27m); - **Lac Kivu** (S = 2 700 km² / P_{maxi} = 485m); - **Lac Edouard** (S = 2150 km² / P_{maxi} = 117m); - **Lac Kyoga** (S = 1720 km² / P_{maxi} = 5,7m).	RDC, Kenya, Tanzanie, Rwanda, Burundi, Zambie, Mozambique	POTENTIALITÉS - **Lac Victoria : plus grand lac d'Afrique et deuxième lac le plus étendu au monde, 450 espèces de poissons** ; - Lac Tanganyika : deuxième lac le plus profond du globe, 400 espèces de poissons ; - Lac Albert : le plus poissonneux ; - Lac Édouard : principal abreuvoir des animaux sauvages ; nombreuses espèces de poissons ; Parc national des Virunga (Congo) et Parc national Reine Elizabeth (Ouganda) ; - Lac Kivu : axe majeur de transport ; faible présence de poissons ; - Parc & Tourisme : des dizaines de parcs naturels ont été fondés dans la région des Grands Lacs africains pour protéger la faune ; - Autres atouts touristiques : (i) les tribus Massaïs (peuple nomade divisé en clans patrilinéaires et en classes d'âge), (ii) le mont Kilimandjaro (5 895 mètres d'altitude et site - la montagne et ses forêts - classé depuis 1987 dans la Liste du patrimoine mondial de l'UNESCO, (iii) la perche du Nil (peut atteindre 2 mètres de long) ; EX. D'AMÉNAGEMENTS - Projet d'exploration de pétrole dans le lac Édouard ; EX. DE CONTRAINTES - Eaux des lacs généralement dure et alcaline* ; - Lac Victoria : (i) menaces par la pollution et par l'introduction de nouvelles espèces de poissons plus commerciales, (ii) forte baisse du niveau des eaux, (iii) chute de la diversité des espèces ; - Lac Tanganyika : surpêche, pollution et déforestation ; Eau douce riche en sels minéraux ; - Lac Kivu : menace d'éruptions de gaz volcanique ; - **Instabilité géopolitique persistante dans la sous-région** ;

S = superficie ; P_{maxi} = profondeur maximale ; V = volume

* = Le pH (Potentiel d'Hydrogène) permet de savoir si l'eau est acide, basique, ou neutre ; l'échelle varie de 0 à 14, la neutralité étant 7.

Tableau 8 : Potentialités, fonctionnalités et contraintes des principaux systèmes hydrologiques d'Afrique centrale

Une première remarque sur la partie orientale de la zone des 'Grands lacs' : contrairement à l'abondance des pluies observée à l'Ouest, ce secteur géographique proche de l'équateur se distingue par une saison sèche très marquée, classée en climat tropical semi-aride (cf. Partie 2). Aussi, le réseau hydrographique est peu dense et très discontinu. Du coup, les ressources en eau de surface sont globalement faibles - 6 à 7 % des potentialités totales de l'Afrique -, et sont surtout en raréfaction, jusqu'à devenir essentiellement endoréiques de nos jours. D'ailleurs, les conflits d'usage des ressources en diminution inquiétante sont fréquents entre les populations locales, et cela dans un contexte de tendance à la sédentarisation des éleveurs nomades.

Une deuxième remarque : on n'a pas jugé utile d'aborder la question des ressources en eau souterraines, même si les figures 5 donnent quelques informations de base. Le fort potentiel hydraulique formé par les eaux de surface et les précipitations (cf. ratio ESR par km^2 / Tableau 7), fait que la sollicitation des eaux souterraines est exceptionnelle. Par exemple, c'est le cas avec le « Système aquifère côtier du Golfe de Guinée », un aquifère composé par le Bassin de Tano (à l'Ouest) et le Bassin de Kéta (à l'Est). Ces eaux souterraines sont actuellement exploitées pour faire face aux problèmes de pollution des réserves hydriques de surface, et aussi pour satisfaire une demande très forte. Cette ressource transfrontalière s'étendant de la Côte d'Ivoire au Nigéria, assure les besoins d'alimentation en eau potable des populations citadines des pays concernés. Mais à cause d'une gestion inappropriée, ou d'une sollicitation déséquilibrée, la ressource est confrontée de nos jours à un problème croissant de dégradation quantitative et qualitative. Sur ce dernier aspect, les activités anthropiques et les intrusions d'eaux salées sur la frange littorale, ont tendance à impacter négativement la qualité des eaux. Plus globalement, ces deux menaces sont généralisables à l'échelle continentale, respectivement à propos des nappes superficielles et celles proches des côtes.

Enfin au plan géopolitique, et grâce à son abondance, l'eau n'est pas une source majeure de conflit, même s'il existe des tensions mineures dans la partie orientale, liées à une utilisation non consensuelle et divergente des ressources naturelles en raréfaction. Par cette précision, on veut surtout souligner que ce bien commun essentiel n'est pas à l'origine des conflits complexes et meurtriers sévissant de façon chronique dans la région des Grands lacs. Les questions sociopolitiques et économiques sont largement à l'origine des velléités.

L'Afrique saharo-sahélienne

Cet espace géographique de l'Afrique saharo-sahélienne se distingue par une prégnance des problèmes liés à l'eau. Les difficultés, de tous ordres, observées découlent principalement des impacts négatifs provoqués par la pluviosité changeante. D'ailleurs, l'insécurité alimentaire menaçant régulièrement les populations est surtout un reflet de l'incertitude de l'approvisionnement en eau agricole, qui n'est pas fiable. Effectivement, la pluviométrie représente un paramètre déterminant de contrôle du renouvellement et de la disponibilité des ressources en eau, notamment celles les plus accessibles. A cause des caractéristiques actuelles des précipitations, les eaux de surface sont sous tension, d'où un recours généralisé aux eaux souterraines comme une ressource d'appoint.

Dans pratiquement toute la zone, les précipitations annuelles sont faibles (tableau 9), et irrégulières d'une année à une autre. En réalité, le Sahara - plus grand désert chaud du monde - exerce une influence avérée sur le climat de la bande sahélienne adjacente, qui appartient au domaine tropical sec. Pour information, ce désert s'étend sur près de 7500 km de longueur, couvre une superficie de 12 millions de km^2 et s'inscrit dans un vaste ensemble s'étendant jusqu'en Mongolie. En plus de ce fait climatique, les écoulements de surface sont relativement réduits, à cause de l'importance des superficies occupées par les sables dunaires. La conséquence hydrologique induite par la présence de ces formations est que le taux de conversion pluie-ruissellement-débit devient faible. Actuellement, quelques grands fleuves assurant des fonctionnalités socioéconomiques et environnementales essentielles, mais partagés par des pays aux conditions climatiques contraignantes, se sont maintenus.

Globalement, les ressources en eau renouvelables sont limitées, comme le démontrent ces quelques données-pays mentionnées sur le tableau 9, mettant en évidence un contraste très net entre les États. Le Mali dispose le plus de ressource brute par km^2 avec 16 127 m^3/km^2, la densité moyenne de sa population étant de 12 habitants/km^2. La Lybie apparaît comme le pays refermant le moins de potentialités, avec seulement 284 m^3/km^2, pour une densité moyenne de population estimée à près de 4 habitants/km^2. A titre de comparaison, elle est d'environ 400 000 m^3/km^2 pour le Libéria.

Pays	Superficie (S) (en km²)	Eau souterraine renouvelable (ESR) (en 10^9 m³/an)	Densité pop. (nbre hab. / km²)	Ratio ESR /S (en m³/km²)	Pluies (en mm / an)
Algérie	2 381 741	1.5	14.8	630	89
Libye	1 759 540	0.5	3.8	284	56
Soudan	2 505 813	7	18.4	2795	416
Somalie	637 657	3.3	15.8	5175	282
Mali	1 240 192	20	11.7	16 127	282
Niger	1 267 000	2.5	13.5	1973	151
Tchad	1 241 038	11.5	8.5	9266	322

Tableau 9 : Éléments sur les potentialités des ressources en eau renouvelables en Afrique saharo-sahélienne (Source modifiée : FAO 2004)

Aujourd'hui, les ressources en eau de surface mobilisées - fleuves Nil, Sénégal et Niger et lac Tchad - subissent des pressions naturelles et humaines déséquilibrées (tableau 10). Etant donné une prévision d'accentuation de ces phénomènes dans les décennies à venir - à cause du changement climatique -, la tendance généralisée de baisse des disponibilités hydriques observée actuellement, va se poursuivre. Par exemple, le lac Tchad a vu sa superficie baisser de plus de 90 %, passant de 26000 km² dans les années 1960, à moins de 1500 km² en 2000. A propos de l'extrême variabilité temporelle des débits, des mesures effectuées sur le Nil montrent une différence énorme : 120 km³ en 1947, contre seulement 34 km³ en 1878 (Bethemont, 2003)[47]. Pour le fleuve Niger, une réduction de la pluviométrie d'environ 20 à 25 % pourrait provoquer une baisse des écoulements de l'ordre de 45 à 60 %, selon les renseignements indiqués dans le Plan Quinquennal d'Actions (2003-2007) de l'Autorité du Bassin du Niger.

[47] Bethemont J., 2003 – « Le Nil, l'Égypte et les autres ». *VertigO*, Volume 4 Numéro 3, consulté le 22 janvier 2014.
URL : http://vertigo.revues.org/3727?lang=pt

Bassins	**Pays concernés**	**Potentialités, Aménagements & Contraintes**
Nil / 3.112.369 km² (10,3 % du continent africain)	Burundi, Égypte, Éthiopie, Kenya, Ouganda, Rép. Dém. du Congo, Tanzanie, Rwanda, Soudan, Soudan du sud	POTENTIALITÉS - Module (débit moyen annuel) à l'exutoire : 2830 m^3/s ; Débit spécifique : 0,8 $l/s/km^2$; Débit des hautes eaux : 57 670 m^3/s (en décembre) ; - 85 % des eaux fournis par le Nil Bleu s'écoulant sur les hauts plateaux de l'Éthiopie qui ne consomme que 0,3 % des ressources ; - Longueur : 6500 km ; **- 95 % de l'approvisionnement en eau de l'Égypte dépend du Nil** ; - Terres aptes à l'irrigation : 92 019 000 ha ; - Potentiel d'irrigation : 8 000 000 ha ; EX. D'AMÉNAGEMENTS - 10 grands barrages essentiellement situés en Égypte et dans la partie Nord du Soudan : Ex., Haut Barrage d'Assouan (hydroélectrique) = création du lac Nasser d'une superficie de 6216 km² et d'un volume d'eau disponible de 162 km³, fournit aussi environ 10% de l'électricité Égyptienne ; - Construction de plusieurs canaux : Ex. Canal El-Salam, pour amener l'eau du Nil jusqu'au Sinaï et permettre le développement agricole ; Projet canal Cheikh Sayed (vallée de Toshka) pour augmenter les surfaces irriguées au Sud de l'Égypte ; - Le Millenium Hydroelectric Project (Éthiopie) : construction début avril 2013 du plus grand barrage du continent sur le Nil bleu (province de Benishangul), d'une capacité de stockage de 62 milliards de mètres cubes d'eau, et de production de 5250 MW d'énergie électrique, et d'un coût d'environ 4,8 milliards USD ; EX. DE CONTRAINTES **- Le Nil transporte en moyenne 200 millions de tonnes de sable par an** ; - Importante activité de déperdition : une perte de 53 km³ estimée à l'entrée du territoire égyptien ; A partir du Soudan, le fleuve perd plus d'eau (par ETP) qu'il n'en reçoit (par la pluie), notamment au niveau des marais du Sud-Soudan ; - L'essentiel des débits s'écoule entre août et novembre ;

Niger / 2.273.946 km² (7,5 % du continent africain)	Algérie, Bénin, Burkina Faso, Cameroun, Côte d'Ivoire, Guinée, Mali, Niger, Nigéria, Tchad	<u>POTENTIALITÉS</u> - 4200 km de long ; - Module (débit moyen annuel) : 1047 m^3/s ; - Volume moyen annuel écoulé : 46 milliards de m^3, avec un minimum de 20 milliards de m^3 en 1984 (année sèche) et un maximum de 61 milliards de m^3 en 1967 (année humide) ; - Delta intérieur du Niger : plus grande zone humide de l'Afrique de l'Ouest ; Activités socioéconomiques (agriculture, pêche, élevage, AEP) ; Potentiel de terres agricoles estimé à 2,5 millions d'hectares ; Première zone de pêche continentale en Afrique de l'Ouest ; Site classé 'Zone Humide d'Importance Internationale' par la Convention de Ramsar ; <u>EX. D'AMÉNAGEMENTS</u> - Création de l'Office du Niger sur le delta intérieur du Niger au Mali / 100 000 ha de terres irrigués aujourd'hui, pour une production annuelle d'environ 500 000 tonnes de riz ; - Barrage de Sélingué (Mali) : mis en service en 1980, il a une capacité de stockage 2,2 milliards de m^3 et de production annuelle d'électricité d'environ 247 GWh ; - Barrage de Kanji (ouest du Nigéria) : fonctionnel depuis 1968, il a permis la création d'un lac de retenue d'une superficie de 1300 km², et une production d'électricité de 800 mégawatts ; <u>EX. DE CONTRAINTES</u> - L'extension des zones d'inondation est d'environ 63.000 km² ; - Le déficit pluviométrique réduit considérablement les écoulements de surface ; - Le fleuve ne reçoit d'affluents actifs que sur sa rive droite ; - Navigation localement compromise par une très forte tendance à l'ensablement ; - **Plus de 50 % de l'eau du delta intérieur du Niger est perdu par Etp** ; - Très forte pollution par les hydrocarbures et les rejets domestiques dans le delta côtier du Niger ;
Sénégal / 483 181 km² (1,6% du continent africain)	Guinée, Mali, Mauritanie, Sénégal	<u>POTENTIALITÉS</u> - Module (débit moyen annuel) : 317 m^3/s ; - Débit spécifique : 1,21/s/km² ; - Volume d'eau écoulé à l'embouchure : 20 km^3/an ;

		- Terres aptes à l'irrigation : 3.645.800 ha ; - Potentiel d'irrigation : 420.000 ha ; - Parcs naturels & Tourisme : deux parcs classés au patrimoine mondial par l'UNESCO : le Parc aux oiseaux du Djoudj (3ème réserve ornithologique au monde) et le Parc de la Langue de Barbarie ; <u>EX. D'AMÉNAGEMENTS</u> - Barrage de Diama (Sénégal) : sa fonction principale est d'empêcher la pénétration de l'eau de mer à l'intérieur des terres, mais il permet aussi l'irrigation en double culture ainsi que l'amélioration du remplissage du lac de Guiers (Sénégal), du lac de R'kiz (Mauritanie) et de la dépression de l'Aftout-es-Sahel (Mauritanie), de même qu'une régulation du fleuve pour le rendre entièrement navigable ; - Barrage de Manantali (Mali) : permet le stockage de 11 milliards de m^3 sur une superficie de 477 km^2 en combinaison avec Diama il permet une ambition production d'énergie électrique de 547 Gwh par an, la réalisation de 255 000 ha de terres irriguées et la navigabilité du fleuve tout au long de l'année de St-Louis à Ambidédi ; <u>EX. DE CONTRAINTES</u> - Disparition d'espèces fluviomaritimes et apparition de nouvelles espèces d'eau douce dans le delta, suite à la construction des barrages de Manantali et de Diama ; **- A cause du déficit pluviométrique, le niveau moyen des écoulements a baissé de nos jours de près de 40 %** ;
Lac Tchad / 2.381.635km^2 (7,6 % du continent africain)	Algérie, Cameroun, Niger, Nigéria, République centrafricaine, Soudan, Tchad	<u>POTENTIALITÉS</u> - Un des plus grands réservoirs d'eau douce du Sahel, avec 72 km^3 ; - 90 % des apports proviennent du fleuve Chari et de son affluent Logone ; - Terres aptes à l'irrigation : 36 524 600 ha ; - Potentiel d'irrigation 1 163 200 ha ; - Biodiversité : 350 espèces d'oiseaux ; - Pêche : 50 000 tonnes en moyenne ; <u>EX. D'AMÉNAGEMENTS</u> - Projet de construction d'un canal de l'Oubangui vers le lac, de 1350 km de long ;

		<u>EX. DE CONTRAINTES</u> **- Baisse de la superficie de plus de 90 %, de 26 000 km^2 (dans les années 1960) à moins de 1500 km^2 (en 2000) ;** - Faible profondeur, le maximum étant de 7 mètres ; - Salinité du bassin nord ;

Tableau 10 : Potentialités, fonctionnalités et contraintes des principaux systèmes hydrologiques en Afrique saharo-sahélienne

Dans ce contexte hydro-climatique régional défavorable, l'usage des ressources en eau de surface devient un intérêt majeur pour des Etats aux besoins divergents. Autrement dit, l'incertitude pluviométrique rend inéluctable de recourir à l'eau des cours d'eau, seule ressource mobilisable en quantité suffisante. D'ailleurs c'est pourquoi plusieurs projets d'aménagements hydroagricoles ont été réalisés, ou projetés dans les principaux bassins (tableau 10), le but étant de sécuriser davantage l'approvisionnement en eau. Cela, d'autant plus que des déperditions d'eau énormes sont constatées, par des pertes en mer, de l'évaporation et/ou une infiltration vers des aquifères profonds, en réalité difficilement exploitables. Mais, la mobilisation des eaux des fleuves transfrontaliers n'est pas simple, la difficulté étant la satisfaction de besoins immenses et singuliers des Etats, à partir des rares ressources existantes. Même si des guerres de l'eau n'ont pas encore eu lieu, les tensions hydro-politiques sont manifestes, malgré l'existence de structures communes de gestion. Pour preuve, des compromis de gestion semblent difficiles à trouver, ce qui conduit parfois à un blocage ou à des lancements unilatéraux de projets.

Mais globalement, la situation est relativement maîtrisée, et cela d'une part grâce au leadership fort affirmé de l'Egypte (bassin du Nil) et du Nigeria (bassin du Niger). Ces deux principales puissances politico-économiques sont géographiquement situées en aval des hydrosystèmes. Du coup, elles supportent le plus les impacts d'une gestion inappropriée. Ainsi, l'Égypte, entièrement dépendante du Nil pour ses ressources en eau, s'oppose systématique à tout projet d'aménagement visant un captage ou une rétention à grande échelle des eaux de ce fleuve, pouvant affecter considérablement son débit. Le dernier cas en date est son opposition, au départ, au projet éthiopien de construction du barrage « Grande renaissance » sur le Nil Bleu. Ce pays considère que ses « droits historiques » sur le Nil sont garantis par deux traités datant de 1929 et 1959, lui accordant avec le Soudan, des droits sur 87 % du débit total du fleuve, des accords aujourd'hui contestés par la majorité des autres pays du bassin.

D'autre part, la très forte sollicitation des ressources en eaux souterraines a été un facteur déterminant d'atténuation des contraintes. Les immenses réserves potentielles existantes surtout au nord, et précisées dans le tableau 11, sont devenues une alternative largement mise à profit. En cause, on a souligné que cette zone se distingue par un manque et une répartition déséquilibrée des ressources en eau renouvelables. Parmi les projets de mobilisation à grande échelle des eaux souterraines, on peut citer celui transférant l'eau de l'aquifère des grès de Nubie vers les zones côtières de la Libye, pour développer l'irrigation et sécuriser l'alimentation en eau potable. D'ailleurs, 95 % des besoins hydriques de la Libye sont assurés par les eaux souterraines. Cependant, le fait que les nappes soient contenues dans des systèmes aquifères transfrontaliers complique la quantification exacte et la gestion, d'où des informations globales marquées par de nombreuses lacunes. Selon les données disponibles, le tableau 11 donne des informations partielles sur les principaux aquifères mobilisées ou mobilisables localement. Pour sa réalisation, le rapport 2006 de l'Unesco, intitulé 'Ressources en eau et gestion des aquifères transfrontaliers de l'Afrique du nord et du Sahel', a principalement servi de référence.

Système aquifère / Réservoir géologique	**Pays**	**Potentialités / Étendue (E_t) ; Épaisseur (E_p) ; Volume (V) ; Transmissivité (T) ; productivité (P) Coef. d'emmagasinement (CE) ;**	**Faits hydrauliques majeurs / Perspectives de problématiques**
Système aquifère Nubien / Réservoir sédimentaire multicouche (Post-Eocene-Mésozoïque & Continental-Combro-Ordovicien)	Tchad, Égypte, Libye, Soudan	**E_t** = 2 199 000 km² ; **E_p** maxi = 3000 m ; V = 15 000 et 450 000 km³ (selon les sources), dont 15 000 km³ exploitables ; T = entre de 2,9 à $3,5.10^{-3}$ m²/s ; **P** = 5 à 20 l/s ; **CE** = 5.10^{-4}	- Système aquifère très fortement dominé par des nappes libres ; - Sens d'écoulement des eaux vers le sud-est ; - Profondeur moyenne : 600 à 1 800 mètres ; - Recharge pluviale : environ 2,9 à 1,3 mm/an ; - Perte : vidange estimée à 49 m³/s (en 2000) ; - Dégradation qualitative des eaux (salinisation) vers le Nord (près de la méditerranée) ; - Exploitation annuelle de l'ordre 2,1 km³/an ; - Grand projet de transfert d'eau de l'aquifère des grès de Nubie vers la partie côtière de la Libye ;
Système Aquifère du Sahara Septentrional (SASS)/ Réservoir sédimentaire multicouche du *Continental intercalaire* et du *Complexe terminal*	Algérie, Libye, Tunisie	**E_t** = 1 000 000 km² V = 60 000 km³, dont 10 000 km³ exploitables ; **P** = 5 à 20 l/s ; T = entre 15.E-3 m²/s et 20.E-3 m²/s ; **E_p** maxi = 1600 ;	- Profondeur : 1000 mètres localement ; - Des oasis comme exutoires ; - Recharge annuelle de l'ordre de 1 milliard m³ (ou 1*10⁹ m³/an) ; Réalimentation à partir des piedmonts de l'Atlas en Algérie et des Chotts ; - Usages : près de 90 % des prélèvements sont destinés à l'agriculture, le reste pour l'AEP et l'industrie ; - Total des prélèvements : 2,5 km³ (en 2000) ; - Passage progressif au pompage ; - Disparition de l'artésianisme ; - Tarissement des exutoires, suite à un rabattement de 25 à 50 mètres localement ; - Salinisation des eaux (entre 2 à 5 g/l) ;

Bassin de Taoudéni-Tanezrouft / Réservoir sédimentaire multicouche du *Continental Terminal* et du *Continental Intercalaire*	Algérie, Mali, Mauritanie	**E_t** = 2 000 000 km² ; **E_p** maxi = 2000 m ; V total = inconnu ; mais au <u>Mali</u> '*Continental intercalaire/ Terminal*' (966 millions m³ / sur 208 000 km²) ; '*Continental Terminal /Quaternaire*' (844 millions m³ / sur 202 000 km²) ; **P** = 1 à 5 l/s ;	- Système aquifère multicouches ; - Bassin endoréique, car centre du bassin sous forme d'un fossé d'effondrement (ville de Nara et lac de Faguibine) ; - Exploitation : quelques centaines de puits et forages d'une profondeur inférieure à 100 m ; - Répartition des usages : Alimentation en eau potable (46 %), Élevage (36 %) et Irrigation (18 %) ; - Eaux fossiles, donc non-renouvelables globalement ; - *Continental intercalaire :* nappe captive mobilisable avec des puits à gros diamètre ; Transmissivité médiocre ; Renouvellement estimé à 23,5 millions m³/an ; - *Continental intercalaire et terminal :* Piézométrie localement déprimée ; Renouvellement estimé à 300 000 m³/an ; - Total renouvellement : < à 1 % (trop faible), il est de d'environ 12,6 milliards m³/an seulement à partir du fleuve Niger ; - Salinité élevée localement (près de 4,8 g/l dans l'Azaouad nord) ; - Pollution industrielle ;

Bassin d'Iullemeden-Irhazer(ou bassin du Niger) / Réservoir sédimentaire multicouche du *Continental Terminal* et du *Continental Intercalaire*	Mali, Niger, Nigéria	**E_t** = 500 000 km² ; **V** (réserves totales exploitables) – '*Aquifère du Continental Intercalaire*_ / 3900 km³ ; '*Aquifère Continental Terminal*' / 7,6 km³ (pour le CT1), 52 000 km³ (pour le CT2) et 5000 km³ (pour le CT3) ; *Aquifère des grès du Cambro-Ordovicien* / 2,2 km³ ; *Aquifère des formations 'Continental Intercalaire/Continental Hamadien'* / 1 m d'épaisseur correspond entre 13 à 15 km³ d'eau ; *Aquifère des grès du Dévonien supérieur*_ / 1 m dans la zone à surface libre correspond à 0,34 km³ d'eau ; **T** (*Aquifère Continental intercalaire*) = 1 x 10^{-2} m² / s) en moyenne ; **P** = 5 à 20 l/s ;	- Système aquifère multicouches ; Répartition des usages : majeure partie des prélèvements à destination de l'industrie d'uranium ; - Usages : volume total des pompages globalement faible, environ 0,2 km³ en 2004 ; - Renouvellement déficitaire : recharge actuelle estimée à 0,15 km³/an ; - Drainage du système aquifère par le fleuve Niger dans sa partie occidentale ; - Contraintes d'accessibilité liées au coût d'exploitation (sondages et pompage) ; - *Aquifère des grès du Dévonien supérieur* : débits spécifiques de l'ordre de 0,4 m³/ h /m) ; Conductivité hydraulique faible de 10^{-6} m/s ; Augmentation en profondeur de la salinité pour atteindre 5 g / l ; - *Aquifère Continental intercalaire* (au Niger) : débits spécifiques de l'ordre de 0,1 à 26 m³ / h /m ; Salinité variable de 0,1 m / g à 1 g / l vers l'exutoire ; - Déclin de l'artésianisme ; - Baisse des niveaux piézométriques ; - Dégradation de la qualité des eaux et salinisation des terres des écosystèmes associés ;
Bassin du Lac Tchad / Réservoir sédimentaire multicouche du *Plio-Quaternaire*, du *Continental Terminal* et du *Continental intercalaire*	République centrafricaine, Tchad, Cameroun, Niger, Nigéria	**E_t** = 1 900 000 km² ; **V** total = 170 à 350 km³ (Foster et al, 2006), dont réserve exploitable au Niger = 50 km³ ; au Tchad = 300 km³ au total, avec 95 à 206 km³ pour le *Plio Quaternaire*, et 210 km³ pour le CT-CI ;	- Système aquifère multicouches ; - Usages : hydraulique villageoise et pastorale comme principale destination ; - Au Tchad, 75 % des points d'eau localisés dans la cuvette du Lac Tchad ; Total prélèvements : 0,39 km³/an ; - Renouvellement sur le territoire tchadien : 0,15

		P = 5 à 20 l/s ;	km³/an (pour les aquifères sédimentaires) ; - *Aquifère du Pléistocène* : surface déprimée dans plusieurs secteurs (Kanem, Batha, Chari Baguirmi) ; - Au Tchad : débits spécifiques de la nappe du Continental Terminal de 10 m^3 / h /m ; Baisse de la nappe du Pliocène inférieur de près de 3 m en 30 ans (Schneider, 2001) ; - Au Niger : Teneur en sel de 1635 mg/l pour le Pliocène inférieur à Baga Sola, 4585 mg/l pour le *Continental hamadien* à Nguel Gandi et 1945 mg/l pour le *Continental intercalaire* ; Prélèvements sur la nappe phréatique quaternaire estimés à 0,12 km^3/an, pour des ressources exploitables évaluées à 0,5 km^3/an ; - Cuvette du lac Tchad : prélèvements estimés à 0,22 km^3/an ;
Bassin Sénégalo-Mauritanien/ Réservoir sédimentaire multicouche du *Quaternaire*, du *Continental terminal* et du *Maestrichtien*	Gambie, Guinée Bissau, Mauritanie Sénégal	E_t = 300 000 km^2 ; V total exploitable = 480 à 580 km^3, dont Sénégal / Réserves exploitables = 10 à 20 km^3 (*Maestrichtien*), et 40 km^3 (*nappe Paléocène-Eocène*) ; Mauritanie / Réserves exploitables = 0,15 km^3 (*nappe Paléocène-Eocène*), et 0,45 km^3 (*nappe Continental Terminal-Oligo-Miocène*) ; **CE** (*nappe du Maestrichtien / Sénégal*) = 0,6 à 10 %. **T** : Mauritanie = 10 à 70 m^2 /s	- Système aquifère multicouches ; - Usages : AEP de la ville de Bissau ; Plus de 50 % de l'AEP en Mauritanie (94 % à partir des aquifères du *Continental Terminal*) ; Eau pompée destinée de plus en plus à l'irrigation depuis la sécheresse des années 1970 ; Industrie d'eau minérale en plein essor ; - Limite inférieure mal connue, et inclinaison du toit du SE vers le NW ; - Existence d'une zone en creux à l'est du lac de Guiers ; - Mauritanie : eau du *Maestrichtien* très salée (17

		dans le Trarza (*nappe du Continental Terminal* et de l'Oligo-Miocène/) ; Guinée Bissau = 5,5 x 10^{-5} à 8,9 x 10^{-4} m^2/s (Miocène de la *nappe du Continental Terminal* et de *l'Oligo-Miocène*) ;	g / l à Idini) ; - Sénégal : présence d'une frange salée en profondeur dans la partie occidentale du *Maestrichtien* ; - *Continental terminal* : une nappe en creux (zone du Ferlo/Sénégal) ; A Bissau, la nappe du Paléocène-Eocène a une productivité comprise entre 50 m^3/h à 72 m^3/h ; Total des prélèvements au Sénégal estimé à 0,18 km^3/an environ ;

Tableau 11 : Potentialités, fonctionnalités et contraintes des principaux systèmes aquifères en Afrique saharo-sahélienne

Sur la base des éléments d'information contenus dans ce tableau, deux problématiques majeures sont retenues, et cela en rapport avec les tendances d'évolution des ressources en eau souterraines et les impacts sur les services rendus. D'abord, les prélèvements actuels sont excessifs et déséquilibrés. Ils s'élèvent à environ 2,1 km^3/an dans le 'Système Aquifère du Sahara Septentrional' (SASS), et 2,17 km^3/an concernant le 'Système aquifère Nubien'. Du coup, trois phénomènes inquiétants sont aujourd'hui observés : (i) une baisse importante des niveaux piézométriques, provoquant localement un assèchement des écosystèmes et un tarissement des sources, (ii) une disparition de l'artésianisme, d'où un recours accru au pompage, (iii) une salinisation progressive des eaux, entrainant une dégradation des écosystèmes associés. Dans l'Azaouad nord (Bassin de Tanezrouft), une salinité élevée de près de 4,8 g/l est mesurée. Ensuite, et en rapport avec le contexte climatique, le renouvellement des réserves hydrique est insignifiant, voire nul ; ce qui devient un facteur aggravant de dégradation des ressources naturelles. Dans le bassin du lac Tchad, le taux renouvellement des aquifères sédimentaires sur le territoire tchadien est d'environ 0,15 km^3 par an, pour une réserve globale estimée entre 170 et 350 km^3. Pour le SASS, la recharge annuelle n'est que de l'ordre de 1 km^3.

L'Afrique australe

En matière de disponibilité hydrique, l'Afrique australe est le domaine des contrastes géographiques, tant pour les ressources pluviales que pour les eaux de surface. Au plan climatique, le contexte est marqué par une double opposition en longitude et en latitude. Sous influence du courant du Benguela, la côte occidentale est semi-désertique, avec des précipitations rares ; tandis que les façades méridionale et orientale sont plus humides. De même, les montagnes bordières sont plus arrosées que les plaines intérieures, avec en moyenne, respectivement, 2,5 m par an, contre 140 mm. Globalement, le climat régional se caractérise par une succession d'années sèches et pluvieuses. Sinon parfois, on observe des passages de cyclones tropicaux engendrant des crues catastrophiques, comme ce fut le cas en 2000 et 2008 au Mozambique. Effectivement dans le sud de la zone intertropicale proprement dite, apparaissent, de façon cyclique, des périodes de sécheresse plus ou moins longues attribuées au phénomène El Ninô (cf. Partie 2). Avec une occurrence tous les quatre, cinq ou six ans, il se manifeste soit par des pluies diluviennes, ou par des sécheresses sévères.

En ce qui concerne les ressources en eau de surface, l'hydrographie se caractérise aussi par ce même contraste géographique, entre la façade occidentale et le reste de la zone. De plus, tout comme l'Afrique saharo-sahélienne, un fait hydrologique particulier est un taux de conversion pluie-débit faible. Et comme précédemment, ce phénomène a une répercussion négative sur la recharge des nappes phréatiques, et partant, sur la conservation des écosystèmes humides, aux services multiples. Sous l'influence du climat, les débits des cours d'eau - globalement déficients - sont très variables selon la quantité de pluie tombée annuellement. Un exemple : l'Okavango a connu un différentiel de volume d'eau global écoulé important entre 1984 et 1996, respectivement mesuré à 35 contre 12 milliards de m^3 environ. Les bassins transfrontaliers drainés par les fleuves Zambèze, Orange et Limpopo (cf. figure 5) et la vaste zone endoréique de l'Okavango, forment les principaux systèmes hydrologiques. En résumé, les potentialités, les aménagements et les contraintes concernant les ressources en eau de surface, ou les systèmes hydrologiques, sont passés en revue sur le tableau 12. Le but est de donner des éléments de connaissance utiles pour la mise en œuvre de projets appropriés de développement, ou prenant en considération des préoccupations d'actualité.

Bassins	Pays concernés	Potentialités, Aménagements & Contraintes
Zambèze / 1.340.291km² (4,5 % du continent africain)	Angola, Botswana, Malawi, Mozambique, Namibie, République-Unie de Tanzanie, Zambie, Zimbabwe	<u>POTENTIALITÉS</u> - Débit spécifique : 2,6 l/s/km² ; - Module (débit moyen annuel) : 7100 m³/s ; - Terres aptes à l'irrigation : 37 632 500 ha ; - Potentiel d'irrigation : 3 160 3800 ha ; <u>EX. D'AMÉNAGEMENTS</u> - Barrages de régulation et de production d'électricité : par exemple, barrages de Cahora et de <u>Kariba</u> (sur le Zambèze), Barrages de la Gorge de Kafue et d'Itezhi-Tezhi (sur le fleuve Kafue) ; pour info, le barrage de Kariba a une capacité énergétique potentielle de 1350 MW et un réservoir d'eau de 5580 km², pour 188 km³ ; - Barrage de <u>Cahora Bassa</u> (Mozambique) / 39 km³, pour l'irrigation, l'hydro-électricité et le contrôle des inondations ; <u>EX. DE CONTRAINTES</u> - Lors de la mise en œuvre : par exemple, le remplissage du Kariba a entraîné le déplacement de 57 000 personnes, déforestation, pollution et perte de biodiversité ; - Augmentation du risque sismique dans la vallée du barrage de Kariba ; - Inondations dévastatrices et sécheresses sévères récurrentes ;
Orange-Senqu / 896 368km² (3,0% du continent africain)	Afrique du Sud, Botswana, Lesotho, Namibie	<u>POTENTIALITÉS</u> - Débit spécifique : 0,4 l/s/km² ; - Module (débit moyen annuel) : 220 m³/s ; - Terres aptes à l'irrigation : 14 140 500 ha ; - Potentiel d'irrigation : 390 000 ha ; <u>EX. D'AMÉNAGEMENTS</u> - Buts : développement des systèmes d'approvisionnement en eau, pour l'eau potable, le bétail, l'irrigation et l'exploitation minière, d'où une très forte artificialisation du bassin avec de nombreux barrages-réservoirs, canaux et tunnels de transferts ; - Construction du barrage du *Vaal Dam* en 1922, pour fournir de l'eau à Johannesburg ; - Lancement de l'Orange River Development Project (ORDP) en 1962, pour transférer

		les eaux du fleuve Orange hors de son bassin versant, notamment vers le sud (Vallées de *Great Fish* et *Sundays*) ; - Barrages de Katse et de Mohale (au Lesotho) : parmi les plus grands systèmes de transfert d'eau interbassins au monde ; - Barrage de Polihali (Lesotho) : deuxième plus grand barrage d'Afrique ; EX. DE CONTRAINTES - Volume moyen annuel des écoulements « naturel » connu à l'embouchure est de 11,193 km^3 en 1996, contre 6 km^3 actuellement ; - Très forte baisse des débits d'Est en ouest sous l'influence du gradient pluviométrique annuel, variant respectivement de plus de 1000 mm à moins de 200 mm ; - Récurrence de sévères sécheresses, surtout dans les décennies 1930-1980 ; - Existence de nombreux rapides, rendant impossible la navigation ;
Okavango / 450 000 km^2 (1,4 % du continent africain)	Angola, Namibie, Botswana	POTENTIALITÉS - Module (débit moyen annuel) : 313 m^3/s ; - Débit spécifique : 1,1 $l/s/km^2$; - Formation d'une zone humide (Delta intérieur) de 15 000 km^2 à l'entrée du désert du Kalahari ; - Terres aptes à l'irrigation : 6612 100ha ; - Potentiel d'irrigation 208 060 ha ; EX. D'AMÉNAGEMENTS - Création de la Commission de l'Okavango (OKACOM) en 1994, pour promouvoir un développement durable et coordonné des ressources en eau, d'où la signature en 2010 d'un protocole sur le partage des données hydrologiques ; - Inexistence actuelle de barrages ou de systèmes de mobilisation d'eau importants sur les affluents de l'Okavango ; EX. DE CONTRAINTES - Très forte variabilité interannuelle des débits, par exemple 35 milliards de m^3 (en 1984) et 12 milliards de m^3 (en 1996) ; - Circulation très lente des eaux ;

		- Intense évaporation estimée à 2100mm / an (contre 500 mm de pluie) ; - 97 % de l'eau est perdue par évaporation et/ou par percolation, seulement 3% des eaux arrive au niveau du delta ; - Très forte menace de l'exploitation diamantifère sur les eaux du delta, une activité très consommatrice d'eau ;
Limpopo / 412 938km² (1,3% du continent africain)	Afrique du Sud, Botswana, Mozambique, Zimbabwe	POTENTIALITÉ - Module (débit moyen annuel) : 265 m^3/s ; - Débit spécifique : 0,6 $l/s/km^2$; - Terres aptes à l'irrigation : 9 736 100 ha ; - Potentiel d'irrigation 295 400 ha, dont les 2/3 en Afrique du Sud ; - 1,7 million d'hectares pour le pâturage ; - Hydroélectricité pour l'Afrique du sud ; - Transferts d'eau entre grand bassin versant de la sous région ; EX. D'AMÉNAGEMENTS - Barrage de Massingir (Mozambique) : ouvrage hydroélectrique d'une capacité de 40 MW construit en 1977, permettant aussi une irrigation de la vallée du Bas-Limpopo (90 000 ha) et une lutte contre la salinité et les inondations ; EX. DE CONTRAINTES - Débit faible et très irrégulier, avec de nombreuses années sèches ; - intrusions salines dans les deltas au Mozambique ; - Importante perte d'eau par évaporation ; - Charge solide très élevée provoquant un ensablement rapide, un paramètre défavorable pour les barrages ou les eaux d'irrigation ; - Récurrence de phénomènes de sécheresse et d'Inondation dévastateurs ;

Tableau 12 : Potentialités, fonctionnalités et contraintes des principaux systèmes hydrologiques en Afrique australe

Globalement, à propos des ressources en eau renouvelables, les chiffres indiqués sur le tableau 13 révèlent que les potentialités de l'Afrique australe sont relativement limitées, en ne représentant que 6 % des ressources renouvelables internes du continent. Mais plus que la ressource brute - ratio ESR / S -, c'est la très forte variabilité dans le temps du volume mobilisable qui constitue un risque majeur. Et les écarts observés entre les années 2004 et 2009 sur le tableau 13, sont confirmatifs. Au plan des disparités, par pays, l'Angola, le Swaziland et la Tanzanie forment le trio de tête disposant des plus importantes ressources ; l'Afrique du sud, le Botswana et la Namibie étant les moins dotés. Par zone, les pays recevant le plus précipitation comme le Lesotho, le Malawi et le Swaziland, ne sont pas les mieux pourvus en ressource hydrique. Enfin, quatre États se situent sous le seuil de 'stress hydrique', fixé à 1700 m^3 par habitant et par an, parmi lesquels l'Afrique du sud (Blanchon, Maupin, 2009)[48].

Pays	**Superficie (S)** (en km^2)	**Eau souterraine renouvelable (ESR)** (10^9 m^3/an)	**Densité pop.** (nbre hab. / km^2)	**Ratio ESR /S** (en m^3/km^2)	**Pluies** (en mm / an)
Angola	1 246 700	58 (148.0 en 2009)	14.5	46 523	1 010
Botswana	581 730	1.7 (12.1 en 2009)	3.5	2922	416
Lesotho	30 355	0.5 (3.0 en 2009)	63.6	16 472	788
Malawi	118 484	2.5 (17.3 en 2009)	137.8	21 100	1 181
Mozambique	801 590	17 (17.7 en 2009)	29.3	21 208	1 032
Namibie	824 292	2.1 (17.7 en 2009)	2.6	2548	285
Afrique du sud	1 221 037	4.8 (50.0 en 2009)	40.0	3931	495
Swaziland	17 364	0.7 (4.5 en 2009)	103.8	40 313	788
Tanzanie	945 087	30 (96.2 en 2009)	46.1	31 743	1 071
Zimbabwe	390 757	6 (20.0 en 2009)	32.3	15 355	657
Zambie		(105.2 en 2009)			

Tableau 13 : Éléments sur les potentialités des ressources en eau renouvelables en Afrique australe (Source : FAO 2006, modifiée)

Dans cette sous-région, le contexte hydropolitique actuel s'inscrit dans une séquence temporelle de fin d'apartheid, de croissance économique rapide pour des pays comme le Mozambique et l'Angola, de raréfaction de l'eau et d'exacerbation des besoins. Étant donné la zone a été récemment marquée par des conflits armés et des tensions, le principe de

[48] Blanchon D., Maupin A., 2009 – « Géopolitique de l'eau en Afrique australe », 18 p. URL : http://www.davidblanchon.fr/wp-content/uploads/2012/05/publi17.pdf

précaution est une règle souvent de mise. Une démarche de durabilité et de complémentarité dans les interventions constitue le fondement des approches de coopération et d'intégration au sein de la communauté des États d'Afrique australe (SADC en anglais). Une préoccupation centrale est de prévenir les éventuelles divergences, face à une multiplication d'initiatives ambitieuses de maîtrise de l'eau.

Plus particulièrement en Afrique du sud, le manque de ressource interne est un véritable casse-tête. Ce pays ne renferme seulement que 8 % de l'ensemble des ressources de l'Afrique australe, contre une consommation atteignant à elle seule près de 80 % du total de la zone. Ici, la répartition spatiale du stock hydrique disponible est très déséquilibrée : 60 % des eaux de ruissellement sont produits par un cinquième du territoire. La plupart des ressources hydriques se localise à l'est, alors que les pôles de développement se situent majoritairement à l'ouest et au centre, dans le Gauteng, le plus grand centre urbain et industriel du pays. Afin de surmonter cet écueil de taille, ou assurer la bonne marche des activités, le pays a misé sur les transferts d'eau interbassins, et la construction de grands ouvrages de régulation des cours d'eau (cf. tableau 12). Le cas échéant, l'Afrique du sud n'a pas hésité à solliciter les ressources situées hors de ces limites géographiques, en misant sur la coopération transfrontalière. Elle s'est donnée les moyens de s'assurer le leadership, ou une « hydrohégémonie » sous régionale ; par ailleurs, ce qui accroît sa dépendance des Etats voisins. En rappel, l'indice de dépendance est le pourcentage des ressources en eau renouvelables globales générées hors d'un pays.

Ainsi, dans les années cinquante, la proximité des Hauts-Plateaux du Lesotho - riches en ressource en eau - de la zone déficitaire du Gauteng, a poussé l'Afrique du sud à faire le choix de mobiliser les eaux de ce « château d'eau ». Moyennant une contrepartie pour le Lesotho, le traité signé en 1986 a marqué le démarrage du 'Projet Hydraulique des Hauts-Plateaux du Lesotho'. Il vise à produire de l'hydroélectricité et à fournir de l'eau à la Province de Gauteng. Initialement, le volet hydraulique prévoit la construction, sur 30 ans, de cinq barrages de retenue, de 230 km de tunnels de transfert d'eau et d'une centrale hydroélectrique ; le montant global du projet s'élevant à environ 16 milliards USD. Parmi les réalisations (cf. tableau 12), on peut, d'une part citer le barrage de Katsé, construit pour alimenter la retenue de la Vaal River, près de Johannesburg. D'autre part, le barrage de la centrale de *Muela* permet de fournir 72 MW d'électricité à la compagnie *Lesotho Electricity Corporation* (LEC).

Dans cette analyse sous-régionale, le focus uniquement axé sur les eaux de surface s'explique par le fait que les réserves en eau souterraines de l'Afrique australe sont techniquement difficiles à mobiliser, et faiblement étendues. Comme on peut s'en apercevoir sur la figure 5, la productivité des aquifères est limitée. Par exemple, elle est estimée entre 0,1 et 1 litre par seconde pour l'Aquifère sédimentaire du Kaaro ; entre 1 et 5 l/s pour les aquifères du 'Sous bassin du Kaaro/Tuli' et 'Bassin du Kaaro/Kalahari méridional'. De plus, les systèmes aquifères sont transfrontaliers dans la plupart des cas, ce qui complexifie la mise en œuvre de projets consensuels. D'ailleurs, ces situations sont à l'origine de plusieurs traités internationaux de cogestion, le but étant de prévenir d'éventuels conflits d'intérêt (cf. plus loin).

II. Quelques problématiques d'actualité

Après ces différentes approches de présentation des potentialités, des opportunités, des contraintes et des aménagements, quelles sont les manifestations et les inadéquations entre les disponibilités, l'offre et les besoins ? Parmi les interrogations, on se demande si le capital humain disposerait d'une eau fiable, quantitativement et qualitativement, pour sa bonne santé et ses activités. Aussi, vu la tendance d'évolution des ressources en eau renouvelables - pluies et eaux de surface -, quelles sont les répercussions réelles sur les actifs naturels fonctionnels et les services rendus ? Enfin, au plan de la gouvernance, quelles sont les actions entreprises pour gérer au mieux les ressources transfrontalières dans la concertation, et qui sont d'accès plus facile, mais en raréfaction ?

Enseignements complémentaires sur l'offre hydrique théorique

D'après le Groupe intergouvernemental d'experts sur l'évolution du climat (GIEC, ou IPCC en anglais), c'est environ 69 % de la population africaine qui vit théoriquement dans un contexte d'abondance relative d'eau, contre 25 % en zone de stress hydrique. Autrement dit, près du tiers de la population est implanté dans des régions exposées à la sécheresse selon le Forum mondial de l'eau, ce qui la rend donc directement vulnérable à ce fléau. Pour preuve, ce sont les pays de la zone saharo-sahélienne qui manquent le plus de ressources en eau dans le monde, après le Moyen Orient et l'Afrique du nord (1200 m^3/an/habitant). En 2000, la disponibilité théorique y était de 1450 m^3/an/habitant en moyenne, et même moins de 1000 m^3 localement. S'agissant de l'avenir, les prévisions ne sont guère meilleures. La tendance d'évolution des réserves hydrique se distingue, presque partout, par une dynamique régressive ; le changement climatique et la demande humaine jouant un rôle décisif, entre autres (cf. Partie 2). Dans le monde et selon le PNUE, la quantité d'eau douce renouvelable disponible par habitant est passée de 17 000 m^3 en 1950, à 7500 m^3 en 1995, et devrait tomber à 5100 m^3 en 2025. En même temps, la consommation individuelle au cours des deux prochaines décennies augmentera de 40 %. Aussi, il faudra 17 % de plus d'eau pour la production vivrière des populations des Pays en développement. En tout cas, ces tendances d'évolution augurent d'une difficulté croissante à répondre de façon appropriée aux besoins en eau. En conséquence, pour information, il est largement admis : (i) qu'une situation de pénurie d'eau favorise l'apparition de tensions et de conflits d'usage, (ii) qu'en-deçà de 1700 m^3/an par habitant, le développement d'une société pourrait être théoriquement contraint par un problème d'accès à l'eau.

Au plan national et selon des statistiques publiées dans le rapport de l'UNECA de 2006, sur l'avenir de l'environnement en Afrique, des pays comme le Rwanda, le Burundi, le Kenya, le Cap Vert et Djibouti sont classés en situation de 'pénurie d'eau'. L'Afrique du sud, l'Égypte, la Somalie et le Malawi sont en état de 'stress hydrique'. Quatre pays - Zimbabwe, l'Éthiopie, Lesotho, Ile Maurice et Comores - sont considérés comme 'vulnérables'. Selon les prévisions, le nombre de pays devant faire face au stress hydrique ou au manque d'eau - moins de 1000 m^3/personne/an - devrait doubler à l'horizon 2025.

Dans les faits, cette tendance à la raréfaction est actée par la baisse des réserves hydriques, et la réduction des ressources en eau dans les territoires endoréiques, comme on l'a déjà souligné. Pour preuve, l'évolution du lac Tchad est assez symbolique : son étendue est passée de 25 000 km^2 en 1950, à 1500 km^2 en 2000 ; une menace devenue sérieuse pour des millions de personnes dont l'approvisionnement en eau dépend entièrement du lac. De même, la superficie en eau des immenses dépressions fermées formant jadis le delta de l'Okavango (dans le désert du Kalahari), le lac N'gami (Botswana), le lac Turkana au Kenya et la zone Solar Etosha (Namibie), s'est considérablement réduite. A propos des ressources souterraines et dans un contexte de fonctionnement non perturbé, cette étude (Dasylva, 2011)[49] a cherché à calculer le rythme de rabattement de la Nappe des Sables Quaternaires de la région de Dakar.

---

49 Dasylva S, 2011 - *Les bas-fonds des sables dunaires de la région de Dakar. La problématique de l'eau et l'écosystème agricoles et des inondations au Sahel et les perspectives de gestion intégrée.* Éditions Universitaires Européennes, Sarrebruck (Allemagne), 426 p.

Les résultats obtenus indiquent que la baisse moyenne du niveau piézométrique est d'environ 0,15 m/an en année de pluviosité normale, et 0,25 m/an en année de pluviosité sèche.

◗ Pour l'instant, on retient que c'est plus la répartition spatiotemporelle déséquilibrée de la ressource en eau et la productivité des aquifères, y compris aussi les contraintes technico-financières, qui posent problème ; et non la disponibilité hydrique théorique. La localisation des potentialités mobilisables ne coïncide pas forcément avec les lieux d'usage ou de forte implantation humaine ; ce qui soulève la question de l'indisponibilité d'une ressource de proximité directement exploitable. De ce fait, l'approvisionnement en eau des villes africaines est généralement assuré à partir de transferts géographiques d'eau, pour faire face au manque ou à l'épuisement des réserves *in situ*. Du coup, la nécessité de créer des ressources hydriques locales est plus que d'actualité, surtout pour soulager les femmes et les enfants de la corvée de l'eau, de même que les budgets nationaux d'investissement.

Un taux d'accès à l'eau potable très bas

Étant donné la faiblesse des volumes d'eau réellement disponibles, ou mobilisés (cf. § sur 'les volumes d'eau mobilisés'), la consommation en eau domestique quotidienne par habitant est très basse dans le continent, comparée aux pays développés. Les calculs donnent des résultats inférieurs à 20 litres dans des pays comme l'Angola, l'Éthiopie, Madagascar, la République démocratique du Congo, la Somalie, le Tchad, selon un rapport 2012 de l'OMS. A titre comparatif, elle est d'environ 600 litres pour les États-Unis, et 140 pour la France, la moyenne mondiale s'élevant à 40 litres. Pour information, l'OMS indique qu'un minimum de 20 litres par jour et par personne est nécessaire pour satisfaire les besoins vitaux.

A travers cette démonstration du manquement d'accès à l'eau potable pour un très grand nombre, il s'agit aussi d'informations sur l'ampleur des efforts à consentir pour rattraper l'énorme retard. Le taux moyen d'accès à l'eau du continent n'a atteint qu'environ 65 % en 2004, une situation toutefois variable selon les pays (figure 6). En guise de repère, un système d'eau potable basique est défini par la fourniture d'eau potable par des technologies à faible coût, telles que les pompes à eau, les puits, le captage à la source. En particulier, il est constaté que l'accès à une source d'eau potable améliorée ne progresse pas de façon appropriée. Entre 2005 et 2012 - dans un contexte d'OMD ayant beaucoup misé sur ce secteur -, le taux est passé de 64 à 66 % (BAfD, 2013). Parmi les facteurs explicatifs, on retient surtout un accroissement démographique déséquilibré. Entre 1990 et 2004, tandis que 10 millions de personnes supplémentaires par an ont pu bénéficier d'un accès à ce bien, la hausse de population pour la même période a été d'environ 60 millions de personnes.

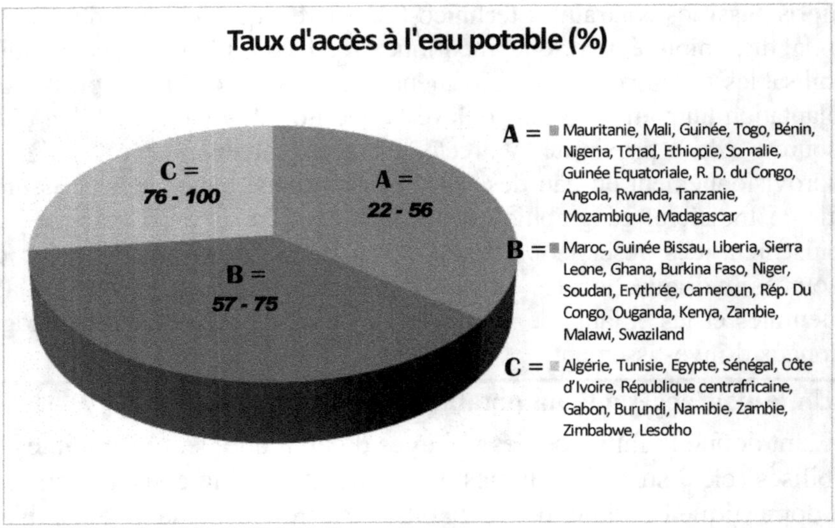

Figure 6 : Répartition par pays du taux d'accès à l'eau potable en 2004 (Source des données brutes traitées : BAfD, OCDE, 2007)

Par ailleurs, ces inégalités sociales ont retenu l'attention. A propos de la collecte de l'eau, comme dans l'agriculture, les femmes sont les principales actrices, y compris les enfants cette fois-ci. En Afrique sub-saharienne par exemple, 71 % de la corvée de l'eau est assurée par les femmes (rapport 2012 sur les OMD). Elles consacrent en moyenne 3 à 4 heures par jour à la collecte de l'eau dans les zones de pénurie d'eau, selon l'Unicef. Au plan géographique, le gap existant entre les milieux urbains et les zones rurales est assez élevé, le taux moyen d'accès est respectivement de 81 %, contre 46 %. Dans les zones rurales, 97 personnes sur 100 n'ont pas accès à un approvisionnement en eau par canalisation. De plus, 14 % de la population consomme l'eau des ressources de surface, provenant directement des marigots, étangs et/ou lacs, c'est-à-dire sans traitement.

A propos des OMD, la trajectoire actuelle présage qu'une très grande majorité des pays vont manquer les objectifs en 2015. Pour inverser la situation défavorable actuelle, il faudrait un investissement annuel d'environ 15 milliards USD pour fournir de l'eau potable à tous, selon le

Directeur du département eau et assainissement de la BAfD. Parmi les contraintes à surmonter, on observe qu'avec la répétition plus fréquente de conditions climatiques extrêmes : (i) les stocks hydriques disponibles sont considérablement impactés par les effets négatifs de la sécheresse, (ii) les inondations exceptionnelles ont tendance à endommager les infrastructures et à contaminer les réserves hydriques. D'ailleurs assez souvent, la qualité des eaux de consommation ne respecte pas les normes, la prévalence des maladies associées à l'usage d'une eau impropre étant une preuve concrète (cf. Chapitre 2). Selon les secteurs géographiques, des aquifères sédimentaires sont confrontés à un problème naturel de minéralisation excessive, à cause de la proximité de la mer, ou de la nature des matériaux formant le réservoir. Aussi, l'amélioration de la productivité agricole est une source majeure de pollution, par une utilisation accrue d'intrants non naturels, ou chimiques. Enfin, l'expansion des villes aux abords des cours d'eau augmente la pollution de l'eau, causée par les rejets des ménages et des industries. Comme explication, les eaux des égouts dans les Pays en développement se déversent pratiquement toutes dans le réseau hydrographique, ou le milieu naturel, sans traitement. Une manifestation de ces contaminations d'origine anthropique est l'enrichissement des eaux en nutriments, d'où une occurrence de phénomènes de prolifération d'algues et d'eutrophisation associés à ce processus.

Aujourd'hui, dans le but de rectifier les tendances, plusieurs approches de gestion du service de l'eau sont applicables pour augmenter le taux, ou faciliter les conditions d'accès à l'eau potable. Il s'agit de : (i) la régie directe / les acteurs publics assument directement la gestion du service de l'eau, (ii) la gestion déléguée / le service est assuré par une entreprise spécialisée pour une durée donnée, soit par une concession - l'entreprise délégataire finance, réalise et exploite les équipements pour le compte de la collectivité -, ou par affermage - la collectivité est propriétaire des équipements en décidant de l'emplacement et en assurant le financement des investissements, tandis que l'entreprise délégataire (le fermier) exploite et entretient les équipements -, (iii) la régie intéressée / comme pour l'affermage, la collectivité est propriétaire des équipements, mais l'entreprise (le régisseur) est rémunérée par une prime de gestion ou une participation aux bénéfices, en fonction des résultats obtenus.

Vu la difficile maîtrise du service de l'eau dans les PVD, le choix éclairé d'un système technico-financier approprié de gestion, notamment apte à garantir durablement les objectifs, est primordial. En particulier dans les zones équipées, le bon état fonctionnel des infrastructures constitue un enjeu de continuité de la disponibilité de l'eau. En Afrique, la qualité déficiente des infrastructures contribue grandement à contrebalancer les efforts déployés, et partant à baisser le nombre de personnes ayant accès à l'eau potable. Le manque d'entretien et de maintenance découlant des limites des capacités technico-financières des parties prenantes, fait que le taux de panne et d'abandon des équipements est localement assez élevé. Au Burkina Faso, ce désagrément dépasse par endroit 50 %, selon un rapport 2010-2011 du PN-AEPA (Programme national d'approvisionnement en eau potable et d'assainissement). Comme réponse, une diversification des fonctionnalités du dispositif hydraulique ne pourrait-elle pas constituer une piste de recouvrement des coûts, et *in fine* de facilitation de l'entretien et de l'appropriation des ouvrages ?

Des écosystèmes et une biodiversité en régression

Le continent possède des ressources biologiques riches et variées, surtout localisées en Afrique australe et orientale, et dont les intérêts multiples ne sont plus à démontrer, en particulier pour les populations locales (tableau 14).

Bassins	Sites d'intérêts majeurs / Services touristique et biodiversité
Fleuve Zambèze / 1.340.291km²	- Chutes Victoria (plus grande cataracte du monde) ; - Parc de *South Luangwa* ; - Parc national de *Kafue* ; - Parc national *lower Zambezi* ; - Biodiversité : par exemple dans le parc de *South Luangwa* (9000 km^2), on y dénombre 60 espèces d'animaux différentes et plus de 400 espèces d'oiseaux, le seul animal absent est le rhinocéros (à cause du braconnage) ;
Orange-Senqu / 896 368km²	- Parc du Kgalagadi : 38 000 km^2 situés au cœur du désert du Kalahari ; compte une centaine d'espèces de plantes, 280 espèces d'oiseaux, de nombreux reptiles, de grands prédateurs comme les lions noirs du Kalahari, des guépards, des léopards et des hyènes, aussi le gnou (notamment le gnou bleu), l'oryx, le springbok ; - Déserts du Namib : plus vieux désert du monde ; - Fish River Canyon : deuxième plus grand canyon au monde ;
Okavango / 450 000 km²	- Delta de l'Okavango : une surface variant de 4000 à 10 000 km^2 selon la saison ; l'une des plus précieuses zones humides au monde, avec quelques 540 espèces d'oiseaux, 157 pour les reptiles et les amphibiens, 80 pour les poissons et 164 espèces de mammifères ; les principaux parcs étant la réserve de Moremi, les parcs de Chobe, Mamili, Mudumu et Caprivi ; le tourisme génère un revenu de 200 millions USD, soit 5 % du PIB ou encore 40 % de l'emploi dans le

	nord du Botswana ; - Biodiversité : depuis mars 2012, le delta de l'Okavango fait partie des plus grandes zones de protection animalière de la planète ;
Limpopo / 412 938km²	- Parc national du Limpopo (1 million ha) : abrite une grande variété d'espèces de faune sauvage, notamment des éléphants, rhinocéros, zèbres et mêmes des crocodiles ; - Parc National Kruger (20000 km^2) : cette réserve de la biosphère est composée d'un parc national et d'un espace protégé, renfermant des reptiles, poissons, lions, éléphants, hippopotames, des gnous bleus ou encore des antilopes, entre autres ; - Fusion des deux parcs pour donner naissance au 'Grand parc transfrontalier du Limpopo', s'étendant entre l'Afrique du Sud, le Mozambique et le Zimbabwe ;

Tableau 14 : Les principaux écosystèmes d'Afrique australe d'intérêt environnemental et touristique

Précisément, les zones humides et les espèces en flore et faune associées, sont d'importance mondiale pour le climat, l'agriculture, l'industrie, la production pharmaceutique, la construction, le tourisme, entre autres fonctionnalités. Selon des données publiées par le PNUE en 2008[50], les types d'espèces dénombrés dans tout le continent sont : (i) d'environ 1150 mammifères, (ii) de plus de 2000 oiseaux - un cinquième de la population aviaire mondiale -, (iii) d'au moins 2000 poissons et plus de 950 amphibiens, (iv) entre 40 000 et 60 000 pour la végétation, (v) d'environ 100 000 insectes, araignées et autres arachnides connues. Au plan biologique, les forêts du bassin du Congo - superficie d'environ 200 millions d'ha - forment le tiers du couvert forestier du continent, ou 19 % des forêts tropicales humides mondiales.

En revanche, un souci majeur est que huit des trente-quatre points chauds de la biodiversité planétaire sont localisés en Afrique. Le changement climatique et les pressions humaines, attestés par la fonte des glaciers, l'assèchement des lacs, la baisse des réserves hydriques et/ou la disparition de zones humides, ont un impact négatif sur la diversité de la faune et de la flore. Le continent perd plus de quatre millions d'hectares de forêt chaque année - deux fois que le taux mondial de déforestation -, selon les données publiées dans l'Atlas du PNUE de 2008. Le taux de déforestation est estimé à 0,44 % par an en Afrique Centrale, et même plus de 1,5 % dans certains pays de l'Afrique de l'Ouest. En comparaison, la moyenne mondiale est de 0,5 % depuis 15 ans, ce qui

[50] Programme des Nations Unies pour l'environnement (PNUE). 2008 - Afrique. Atlas d'un environnement en mutation, 393 p.

équivaut à une perte globale d'environ 80 000 km^2 de forêt en valeur absolue. Avec le rythme actuel, les forêts de la planète pourraient disparaître d'ici 200 ans.

Un fait inquiétant : les scénarios prévoient globalement que les extinctions d'espèce et les pertes d'habitat, vont se poursuivre à une vitesse élevée pendant tout ce siècle. Entre 1970 et 2006, la population sauvage de vertébrés a chuté en moyenne de 59 % dans les écosystèmes tropicaux, et de 41 % dans les écosystèmes d'eau douce (CDB, 2010)[51]. En plus des phénomènes naturels, le rôle joué par l'homme est localement déterminant. En effet, l'exploitation industrielle du bois, le braconnage, le pâturage illégal et les défrichages pour la création d'espaces de culture et d'habitation, constituent autant d'actions défavorables. Par rétroaction, la perte de biodiversité devient même aussi un facteur de déstabilisation de l'équilibre des écosystèmes, en facilitant leur vulnérabilité aux différentes formes de pression. Au final, il se produit un enchaînement du processus de fragilisation, ou 'effet cocktail'.

Même si aujourd'hui, plus de 12 % des surfaces terrestres sont concernées par des aires protégées, dans près de la moitié de ces écorégions, c'est moins de 10 % de la superficie qui bénéficie d'une protection effective, selon un rapport de la CDB de 2010. Pour information, il existe aujourd'hui dans le continent 1200 aires protégées, d'une superficie de 2,5 millions km^2. Et au final, ce sont les populations pauvres qui sont les plus pénalisées par la baisse des services écosystémiques provoquée par la perte de biodiversité. Tout simplement, la raison est que leur subsistance dépend directement de la disponibilité et de la productivité des ressources naturelles.

Émergence d'une gouvernance intégrée

Les multiples problématiques évoquées jusqu'ici plaident en faveur d'une gestion appropriée de l'eau pour éviter les conflits, sauvegarder les ressources, réduire les contraintes et les manquements, de même que prendre en compte les effets de large échelle et de long terme. Dès lors, une approche multithématique est nécessaire, et cela pour une intégration simultanée de la diversité des problématiques.

A propos des multiples problématiques en lien avec la gestion de l'eau, on observe que plusieurs groupes d'intérêts l'utilisent pour subvenir à leurs besoins propres. Par ailleurs, les réserves hydriques

---

[51] Convention sur la diversité biologique (CDB), 2010 - *Perspectives mondiales de la diversité biologique.* 3ème édition, Montréal, 94 p.

peuvent être menacées par une croissance démographique et une urbanisation non maîtrisées, à l'origine de pressions déséquilibrées ; le résultat ultime pouvant être une destruction irréversible des écosystèmes fonctionnels associés. Dans un tel contexte de sollicitation (aspect '*ressource*'), les plans d'action devraient être déclinés à la fois selon des préoccupations internationales, nationales, régionales, locales et/ou temporelles ; d'où une interconnexion complexe ne facilitant pas la conception et la mise en œuvre de mesures appropriées. De même, l'eau devient menaçante (aspect '*risque*') quand des pluies violentes ou irrégulières provoquent, à grande échelle, des inondations, crues, sécheresses prolongées et érosions. Enfin, la gestion non coordonnée des bassins (aspect '*gouvernance*') entraîne souvent une menace parfois directe sur la sécurité humaine, par un changement quantitatif et/ou qualitatif des fonctionnalités des composants du réseau hydrographique.

Vu ces paramètres multiples en rapport avec une gestion contextualisée des ressources en eau, les initiatives de résolution des problèmes par une démarche intégrée, ou par bassin versant, sont pertinentes et d'actualité. Le slogan 'raisonner globalement pour agir localement' trouve un sens, car les actions doivent prendre en considération des problématiques dépassant le site ponctuel d'intervention, et cela est particulièrement vrai pour les hydrosystèmes. Aujourd'hui, on observe que des structures de coopération interétatiques sont, de plus en plus, mises en place pour exploiter rationnellement les eaux des principaux cours d'eau transfrontaliers. D'autant plus que l'Afrique est le continent qui a le plus de fleuves partagés par trois pays ou plus. Pratiquement tous les Etats sont traversés au moins par un fleuve international. Le bassin du Congo est, par exemple, partagé par dix pays. En référence aux bassins hydrographiques cités plus haut, les différents organismes multilatéraux de gestion créés et les objectifs associés sont mentionnés sur le tableau 15, le but étant de connaître les domaines et limites de compétence.

Bassin hydrographique	Organisme	Objectifs
Fleuve Congo	Commission Internationale du Bassin Congo-Oubangui-Sanga (CICOS) / Cameroun, République Centrafricaine, République du Congo, République Démocratique du Congo	- Créée en 1999 pour promouvoir la navigation intérieure et la gestion intégrée des ressources en eau (cycle de l'eau et usages) ; - Objectifs spécifiques : en agissant comme une véritable Autorité de bassin, elle gère (i) les demandes de transfert d'eau, (ii) la pollution du Bassin, (iii) l'envahissement des plantes nuisibles, (iv) la disparition du couvert végétal et l'érosion hydrique ;
Fleuve Nil	l'Initiative du bassin du Nil ou Nile Basin Initiative (NBI) / Burundi, République Démocratique du Congo, Egypte, Ethiopie, Kenya, Rwanda, Soudan, Tanzanie, Ouganda	- Initiative lancée à Dar Es-Salam (Tanzanie) en 1999, l'objectif global étant de réaliser un développement socioéconomique durable par une utilisation rationnelle des ressources en eau du bassin et un partage équitable des bénéfices ; - Objectifs spécifiques : (i) développer durablement et équitablement les ressources du bassin, (ii) garantir une gestion efficace de l'eau, par une coopération bénéfiques aux états riverains, (iii) lutter contre la pauvreté et réaliser l'intégration économique de tous les partenaires, (v) garantir la mise en œuvre des programmes de planification ;
Fleuve Niger	Autorité du bassin du Niger (ABN) / Bénin, Burkina Faso, Cameroun, Côte d'Ivoire, République de Guinée, Mali, Niger, Nigeria, Tchad	- Créée en 1980 (en remplacement de la Commission du Fleuve Niger / 1964) pour favoriser la coopération entre les pays membres, et assurer un développement intégré du bassin par une exploitation des ressources énergétiques, hydrauliques, agricoles, sylvicoles, pastorales, piscicoles et de transport ; - Objectifs spécifiques : (i) concevoir et mettre en œuvre à l'échelle du bassin un cadre stratégique de développement intégré (ou Plan d'Action de Développement Durable / PADD), sur une base participative et consensuelle, (ii) renforcer le cadre juridique et institutionnel existant, pour favoriser le dialogue et la concertation, (iii) développer les ressources en eau de manière durable et équitable afin de promouvoir la prospérité, la sécurité et la paix entre les populations du bassin ;
Fleuve Sénégal	Organisation pour la mise en valeur du fleuve Sénégal (OMVS) / Mali, Mauritanie, Sénégal	- Créée en 1972 après une série de sécheresses, pour mieux régulariser les apports hydrologiques et promouvoir un développement économique régional intégré ; - Objectifs spécifiques : (i) réaliser l'autosuffisance alimentaire sécuriser les revenus des populations locales, (ii) préserver l'équlibre des écosystèmes dans le bassin, (iii) réduire la vulnérabilité face aux aléas climatiques, (iv) accélérer le développement économique ;

	Zambezi River Action Plan (ZACPLAN) / 'Protocole sur les cours d'eau partagés' de la SADC (Communauté de développement d'Afrique australe) / Afrique du Sud, Angola, Botswana, Lesotho, Madagascar, Malawi, Maurice, Mozambique, Namibie, République démocratique du Congo, Seychelles, Swaziland, Tanzanie, Zambie, Zimbabwe	- Protocole révisé en 2000 et servant d'accord-cadre, pour une planification et une gestion saine des ressources du bassin, par la mise en place d'un environnement institutionnel favorable; - Plusieurs projets ont été mis en œuvre, comme par exemple le 'Zambezi Action Plan Project 6' (ZACPRO6), qui vise à réaliser des plans et des stratégies communes appropriées à partir de collectes d'information sur la quantité et la qualité de l'eau disponible, le but multifonctionnel étant de faciliter le développement et la protection contre les inondations, les sécheresses, la pollution des ressources et la dégradation environnementale dans le bassin ;
Fleuve Zambèze	Zambezi Water course Commission (ZAMCOM) / Angola, Botswana, Malawi, Mozambique, Namibie, Tanzanie, Zambie, Zimbabwe	- Création de la ZAMCOM (Commission du bassin du Zambèze) en 2004, pour permettre une utilisation équitable et raisonnable des ressources en eau, et promouvoir le développement durable, sur la base du ZACPLAN ; - La ZAMCOM ne dispose pas encore de structures permanentes pour la mise en application de sa mission, par contre un compromis de création d'un secrétariat intérimaire a été trouvé pour le suivi des projets existants, notamment situé à Gaborone (Botswana) ; à l'heure actuelle la Zambie refuse de signer l'accord ;
	Zambezi River Authority (ZRA) / Zambie, Zimbabwe	- Mise en place en 1987 de la «Zambezi River Authority» (ZRA), pour une gestion conjointe du fleuve ; - Les actions actuelles se concentrant plus particulièrement sur la gestion du barrage Kariba (cf. tableau 12) ;

Fleuve Orange	Commission du fleuve Orange-Senqu (ORASECOM) / Afrique du sud, Botswana, Lesotho, Namibie	Créée en 2000, l'objectif global poursuivi est de promouvoir un développement équitable et durable des ressources du fleuve par une gestion intégrée des ressources hydriques, et cela par le biais d'un forum de consultation et de coordination entre les états ; - Les activités de la Commission pour soutenir la solidarité et renforcer la coopération socio-économique dans la sous région, consistent à : (i) développer une vision globale du bassin, (ii) étudier les utilisations actuelles et prévues futures du système de la rivière, (iii) déterminer les exigences en matière de surveillance de la circulation et la gestion des inondations ; - Objectifs spécifiques / Thématiques prioritaires identifiées par la Commission : (i) le renforcement institutionnel et organisationnel, (ii) le renforcement des capacités spécifiques sur la gestion des cours d'eau partagés, (iii) le développement d'un système de partage d'informations, (iv) l'amélioration de ses activités de communication et de sensibilisation, (v) la réalisation de projets transfrontaliers spécifiques et d'études, (vi) la promotion de stratégies et politiques de conservation des ressources et de l'environnement.
Fleuve Limpopo	Commission du Basin du Limpopo (LIMCOM) / Afrique du Sud, Botswana, Mozambique, Zimbabwe	- Créée en 2003 pour fournir des conseils techniques aux états sur des questions touchant au développement, à l'utilisation et à la conservation des ressources en eau du fleuve ; - Les objectifs spécifiques sont : (i) conseiller les parties et fournir des recommandations sur les usages des eaux, (ii) gérer les aspects liés à la collecte, l'analyse et à la dissémination efficientes des données et des informations sur le fleuve, (iii) développer des infrastructures hydriques et des investissements majeurs ciblant les infrastructures de grande envergure comme les barrages, (iv) promouvoir la coopération régionale et le renforcement des relations entre les pays, (v) agir comme un instrument pour faciliter le partage des bénéfices, (vi) institutionnaliser la coopération pour la Gestion Intégrée des Ressources en Eau, (vii) promouvoir la participation de toutes les parties prenantes au processus décisionnel ; - La LIMCOM dispose depuis janvier 2009 d'un secrétariat établi à Maputo (Mozambique), pour la mise en application des objectifs.
Lac Tchad	Commission du bassin du lac Tchad (CBLT) / Cameroun, Niger, Nigeria, Tchad, République centrafricaine	- Créée en 1964 pour préserver les ressources, restaurer le niveau du lac, lutter contre la désertification, lutter contre l'érosion et la dégénérescence de la végétation ; - Les objectifs spécifiques sont : (i) la préservation des ressources limitées en eau, (ii) la restauration du niveau du lac, (iii) la lutte contre la désertification par la fixation des dunes, (iv) la lutte contre l'érosion et la conduite de programmes de régénération végétale, (v) la collecte des données sur les ressources, pour une gestion efficace du bassin ;

Tableau 15 : Composition et missions des principaux organismes interétatiques de gestion des bassins transfrontaliers du continent africain

▸ Même si ces institutions multilatérales de gestion n'ont pas encore atteint un optimum de fonctionnement, néanmoins elles favorisent une diplomatie préventive par la concertation ; l'effet bénéfique étant de désamorcer en amont des tensions potentielles, ou de produire des actions « à somme positive ».

Maintenant, qu'en est-il exactement des situations tendancielles concernant l'usage des eaux mobilisées ?

III. Tendance des usages de l'eau & Procédés de mobilisation

La connaissance des usages des ressources mobilisées est un élément intéressant de clarification des liens thématiques existant entre l'eau et le processus de développement dans le continent. De la destination principale des eaux prélevées, va ressortir le rôle directement joué par ce paramètre essentiel dans les conditions de vie des populations et les activités menées. En particulier dans les zones de pénurie d'eau, quelles sont les actions d'adaptation préférées par le plus grand nombre, pour renforcer et sécuriser davantage les ressources productives ?

L'agriculture comme principale destination

Le volume des eaux utilisé pour la consommation domestique et industrielle reste marginal dans les Pays en développement. De nos jours en Afrique, l'agriculture apparaît, de loin, comme la principale destination des eaux mobilisées avec 85 %, suivi de l'activité domestique (10 %) et de l'industrie (5 %), la source étant de la Banque mondiale. Le continent fait partie des zones géographiques où la part des prélèvements à destination l'agriculture est la plus importante. Par exemple, en Afrique subsaharienne, des pays comme l'Ouganda, le Mozambique, le Malawi, la Zambie, la totalité des Etats de la zone soudano-sahélienne, entre autres, utilisent plus de 75 % des ressources prélevées pour satisfaire les besoins en eau des cultures et du bétail. En comparaison, cette proportion s'élève à environ 25 % en moyenne dans les pays de l'Union Européenne. Comme illustration, la figure 7 apporte une précision géographique sur la répartition par pays des tendances dominantes des usages de l'eau. A propos du procédé, l'irrigation par aspersion et par arrosage constitue la principale technique de maîtrise de l'eau, avec 81 %, les autres approches de contrôle de l'eau les plus significatives étant l'exploitation des marais, des bas-fonds et des eaux de décrue.

Mais paradoxalement, c'est dans le continent africain que l'irrigation est la moins développée, même s'il existe des initiatives de grande envergure comme celle de Gezireh au Soudan : le plus grand périmètre irrigué du continent avec 850 000 ha, alimenté par le Nil. Pour confirmer ce constat de faible généralisation, deux tiers des plus de six millions d'hectares de terres irriguées, sont réparties dans seulement trois pays : Madagascar, Afrique du Sud et Soudan, selon la BAfD.

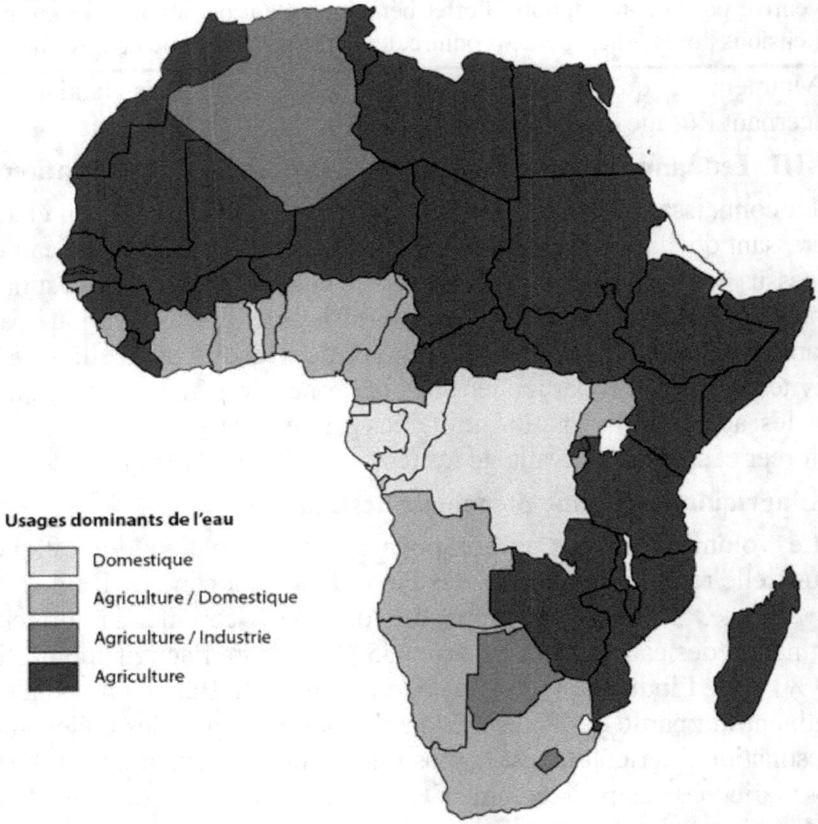

Figure 7 : Les usages dominants de l'eau en Afrique (carte *World Resources Institut* - WRI - redessinée par Dasylva S)

◗ Dans le but de faire face à la faible généralisation des surfaces irriguées, une augmentation de l'offre hydrique de proximité, par une mobilisation accrue des ressources constituées par les eaux pluviales, ne serait-elle pas une perspective plus viable sur le court et long terme ? Aujourd'hui, des eaux de drainage sont évacuées vers des sites ne permettant une valorisation de ce potentiel hydrique élevé en milieu urbanisé, une pratique considérée comme non durable dans les zones de pénurie d'eau chronique.

Comme éléments d'appréciation de la pertinence d'un procédé simple de maîtrise de l'eau agricole, les différentes pratiques vont être passées en revue, en ciblant surtout celles en œuvre dans les régions à déficit pluviométrique prononcé.

Procédés dominants de maîtrise de l'eau agricole en zone de pénurie

Au regard de la place de l'eau de pluie dans les conditions de vie des populations et des performances économiques dans le continent, il serait réducteur de l'associer uniquement à l'objectif 7 des OMD, relatif à la protection de l'environnement. Bien au contraire, elle contribue à l'atteinte de presque tous les autres objectifs de développement. Plus particulièrement, elle pourrait participer, de façon déterminante, dans la réduction de l'extrême pauvreté, si une disponibilité appropriée en eau agricole est assurée pour le plus grand nombre.

L'analyse sur la répartition des ressources en eau a révélé une répartition très inégale, faisant que les besoins hydriques des cultures ne sont pas convenablement assurés partout. Environ 45 % des terres agricoles se localisent dans des régions où l'agriculture pluviale est fragilisée par les sécheresses récurrentes[52]. En conséquence, près de 40 % de la population vit encore sous la menace de l'insécurité alimentaire selon Courade[53]. Dès lors, il devient indispensable et urgent de sécuriser davantage l'eau agricole dans les secteurs géographiques de pénurie, cela pour maintenir ou renforcer la productivité. Localement, l'ampleur des contraintes fait qu'un rythme élevé et soutenu de réalisations est nécessaire pour redresser, ou corriger les performances actuelles. Cette perspective est indispensable et bénéfique, car une performance accrue de l'agriculture dispose d'effets multiplicateurs considérables sur le reste de l'économie, et les conditions de vie des populations. Mais, on sait qu'une telle dynamique ne saurait se réaliser sans un approvisionnement en eau sûr au plan quantitatif. Les retours d'expérience indiquent qu'une progression de 1 % de la productivité agricole africaine fait reculer la pauvreté de 0,6 % de. Autrement dit, une hausse des rendements de 1 % permet à près de 6 millions de personnes d'obtenir un revenu supérieur à 1 USD par jour.

---

[52] Daniele Clavel, Albert Barro, Tesfay Belay, Rabah Lahmar et Florent Maraux, « Changements techniques et dynamique d'innovation agricole en Afrique sahélienne : le cas du Zaï mécanisé au Burkina Faso et de l'introduction d'une cactée en Éthiopie », *VertigO - la revue électronique en sciences de l'environnement* [En ligne], Volume 8 Numéro 3 | décembre 2008, mis en ligne le 20 décembre 2008

[53] Courade G. « La sécurité alimentaire en Afrique à l'aube du xxie siècle ». In : *Textes des communications du Colloque International « Eau-Santé - Ouaga 2000 ». Impact sanitaire et nutritionnel des hydro-aménagements en Afrique.* Ouagadougou(Burkina Faso), 21-24 novembre 2000 ; 2 (3) : 1-8.

En effet, les cultures ont besoin d'une eau en qualité et quantité suffisantes, pour assurer leur croissance et leur développement, mais avec une exigence variant selon les espèces et les conditions climatiques. A titre indicatif et d'après le CNRS-France (Centre national de la recherche scientifique), la quantité moyenne d'eau nécessaire pour la production d'un kilo de coton est de 5263 litres, soja (900 litres), blé (590 litres), pomme de terre (590 litres), riz inondé (5000 litres), riz pluvial (1600 litres), coton (5263 litres), maïs (454 litres) et banane (345 litres). Par contre, la production de viande nécessite entre six et vingt fois plus d'eau que les céréales, par exemple un kilo de bœuf nécessitant 15 500 litres d'eau.

Sur la possibilité réelle d'augmenter davantage les ressources disponibles, la faiblesse du taux de mobilisation actuelle des ressources en eau renouvelable, à peine 3 %, est un bon indicateur. Comme on l'a déjà souligné, il s'agit d'un signal assez démonstratif de l'immense marge de manœuvre existante pour augmenter l'offre hydrique. D'ailleurs dans ce projet, cette piste est considérée comme la perspective de base pour renforcer davantage l'activité agricole, et autres services socio-environnementaux assurés par les ressources et écosystèmes hydrauliques. Et des recommandations allant dans ce sens existent. Par exemple, l'une des préconisations de l'Appel de Ouagadougou (BAfD et al, 2007)[54] incite les gouvernants à promouvoir des stratégies nationales de développement de l'hydraulique agricole. Pour ce faire, on a justifié dans une étude que les bas-fonds (zones humides) font partie des sites adaptés pour s'affranchir de la variabilité pluviométrique. Ces milieux atypiques sont favorables à l'irrigation, et cela grâce aux eaux plus ou moins pérennes les occupant au-delà de la saison des pluies (Dasylva, 2001).

Au regard des systèmes de maîtrise de l'eau appliqués sur le terrain pour lutter contre le déficit pluviométrique, et aussi la désertification, deux approche sont souvent appliquées. L'*irrigation moderne* est en augmentation croissante, surtout pour satisfaire la demande alimentaire du continent encore déficitaire. Pour rappel, ce procédé fait partie des cibles du PIDA suggérées actuellement par l'Union Africaine (UA). Sur l'intérêt de ce mode d'intervention, il permet d'assurer une production stable, là où l'agriculture pluviale traditionnelle comporte de gros risques.

---

[54] BAfD, FAO, FIDA, IWMI, Banque mondiale (2007) – Appel de Ouagadougou sur l'expansion des aménagements hydro-agricoles en Afrique sub-saharienne, 26-28 mars 2007, Ouagadougou, Burkina Faso.

Autrement dit, l'irrigation contribue à augmenter les rendements par la pluri-culture, lorsque sans un apport d'eau, seule la monoculture serait possible. En revanche, la *mise en valeur traditionnelle* des eaux et des terres est la technique la plus répandue, surtout en milieu rural, d'où le focus ci-dessous.

• ***Focus sur les savoirs locaux de gestion des eaux et des sols*** *: il est important de souligner, dès le départ, que ces techniques d'aménagement sont surtout appliquées en milieu rural, donc, à priori, non adaptées aux zones urbaines. Ces procédés traditionnels sont réapparus dans les années 1970 et 1980 dans les zones exposées à une pénurie d'eau prononcée, ou menacées de désertification. L'urgence et l'ampleur des besoins impliquaient d'apporter des réponses d'adaptation aux sécheresses cycliques ayant provoqué de graves crises alimentaires et écologiques ; notamment des famines sévères, des pertes importantes de terres agricoles et de bétails, et une chute du niveau des nappes phréatiques.*

Au plan des résultats, et selon une étude de la FAO de 2007, elles ont permis de restaurer quelques 100 000 hectares de terres abandonnées et dégradées au Kenya, au Burkina Faso et au Niger. Aussi, elles ont entraîné une augmentation des rendements moyens de 300 à 400 kg/ha - en mauvaise saison des pluies -, et de 700 à 1000 kg/ha - en bonne saison des pluies -. Enfin, ce mode d'intervention a rendu possible une amélioration de la sécurité alimentaire, en transformant le déficit céréalier annuel de 644 kg par an par exploitation familiale, en un excédent de 153 kg. Le tableau 16 ci-dessous est un recensement des techniques les plus fréquemment utilisées, en précisant le procédé de réalisation, les résultats escomptés, les contraintes et/ou les coûts. Pour ce faire, plusieurs sources de données ont été utilisées, en particuliers celles de la FAO, mais aussi de l'Union européenne[55].

---

[55] UE-Burkina, CILSS, 2012 - *Bonnes pratiques agro-sylvo-pastorales d'amélioration durable de la fertilité des sols au Burkina Faso*, Ouagadougou, 194 p.

Dénomination	Descriptif technique	Objectifs, Contraintes et/ou Coûts
ZAÏ OU CULTURE EN POQUETS	Trous d'une trentaine de cm de profondeur, distants d'un mètre et remplis de fumure/compost pour stimuler l'infiltration des eaux de pluie ;	OBJECTIFS Ameublissement des sols et conservation locale de l'eau de ruissellement ; Récupération des terres indurées dégradées ; Restaurer le potentiel productif ; CONTRAINTES Entre 300 et 400 heures de travail manuel pour traiter 1 hectare de terre ; Risque d'échaudage en dessous de 300 mm/an ; Au-dessus de 850 mm/an, la saturation en eau favorise le ruissellement et l'érosion ; COÛT Environ 112 USD/ha ;
« BOULI »	Système composé : (i) d'un canal d'amenée, (ii) d'une digue généralement végétalisée, (iii) d'un cône renversé de stockage (d'un diamètre de 60m à la surface et 50m au fond, et d'une profondeur pouvant atteindre 3 à 6m) ;	OBJECTIFS Collecter les eaux de ruissellement (possibilité de stockage jusqu'à 30 000 m^3 d'eau) ; CONTRAINTES Ravinement de la digue si elle n'ellen'est pas protégée, donc la pente des talus ne doit pas excéder 25 % ; Pertes hydrauliques par infiltration, donc tapisser le fond du « bouli » d'une couche en argile pour résoudre les problèmes d'étanchéité ; COÛT Environ 150 000 USD / un « bouli » de 30 000 m^3 ;
DEMI-LUNES	Système composé : (i) de cuvettes en demi-cercle à intervalle d'environ 4m et remplies de fumure, (ii) d'un bourrelet de blocage des eaux de ruissellement façonné à partir de la terre déblayée ;	OBJECTIFS Augmenter l'infiltrabilité et l'humidité et la fertilité du sol ; Récupérer les terres encroûtées ; CONTRAINTES Risque d'inondation si plus de 600 mm/an ; COÛT Coût estimé à environ 112 USD/ha ;
CORDONS PIERREUX	Alignement semi perméable de pierres jointes, ou petits murets de pierre de 25 cm de haut, construits suivant les courbes de niveau, le plus souvent en zone de pente faible à	OBJECTIFS Ralentir le ruissellement par une augmentation de l'infiltration ; Favoriser la sédimentation des particules de sol et humifères ; Lutter contre l'érosion ;

	moyenne, et sur sols sablo-argileux ou gravillonnaires ;	Prévenir la dégradation des terres ou favoriser leur réhabilitation ; CONTRAINTES Ouvrage résistant, mais exige une bonne maîtrise des méthodes de détermination des courbes de niveau ; COÛT Coût estimé entre 195 à 374 USD€ / ha ;
BANQUETTES ANTI-EROSIVES	Grand fossé de 30 m d'intervalle, muni d'un bourrelet non franchissable ; NB : Construction selon le même principe que celui des cordons pierreux ;	OBJECTIFS Former un obstacle à l'écoulement pour collecter l'eau ; Limiter l'érosion ; Favoriser l'infiltration ; Prévenir la dégradation des terres (surfaces dénudées, endurcies ou encroûtées) ou leur réhabilitation ; CONTRAINTES Creuser une dizaine de mètres nécessite une journée entière de travail par personne ; COÛT Coût estimé à environ 210 USD / ha ;
DIGUES FILTRANTES	Système de micro-barrage perméable, en pierres libres ou en gabions qui freine l'eau des crues et l'épand sur les terres cultivables des cours d'eau à écoulement temporaire, composé : (i) d'un dispositif en pierres libres ou partiellement liées, (ii) et d'un aménagement en cascade pour évacuer l'excès d'eau et prévenir les inondations en amont ;	OBJECTIFS Ouvrages antiérosifs positionnés perpendiculairement aux axes de ravinement ; Freiner les ondes de crue et arrêter l'érosion par ravinement ; rétention et infiltration de l'eau ; Favoriser une sédimentation en amont des matériaux transportés ; CONTRAINTES Nécessite 120 hommes jour/ha et des moyens de transport appropriés (camions, charrettes, brouettes) pour la mobilisation des moellons ; COÛT Moins de 675 USD (ou 180 000 FCFA / ha) ;
PAILLAGE OU MULCHING	Couche de débris végétaux secs recouvrant les parcelles, d'une épaisseur d'environ 2 cm d'herbe sèche ;	OBJECTIFS Fertiliser les sols grâce à la décomposition des résidus végétaux ; Absorber l'eau ; Diminuer le ruissellement ; Renforcement des actions des termites dans les sols ; Augmenter le rendement des cultures de l'ordre de 210 kg/ha ;

		<u>CONTRAINTES</u> Nécessité de respecter une utilisation de 1,5 à 2 tonnes de paille par ha pour contrôler l'érosion éolienne ; Augmentation de la sensibilité des cultures au stress hydrique, si forte présence de matières organiques mal décomposées ; <u>COÛT</u> Coût nul si paillage avec des matériaux végétaux de récupération ;
BANDES ENHERBÉES	Bandes de végétation (herbes et d'arbustes) permanentes le long des courbes de niveau, et perpendiculaires au sens des écoulements ; Le nombre de lignes par bande varie de 1 à 4 ;	<u>OBJECTIFS</u> Réduire et ralentir le ruissellement ; Favoriser l'infiltration de l'eau et le dépôt de sédiments ; Lutter contre l'érosion ; Réhabiliter, conserver ou fixer les terres ; <u>CONTRAINTES</u> Compétition pour l'eau, la lumière et les éléments nutritifs, entre la bande et les cultures à proximité = Risque pour la croissance des cultures ; <u>COÛT</u> Environ 80 USD / ha ;
BILLONNAGE	Rangées de petites buttes - ou motte de terre - d'environ 15-20 centimètres de hauteur, façonnées avec des déchets organiques végétaux ou domestiques, et distantes de 0,8 à 1,5 mètres ; Deux types de billons sont recensés : isohypse, ou cloisonnés Aménagement perpendiculaire à la pente, ou à la direction des vents dominants ;	<u>OBJECTIFS</u> Améliorer les propriétés physiques, chimiques et biologiques du sol ; Briser l'énergie du ruissellement ; Augmenter l'infiltration de l'eau et les rendements ; Permettre les cultures sur les sols trop argileux ; <u>CONTRAINTES</u> Le billonnage manuel traditionnel exige un travail de 60h-homme par ha ; Diminution de la cohésion du sol ; Augmentation de la pente moyenne du terrain ; Concentration des eaux de ruissellement sur une ligne ; Risque de débordement et de creusement de ravines lors des fortes averses ; <u>COÛT</u> 45 USD / Homme / jour (Nord du Bénin) ;

Tableau 16 : Les techniques traditionnelles de gestion et de conservation de l'eau et des sols en milieu rural africain

Vu les services rendus par ces modes traditionnels de gestion et de conservation de l'eau et des sols, on partage cette position de la FAO contenue dans l'édition 2012 de son rapport sur « l'état de l'insécurité alimentaire dans le monde ». Elle attire l'attention sur l'intérêt qu'il y a à investir dans une croissance agricole centrée sur les petites exploitations. Une amélioration de la productivité par des solutions locales de protection, et de maximisation des ressources naturelles productives, favorise un recul de la faim, de la malnutrition et de la pauvreté.

D'ailleurs, vu l'importance du paramètre financier, qu'en est-il de ses répercussions sur le secteur de l'assainissement, une thématique souvent associée à celle de l'eau ? Des éléments de réponses vont être apportés en examinant les données et les pratiques sectorielles.

CHAPITRE 4

LE SECTEUR DE L'ASSAINISSEMENT LIQUIDE

Selon l'Unicef, l'assainissement est une combinaison d'actions visant une amélioration des conditions sanitaires dans les territoires, associant des activités de collecte, de traitement et d'évacuation des déchets liquides et solides. Ainsi, de la performance des mesures en application, dépend l'existence d'un cadre de vie sain et résilient aux risques hydriques, ce qui contribue à la préservation de l'intégrité physique du capital humain. Sur la base des orientations de ce projet, le sous-secteur de l'assainissement liquide - notamment la gestion des eaux usées et pluviales, et des excrétas - va principalement retenir l'attention. Déjà dans le deuxième chapitre, la mise en évidence de la prévalence des maladies hydriques a été un révélateur des impacts négatifs provoqués par le manque d'assainissement. Du coup, il est d'un intérêt justifié de savoir pourquoi les résultats sectoriels actuels sont en deçà des attentes. En effet, il s'agit de comprendre les situations à l'origine de ce constat unanime, à savoir « beaucoup de choses reste à faire », un leitmotiv banal quand il s'agit de faire un état des lieux en matière d'assainissement dans le continent.

Dans ce chapitre, les préoccupations sont d'évaluer les performances et les pratiques, le but poursuivi étant de mettre en lumière les causes et l'étendue des manquements. Concrètement, il va être précisé le taux d'accès selon les espaces géographiques, les procédés dominant dans les réalisations institutionnelles et chez la population, de même que les questions sectorielles d'actualité, ou d'intérêt majeur. Au final, un focus est effectué sur le sous-secteur de l'assainissement pluvial, un levier sur lequel mise ce projet pour promouvoir un développement social et économique vertueux.

I - De la réalité de l'accès à l'assainissement

Le programme commun OMS/Unicef de suivi des réalisations des OMD, définit l'accès à l'assainissement par l'utilisation d'installations sanitaires « améliorées » individuelles, ou collectives. Pour apprécier les tendances actuelles, les données publiées dans un rapport à destination du

Conseil des Ministres Africains de l'Eau (CMAE, ou ACMOW en anglais), inspirent les réflexions ci-dessous (Unicef, OMS, 2008)[56].

Données globales

Dans le monde d'après les Nations Unies, c'est quelque 2,6 milliards de personnes qui sont toujours privées d'un accès à un *assainissement amélioré*, et 1,2 milliard de personnes pratiquent la *défécation en plein air*. En Afrique sub-saharienne, 69 % de la population ne dispose pas d'infrastructures adéquates. Même si des doutes sont émis quant à la représentativité des statiques dans certains pays, ces chiffres sont des marqueurs reflétant assez globalement la réalité du manque d'assainissement.

Le Programme commun de suivi des OMD a classifié l'accès en quatre niveaux. Le '*niveau 1*' signifie une absence totale d'équipement, et c'est le cas lorsque les populations ont recours à la nature (défécation à l'air libre) pour satisfaire leurs besoins. Dans un tel contexte, les impacts sur l'environnement et la santé sont au maximum. Le '*niveau 2*' implique l'existence d'équipements de conception traditionnelle, considérés comme 'non améliorés' car ne permettant pas d'éviter que les usagers et le milieu immédiat ne soient pas en contact avec les excrétas. Les latrines traditionnelles constituent un exemple. Le '*niveau 3*' correspond à l'utilisation d'infrastructures de base, assurant des conditions d'hygiène acceptables pour satisfaire des normes minimales. A ce stade, le dispositif est composé de toilettes et latrines améliorées partagées par plusieurs familles, notamment : (i) de toilettes et latrines à chasse d'eau raccordées à un réseau d'égout, à une fosse septique ou à des latrines à fosse, (ii) de latrines améliorées avec fosse ventilée, (ii) de latrines à fosse avec dalle, (iv) de latrines à compostage. Le 'niveau 4' est défini par l'usage d'équipements individuels modernes. Il représente les conditions idéales pour assurer une protection maximum contre tout contact direct entre les excrétas, l'homme et le milieu immédiat. Pour précision, le passage à un niveau supérieur signifie une augmentation des coûts d'accès, mais au profit d'une diminution du niveau de risque.

En Afrique en 2006, six ans après le lancement des OMD, la situation sectorielle montre une évolution contrastée, marquée par un rythme de progression faible et relativement inégal selon les pratiques (tableau 17). Toutefois sur la vitesse de progression, il est utile de préciser que le

---

[56] UNICEF, OMS, 2008 – « Un Aperçu de la Situation de l'Assainissement en Afrique, ACMOW », 13p.
URL : http://www.unicef.org/wcaro/wcaro_SnapshotSanitationAfrica_fr.pdf

continent accusait d'un important déficit en équipements en 1990, d'où la nécessité de réaliser des taux soutenus pour rattraper l'énorme retard.

Région	Pop. Total (en millions)	% SMI* (niveau 4)	% SMP** (niveau 3)	% STNA*** (niveau 2)	% DAL**** (niveau 1)
Total Afrique	637,5 / 943,3	+3 (38%)	+3 (15 %)	+1 (23 %)	-9 (24 %)
Af. centrale	73,6 / 115,7	+13 (34%)	+7 (12 %)	-9 (36 %)	-11 (18 %)
Af. orientale	197,2 / 300,1	+4 (29%)	+3 (16 %)	+4 (22 %)	-11 (33 %)
Af. du nord	143,9 / 192,7	+11 (68 %)	+2 (7 %)	-4 (14 %)	-9 (11%)
Af. australe	41,8 / 55,3	+5 (57 %)	+1 (21%)	-3 (9 %)	-3 (13 %)
Af. occidentale	180,7 / 279,3	+4 (25 %)	+4 (20 %)	-1 (26 %)	-7 (29 %)
Afrique subsaharienne	519,3 / 788,1	+5 (31%)	+4 (18 %)	-1 (23 %)	-8 (28 %)

* Système moderne individuel / ** Système moderne partagé / *** Système traditionnel non partagé / **** Défécation à l'air libre

Tableau 17 : Estimation de l'évolution de la couverture de la population par catégorie de dispositif d'assainissement entre 1990 et 2006, et taux à mi-parcours des OMD (2006) (source des données brutes : Unicef, OMS, 2008)

Dans le cas spécifique de l'Afrique subsaharienne, ces résultats sur la répartition du mode d'assainissement sont assez révélateurs, les données étant de l'Unicef et de l'Oms. Sur un effectif de population d'environ 788 millions de personnes en 2006 : 220 millions (28 %) pratiquent la défécation à l'air libre (niveau 1) ; 212 millions (23 %) utilisent une installation non améliorée (niveau 2) ; 142 millions (18 %) partagent un type adéquat d'installation sanitaire (niveau 3) ; et seulement 360 millions (31%) disposent d'un moyen d'assainissement amélioré (niveau 4). De cette répartition, il ressort que plus de la moitié de la population (51 %) est concernée par des pratiques d'assainissement de niveau 1 et 2, c'est-à-dire portant atteinte à l'environnement, ou ne garantissant pas des conditions d'hygiène optimum aux populations. Du côté de l'offre en équipement, le manque de latrines améliorées s'expliquerait par une aptitude technique limitée des acteurs locaux, ou par une indisponibilité des matériaux de construction sur les marchés. S'agissant de la demande, l'usage en nombre insuffisant d'un dispositif adéquat, pourrait être corrélé à la faible capacité financière des populations. On sait que les revenus des ménages sont insuffisants, surtout en milieu rural et en zone périurbaine, alors que le coût des latrines est relativement élevé.

Entre 1990 et 2006, la proportion de personnes n'utilisant pas du tout un ouvrage d'assainissement, ou ayant recours à la nature pour la satisfaction de ses besoins, n'a baissé que de 8 points en Afrique subsaharienne. Elle est passée de 36 % à 28 %. D'autant plus qu'en valeur absolue, cette évolution cache une autre réalité, à savoir une augmentation d'environ 34 millions, du nombre de personnes recourant à cette pratique. Au plan régional, l'Afrique orientale se distingue comme étant la partie du continent où les populations pratiquent le plus la défécation à l'air libre, avec un taux toutefois en baisse de 44 à 33 %, mais restant toujours assez élevé. A propos des installations sanitaires améliorées - preuve de satisfaction des normes minimales d'hygiène -, le taux est passé de 26 % en 1990, à 31 % en 2006. En valeur absolue, cette évolution correspond à une hausse de près de 109 millions de personnes. Globalement, on observe qu'une baisse relativement faible des systèmes d'assainissement inefficaces au profit de ceux garantissant une meilleure protection contre les excrétas.

Pourtant, plusieurs initiatives internationales ont été lancées pour accélérer le processus. C'est le cas avec les OMD qui ont accordé une attention particulière au secteur de l'assainissement, à travers la cible C de l'objectif 7. Pour rappel, elle vise une réduction, de moitié, du pourcentage de population n'ayant pas un accès durable à des services d'assainissement de base. A cet effet, un groupe de travail a été mis en place en 2007 par les Nations Unies, le but étant d'améliorer l'efficacité des efforts entrepris partout dans le monde. Aussi, l'année 2008 a été déclarée 'Année internationale de l'assainissement', pour une sensibilisation de l'opinion internationale sur les efforts à faire pour inverser les tendances sectorielles actuelles très alarmantes. Mais, force est de constater que les résultats escomptés ne sont toujours pas atteints.

Au rythme actuel de progression, les acteurs reconnaissent que l'OMD sectoriel fixé pour 2015 ne serait atteint qu'en 2080, selon les indications contenues dans un rapport du Programme commun de suivi des OMD, publié en 2006. Sur la base des tendances de 1990-2004, l'Afrique va manquer l'ODM pour l'assainissement d'environ 400 millions de personnes. Seulement neuf pays sont en bonne voie d'atteindre les objectifs. Par exemple au Sénégal, pourtant un pays ayant enregistré des résultats probants dans le secteur de l'eau, le taux d'accès est estimé à 35,6 % en 2012, contre une cible de 63 % pour 2015, selon le Programme d'eau potable et de l'assainissement (Pepam). D'après l'OMS, parmi les éléments explicatifs de la faible progression en construction d'équipements, on peut citer le fait qu'une bonne partie des ressources financières mobilisées (40 % environ) est destinée à des activités d'exploitation, de maintenance et de remplacement des installations déjà existantes. En conséquence, les perspectives d'investissement pour étendre le réseau sont considérablement réduites par ces dépenses de fonctionnement.

◗ Au plan infrastructurel, à défaut de résultat à la hauteur des attentes et pour éviter les conséquences très dommageables, les campagnes d'IEC (Information, Éducation et Communication) peuvent être considérées comme une alternative appropriée. Le fait de promouvoir une adaptation des comportements et un changement des pratiques, par des activités de sensibilisation, constitue un levier d'action à la portée des acteurs nationaux et locaux africains. Les bénéfices pour l'hygiène et l'assainissement dans les zones à risque élevé, justifient de recourir d'urgence à ce procédé de mise en œuvre, techniquement plus facile et de moindre coût. On sait que l'influence de la tradition et des croyances favorisent la persistance et la banalisation de modes d'assainissement à risque et du manque d'hygiène, de même que dans la transmission à grande échelle de certaines maladies. En guise d'illustration, la prévalence des maladies diarrhéiques évoquée dans le chapitre précédent, est un révélateur de la réalité des nuisances de masse causées par des comportements non respectueux de bonnes pratiques, devenus des habitudes très difficiles à faire évoluer. Selon l'OMS, des actions d'éducation à l'hygiène, comme l'application du lavage des mains, pourrait réduire de 45 % le nombre des cas de maladies diarrhéiques.

Un clivage zones rurales / zones urbaines

Sur le tableau 18 ci-dessous, il est mentionné les données sur l'accès à l'assainissement en zones rurales et en milieu urbain. Sur la forme, on a voulu attiré l'attention (en gris) sur deux procédés représentatifs de l'existence, ou non, de bonnes pratiques, respectivement les Système modernes individuels (SMI) et la Défécation à l'air libre (DAL).

Région	**Pop. Total**	**% SMI** (niv. 4)		**% SMP** (niv. 3)		**% STNA** (niv. 2)		% DAL (niv. 1)	
	(millions)	URB	**RUR**	URB	**RUR**	URB	**RUR**	URB	**RUR**
Afrique	943,3	53	29	23	10	18	25	6	36
Af. subsaharienne	788,1	42	24	31	11	19	26	8	39
Af. centrale	115,7	50	24	-	-	-	-	2	27
Af. orientale	300,1	27	37	36	10	19	23	8	40
Af. du nord	192,7	84	51	6	7	7	23	3	19
Af. australe	55,3	66	46	25	17	6	11	3	26
Af. de l'ouest	279,3	35	18	31	12	24	26	10	44

Tableau 18 : Estimation de l'accès à l'assainissement par type d'installation en 2006 en Afrique / 'Zones urbaines v/s Zones rurales' (Source : Unicef, 2008)

Sur la base des données ci-dessus, on remarque une situation assez contrastée entre les villes et les zones rurales ; les poids démographiques étant respectivement de 41 % contre 59 % en 2007. En *milieu urbain*, l'usage de dispositifs modernes de 'niveau 4' a fini par devenir le procédé dominant, avec un taux de recours par les citadins de 53 %. Pour le reste de la population des villes : 23 % utilise des systèmes partagés, 18 % des ouvrages traditionnels, et 6 % pratique la défécation à l'air libre. Néanmoins, un dysfonctionnement de taille est que les égout et stations de traitement sont très peu répandus. De plus, les rares installations existantes sont confrontées à des problèmes d'entretien, d'exploitation et de recouvrement des coûts, faute d'une capacité adéquate des acteurs. En ville, il n'est pas rare de constater des eaux usées domestiques s'écouler dans la rue, pour ensuite s'infiltrer vers les nappes phréatiques et/ou être reprises par les eaux de ruissellement.

L'enseignement est que même l'existence d'ouvrages modernes - en quantité insuffisante et non reliés à un réseau de transfert et de traitement - ne règle pas la question d'un accès sûr à l'assainissement. Ainsi dans les centres urbains, notamment les quartiers périphériques, toutes les conditions d'assainissement garantissant une protection effective des personnes et de l'environnement, ne semblent pas encore réunies. Ces préoccupations sont d'autant plus fondées, qu'ici, la population sans accès à l'assainissement a augmenté de 73 millions de personnes depuis 1990, d'après l'OMS. Surtout, près de 23 millions de personnes y pratiquent toujours la défécation à l'air libre. Par ailleurs, on observe une inégalité croissante entre 'quartiers résidentiels' et 'quartiers informels'.

En *milieu rura*l par contre, la prégnance du manque d'assainissement fait qu'il s'agit de la zone-cible des investissements des bailleurs internationaux à l'heure actuelle. La défécation à l'air libre y étant le procédé dominant, et même se situe en deuxième position à l'échelle du continent, avec 36 %. Si on fait un cumul avec les usages de latrines traditionnelles, c'est environ 65 % des personnes qui ont recours à des pratiques impactantes sur l'hygiène individuelle et l'environnement. Il ne faut pas perdre de vue que malgré l'éloignement des lieux d'usage, les processus naturels de transport favorisent une confluence des éléments polluants vers les cours d'eau et les zones d'habitation. Et logiquement, la contamination des ressources naturelles vitales et structurantes de l'activité socioéconomique est source d'une santé déficiente de masse chez les ruraux. Du coup, la décision d'accélérer les réalisations dans ces zones particulières, pour rendre les populations et les territoires plus résilients, est justifiée.

S'agissant du rythme d'avancement, les estimations indiquent que les projets et programmes en application ne réalisent chaque année que 10 % des équipements qui seraient nécessaires pour atteindre l'OMD sectoriel. Pourtant, l'OMS soutient que la mise en place d'un service d'assainissement de base pourrait faire reculer la schistosomiase de 77 % ; une maladie provoquant des dizaines de milliers de décès chaque année, principalement en Afrique subsaharienne. Ainsi dans ce projet, on mise sur une gestion rationnelle des eaux de pluie, pour limiter la prévalence des maladies liées à l'eau d'origine vectorielle (Dasylva, 2011), et cela en s'attaquant à leur biotope.

Les disparités entre pays

Dans plus de 70 % des pays africains, le taux de couverture en équipement approprié est inférieur ou égal 50 % (figure 8). Au plan régional, l'Afrique du Nord détient la couverture la plus élevée, et l'Afrique occidentale la plus faible. Au plan des performances par pays, le Niger a enregistré le plus bas taux en service d'assainissement amélioré en 2010, avec moins de 10 % ; et la Libye le plus élevé avec près de 100 %.

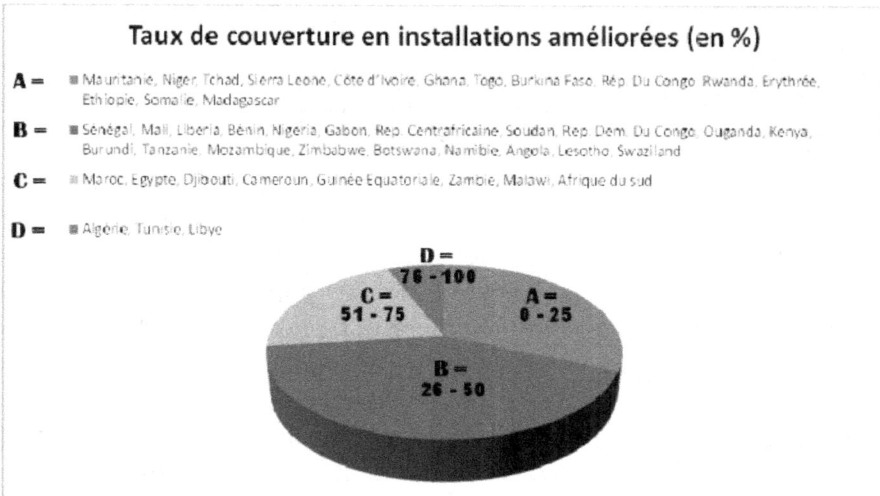

Figure 8 : Répartition par pays du taux de couverture en installations sanitaires améliorées en 2006 en Afrique (source : données brutes UNICEF)

Plus particulièrement, les performances exceptionnelles de l'Afrique du nord se sont traduites par une progression de 12 points de pourcentage entre 1990 et 2004, pour atteindre en moyenne 75 % actuellement[57]. A ce rythme - rendu possible par un meilleur niveau de développement - cette région serait globalement en passe d'atteindre la cible fixée pour 2015 de 83 %. Néanmoins, la situation de l'Afrique du sud (première puissance économique du continent) et de la Côte d'Ivoire (un pays majeur en Afrique de l'ouest) semble paradoxale. Selon l'OMS et l'UNICEF (*in* CEA/UNECA, et al 2012)[58], en Afrique du sud, le taux moyen d'utilisation d'installations sanitaires améliorées en 2010 était de 79 %, et seulement 67 % en milieu rural. Cette sous-performance, en contradiction avec les performances économiques de ce pays, pourrait s'expliquer par la politique de l'apartheid jadis appliquée. En Côte d'Ivoire, à cause d'un long conflit sociopolitique qui a connu son épilogue en 2011, le taux moyen global était de 24 %, et celui du monde rural de 11 %. Ici, c'est plus de 8 millions de personnes - 43 % de la population - qui manquent d'infrastructures sanitaires de base.

Sur les tendances d'évolution dans le continent, on observe que : (i) des pays comme Djibouti, le Nigéria, le Soudan et le Zimbabwe ont accusé un recul, (ii) l'Éthiopie enregistre des progrès rapides en matière de réduction de la défécation dans la nature, la hausse annuelle étant de 2 %, voire plus, (iii) de nombreux pays investissent au maximum 1 USD par personne et par année, (iv) les pays dépensant entre 2 et 6 USD sont le Burkina Faso, Madagascar, le Rwanda et le Sénégal, (BAfD, OCDE, et al, 2011 / Perspectives économiques en Afrique).

En analysant les données sectorielles, on a retenu principalement deux enseignements. Le premier est d'ordre social, et porte sur l'écart très net entre les pauvres et les riches. Une comparaison portant sur les 20 % des plus riches et des plus pauvres de la population de l'Afrique subsaharienne, révèle que les premiers ont presque cinq fois plus de chance d'utiliser des installations d'assainissement de qualité satisfaisante. Cette statistique est tirée du rapport 2010 du Programme conjoint OMS/Unicef de suivi de l'approvisionnement en eau et de l'assainissement / JMP. Vu autrement, l'usage de latrines traditionnelles et la défécation dans la nature, constituent les modes d'accès les plus courants des personnes démunies ; tandis que l'usage de latrines

---

57 OCDE, 2007 – « L'accès à l'eau potable et à l'assainissement en Afrique », *Repères* n° 41, 2 p. URL : http://www.oecd.org/fr/dev/38583471.pdf

58 CEA/UNECA, UA, BAfD, PNUD, 2012 – *Rapport OMD 2012. Évaluation des progrès accomplis en Afrique dans la réalisation des objectifs du Millénaire pour le développement. Perspectives émergentes en Afrique relativement à l'agenda de développement post-2015.* 214 p.

améliorées, ou de toilettes à chasse d'eau, est surtout réservé aux plus nantis. Le second enseignement, d'ordre institutionnel, concerne les raisons avancées pour expliquer les performances variables par pays. Et une étude de la BAfD (Stampini *et al*, 2009)[59] sur l'Ouganda, la Côte d'Ivoire, le Sénégal et la Zambie, donne des éléments d'explication sur l'origine des avancées significatives de réduction du manque d'assainissement. Parmi les réformes judicieuses adoptées par ces Etats, il est retenu : (i) l'amélioration des cadres réglementaires et de gouvernance, (ii) l'adoption de mécanismes favorisant une participation active des parties prenantes, (iii) la mise en œuvre d'une structure réglementant le financement, (iv) l'établissement de systèmes transparents de reddition des comptes. Pour la BAfD, il s'agit là d'autant d'éléments favorables à l'efficacité des interventions, et à prendre en compte lors de la planification, de la mise en œuvre et de l'évaluation des projets.

2 - Des techniques - ou *process* - d'assainissement en application

Dans un contexte d'expansion démographique dans les centres urbains, rapide, déséquilibrée et non maîtrisée, mais aussi de capacité d'intervention limitée des parties prenantes, quels sont les procédés dominants d'assainissement ? Selon les acteurs et les sites d'intervention, on considère que le choix approprié d'équipements de gestion des eaux pluviales, des excrétas et des eaux usées domestiques, représente un gage certain de maîtrise des risques et de participation élargie. A cet effet, quels sont les principaux systèmes actuels de récupération, de transfert, de traitement et/ou de réutilisation des eaux nuisibles ? Autrement dit, quelles sont les réponses appliquées ou applicables pour faire face à la demande exponentielle en équipements de base, à la structuration particulière des territoires et aux limites des aptitudes technico-financières des parties prenantes ? Les réponses obtenues sur les tendances dominantes représentent des informations sur les problématiques actuelles du secteur, mais aussi sur les impacts potentiels sur l'homme et le milieu environnent.

[59] Marco Stampini, Adeleke Salami et Caroline Sullivan, 2009 – « Aide au développement et accès à l'eau et l'assainissement en Afrique subsaharienne », *BAfD, Département de la recherche sur le développement*, 6 p.
URL :http://www.afdb.org/fileadmin/uploads/afdb/Documents/Publications/research%20developement%20breifs%20_french-n9%20final%20A%20_.pdf

Approche systémique

Globalement, on distingue principalement trois systèmes d'assainissement selon les milieux et les acteurs d'intervention : l'approche autonome, collective et semi-collective.

L'assainissement non collectif / ANC (ou autonome)

Il s'agit de systèmes installés dans les habitations, et sans raccordement au réseau public (égouts) ; sa fonctionnalité pouvant être la collecte, le prétraitement, l'épuration, l'infiltration et/ou l'évacuation des eaux usées domestiques - eaux vannes (eaux des toilettes) et des eaux grises (lavabos, cuisine, lave-linge, douche...) -. L'ANC englobe aussi l'assainissement individuel, qui est la gestion domiciliaire des eaux usées domestiques, des excrétas et des boues de vidanges par les usagers. Le dispositif technique généralement utilisé se compose de fosses septiques, de latrines et de puisards. Selon les retours d'expérience, ce procédé est plus adapté dans les territoires étendus, ou à habitations dispersées.

A propos de l'évacuation des déchets s'accumulant dans les fosses, elle est effectuée par des camions, même si assez souvent, la vidange manuelle est le mode d'enlèvement pour de très nombreux ménages, surtout pour des raisons financières et par mimétisme. Toutefois dans certains quartiers populaires, c'est la structuration irrégulière des constructions qui rend incontournable le recours à une telle pratique, car rendant inaccessible certains sites.

L'assainissement collectif

Le principe de ce système repose sur l'organisation unifiée de la collecte et du transfert, depuis la source (les logements) jusqu'à une station d'épuration (pour les eaux usées), un bassin de stockage ou un exutoire naturel (pour les eaux pluviales). Contrairement à l'ANC, la prise en charge est généralement assurée par un réseau d'égouts conventionnel, formé d'axes linéaires. Le cas échéant les flux sont d'abord dirigés vers un bassin tampon, avant qu'ils ne soient refoulés mécaniquement vers un site de traitement. Globalement, il existe deux types de dispositif : le système unitaire, ou séparatif. Le premier est généralement édifié dans les centres villes, recevant en mélange les eaux usées et les eaux pluviales. Le second, historiquement plus récent, se compose d'émissaires prenant en charge séparément les eaux usées et les eaux pluviales.

Pour information, ce procédé convient mieux dans un contexte de production élevée de déchets liquides et de capacité de paiement avérée des usagers, de même qu'en zone chargée d'habitations et à consommation importante d'eau.

L'assainissement semi-collectif

Il s'agit de l'association de la gestion collective et individuelle. Précisément, l'usager assure la collecte dans le domaine privatif, le transfert et le prétraitement étant à la charge de la collectivité.

Approche filière

Cette approche divise le secteur de l'assainissement en trois maillons interdépendants. Le maillon aval regroupe les équipements de collecte des excrétas et des eaux usées domestiques, produits par les habitants et les activités au domicile. Le maillon intermédiaire prend en charge l'évacuation hors des quartiers, par un réseau d'égouts ou des camions vidangeurs. Le maillon final s'occupe du traitement des rejets, avec éventuellement un objectif de réutilisation. Sur la base des résultats obtenus actuellement, les efforts d'amélioration devraient être centrés sur l'évacuation et le traitement des eaux usées. On a vu dans le chapitre sur la santé, que le manque d'assainissement a un impact très négatif sur l'environnement, et *in fine* très dommageable pour l'homme.

Pratiques dominantes

Sur le terrain, l'ANC se classe comme la solution technique la plus répandue, y compris dans les grandes villes. Environ 65 % de la population en Afrique du Nord et 95 % en Afrique sub-saharienne y ont recours. Pour précision, ces données proviennent du rapport 2011 de la BAfD, abordant les 'Perspectives économiques en Afrique'. D'après les estimations de PSEAU (2011)[60], il représente actuellement presque 100 % de l'accès à l'assainissement en milieu rural, et 80 % en milieu urbain. Pour les autorités publiques et les usagers, c'est souvent le moyen d'intervention le plus abordable en termes de coût financier, de faisabilité technique et d'entretien (tableau 19). Par contre socialement, l'inconvénient est que sa mise en œuvre repose plus sur les ménages.

---

[60] Programme Solidarité-Eau (pS-Eau), 2011 - *Financer la filière assainissement en Afrique subsaharienne*, PSEAU, 84 p.

Dénomination	Descriptif technique	Avantages Inconvénients Coût
Latrine traditionnelle / ou à simple fosse	Toilette munie d'une simple dalle, possédant un trou de défécation relié à une fosse d'au moins de 2 mètres de profondeur ;	Avantages Peu cher ; Construction & Entretien facile ; Inconvénients Nuisances dues à des insectes et à une mauvaise odeur ; Coût 60 à 112 USD ;
Latrine améliorée à fosse ventilée / ou latrine VIP	Latrine traditionnelle équipé d'un tube de ventilation vertical, pour diminuer les nuisances (odeurs et mouches), et d'un grillage anti mouche installé au sommet de l'évent ;	Avantages Entretien facile ; Odeurs & Insectes supprimés ; Inconvénients Exigence d'une bonne orientation par rapport au vent ; Exigence en matériaux et en technique de construction ; Coût élevé ; Coût 300 à 600 USD ;
Toilette à chasse manuelle / ou à faible consommation d'eau	Toilette constituée d'une cuvette et d'un siphon partiellement rempli d'eau - pour éviter les nuisances liées aux mouches, moustiques et odeurs - reliée le cas échéant à une fosse septique ou à un tout-à-l'égout ;	Avantages Odeurs & Insectes supprimés ; Inconvénients Bouchage facile du siphon ; Exigence d'une quantité minimale d'eau ; Dispersions des pathogènes dans un volume plus grand ; Coût élevé ; Coût 150 à 525 USD ;
Latrine ECOSAN / ou toilette sèche à déviation d'urine	Toilette constituée de deux compartiments de stockage, pour séparer les urines et les excréments ; Déviation des urines par une canalisation ;	Avantages Possibilité de valorisation des urines et des excrétas ; Meilleure hygiène ; Préservation de l'environnement ; Inconvénients Coût élevé ; Entretien plus exigeant ; Nécessité d'utiliser des cendres, de la terre sèche ou de la sciure après chaque défécation, pour lutter contre les odeurs Coût 300 à 600 USD ;

Tableau 19 : Les principaux dispositifs techniques de l'assainissement non collectif, ou autonome (source : Texier, 2009)[61]

La fréquence dominante de l'ANC découle, d'une part du fait que les réalisations-cibles des objectifs du millénaire se sont focalisées sur les

[61] Texier P., 2009 – « Étude des conditions de diffusion d'ouvrages d'assainissement autonome en milieu rural sahélien ». *Fondation pour l'Agriculture et la Ruralité dans le Monde & Eau Vive*, 18 p.

latrines améliorées et les fosses septiques, et d'autre part, de la rapide expansion des latrines traditionnelles en ville et en milieu rural. En effet, les ODM ont misé sur deux problématiques d'assainissement à impact direct sur la santé publique, à savoir l'évacuation des excrétas et la gestion des eaux usées domestiques. Aujourd'hui, le développement généralisé de ce procédé est un fait avéré dans de nombreux Pays en développement. L'ANC est devenu l'équipement quasi-exclusif des ménages et des lieux publics à vocation marchande, sociale, communautaire ou religieuse.

Logiquement, cette omniprésence reflète une insuffisance des ouvrages modernes. Dans la plupart des cas, la connexion à un réseau d'égouts est un luxe réservé à une minorité de ménages aisés vivant en centre-ville. Pour preuve, 78 % des villes africaines ne disposent d'aucun service formel d'évacuation et de traitement des eaux usées (Dovonou, 2005)[62]. Avec ces manquements, on mesure mieux la priorité accordée au règlement de cette très sensible question des rejets liquides dans le milieu environnant direct, ou à l'absence d'un maillon final de traitement. La plupart des villes manque d'équipements prenant en charge ces problématiques. Lorsque c'est le cas, et c'est rare, le fonctionnement du dispositif est souvent déficient. Vu l'étendue des pratiques, le dépotage sauvage en périphérie des agglomérations est devenu un fait environnemental majeur.

3 - Quelques problématiques d'actualité

Les statistiques passées en revue ont largement démontré l'ampleur du manque d'assainissement. Comparé aux autres secteurs, cette thématique ne bénéficie pas encore de réalisations à la hauteur des besoins, et cela malgré les multiples contraintes au développement causées. Face à une diversité de priorités concurrentielles, cette question est reléguée au second plan dans la liste des investissements d'urgence des ménages et des gouvernements locaux. Dans une perspective d'amélioration continue, quelles sont les catégories de problématique, notamment les défis à relever et/ou les dysfonctionnements à corriger pour faire progresser davantage les résultats sectoriels ?

---

[62] Dovonou E. F., 2005 – « Contribution à l'élaboration de la politique d'assainissement des eaux usées domestiques par la SONEB au bénin : cas de la ville de Cotonou ». DESS, *Université d'Abomey-calavi* (Bénin).

Renforcement & Modernisation des infrastructures

Étant donné la forte croissance démographique et l'urbanisation rapide - se distinguant en Afrique par une augmentation exponentielle des habitats spontanés -, le renforcement quantitatif et qualitatif des infrastructures d'assainissement est un défi réel. Un renversement durable des tendances nécessite une mise en place soutenue et continue d'équipements adaptés aux capacités des acteurs, et aux espaces d'intervention.

En rapport avec les manquements évoqués plus haut, un point majeur de faiblesse à corriger est l'insuffisance des dispositifs de transfert - égouts collectifs -, et aussi de traitement des déchets liquides. Pour donner des indications sur l'état situationnel, le tableau 20 décline la répartition régionale du dispositif de gestion des eaux usées et pluviales au Sénégal. Dans tout le pays, la longueur du réseau de transfert des eaux usées n'est que d'environ 729 km, et celui des eaux pluviales de 113 km ; des chiffres assez révélateurs de l'insuffisance de l'offre en équipements. D'autant plus que l'existence d'un réseau ne signifie pas une résolution définitive des problèmes, car sa vétusté liée à l'ancienneté peut compromettre sa capacité fonctionnelle. Au Sénégal, une moitié des infrastructures a plus de 60 ans d'âge, et l'autre entre 40 et 60 ans ; cela en dehors des réalisations récentes.

Villes	Réseau Eaux usées			Réseau Eaux pluviales	
	Linéaire (km)	Nbre Stations de pompage	Nbre Stations d'épuration	Linéaire (km)	Nbre de stations
Dakar-Pikine-Rufisque	657	41	2	89	2
Saint Louis	37,2	6	1	3	4
Louga	18,5	5	1	5	1
Saly	4,5	2	1	13	0
Kaolack	20,5	4	1	0	0
Thiès	15	0	0	3	0
TOTAL	729,7	57	6	113	7

Tableau 20 : Répartition régionale du dispositif de gestion des eaux usées et pluviales au Sénégal (source : site Office National de l'Assainissement du Sénégal)

Une autre information confirmée par le tableau, est l'insuffisance en nombre des infrastructures de traitement des eaux usées. Toujours dans ce pays, à part Dakar, il existe au mieux une station d'épuration par région. Une conséquence : le taux de traitement - rapport entre le volume d'eaux usées traité / volume total des rejets d'une zone - reste encore très bas. Il est passé de 19 % en 2004 à 35,5 % en 2011, suite au renforcement de la capacité des ouvrages existants, et à la construction de nouvelles stations d'épuration. De ce fait, on comprend mieux pourquoi l'essentiel des eaux usées est rejeté directement sans traitement dans les exutoires ou le milieu naturel, généralement très proches des lieux de vie. De plus, à propos de la qualité des eaux traitées, la capacité d'épuration des équipements est souvent limitée, et ne permet pas l'élimination de tous les éléments pathogènes, et matières organiques. Comme facteurs explicatifs, on retient la vétusté, la faible technicité et une charge volumique déséquilibrée. Ainsi le taux de dépollution - ratio entre la pollution organique éliminée / pollution totale contenue dans les eaux usées - est aussi faible. Au Sénégal, il est de 23,5 % en 2011, un taux encore insuffisant même s'il a connu une progression de 10 points par rapport à 2004, d'après le PEPAM.

Pour atténuer ou inverser ces tendances négatives, mais aussi valoriser les déchets, les stations d'épuration par lagunage apparaissent comme une alternative de plus en plus utilisée. Par exemple entre 1975 et 2002, plus d'une trentaine de stations de ce type ont été construites dans quatorze pays francophones d'Afrique de l'Ouest et du Centre, où ce dispositif y représentait près de 18 % des ouvrages de traitement collectif en 2002 (Wethé *et al*, 2003)[63]. Les avantages sont que ces stations sont techniquement plus souples et moins coûteux à réaliser, contrairement aux dispositifs « classiques », ou modernes. Sur leur efficacité, les résultats des analyses menées dans cinq stations indiquent un niveau de traitement : (i) de 40 à 93 % pour les matières solides en suspension, (ii) de 40 à 97 % pour la demande chimique (DCO) et biologique (DBO), (iii) entre 23 et 98 % pour l'azote et le phosphore, (iv) de 2 à 7 unités logarithmiques pour les coliformes et les streptocoques fécaux (Wethé *et al*, 2003). Pour information, le procédé à macrophytes est le procédé dominant.

Approche institutionnelle de gestion

En Afrique, très peu de pays ont un ministère ou un département unique en charge de l'assainissement, habituellement intégré dans les

---

[63] Wethé, Radoux, Tanawa, 2003 – « Assainissement des eaux usées et risques socio – sanitaires et environnementaux en zones d'habitat planifié de Yaoundé » (Cameroun), *VertigO - la revue électronique en sciences de l'environnement*, Volume 4 Numéro 1 URL : http://vertigo.revues.org/4741

départements ministériels de l'eau, de la santé, ou même de l'éducation (ACMOW, BAfD, et al, 2008)[64]. Parmi les rares Etats ayant mis en place un service central de l'assainissement, on compte le Sénégal et la Tunisie. Comme bénéfice, il est observé une nette progression des résultats en milieu urbain ; la situation en zone rurale ne s'étant pas beaucoup améliorée pour le premier pays cité.

En ce qui concerne la gouvernance, les interventions sont dominées par une approche institutionnelle fragmentée et verticale, se traduisant souvent par une dispersion ou une hyper-concentration des rôles et des responsabilités, d'où des réponses partielles. Généralement, les démarches multisectorielles en application préconisent des solutions ne privilégiant pas une prise en compte transversale de la diversité des enjeux. De même, l'approche par le haut et l'Etat providence n'ont pas permis un règlement efficace et efficient des problèmes. D'autant plus que les contraintes financières et la complexité des problématiques ont entraîné une implication inefficace des populations. Même si une tendance récente est au transfert des responsabilités relevant de la gestion des déchets liquides et solides aux collectivités locales, ces dernières ne disposent pas, pour l'instant, de capacités suffisantes de mise en œuvre effective des décisions. Le constat est que le processus de décentralisation s'opère sans l'assistance technique et financière requise de la part de l'État central. Aussi, il est vrai que les usages budgétaires dans ces institutions locales posent problème. Par exemple au Sénégal, plus de 80 % du budget des Communes est destiné aux dépenses de fonctionnement. Au final, ce déséquilibre comptable porte préjudice aux ressources financières disponibles pour financer des projets de développent local.

Le financement du secteur

Immensité des besoins

En référence aux ODM pour l'assainissement, il aurait fallu investir entre 23 et 50 milliards USD de 2000 à 2015, soit 1,5 à 3,4 milliards USD par an, selon des estimations publiées dans un rapport de la BAfD de 2008. En comparaison, cet ordre de grandeur représente 1 à 3 fois le niveau de financement nécessaire pour réaliser les ODM pour l'eau. Sur

[64] ACMOW, BAFD, Banque mondiale, WSP, 2008 – « Analyse de la situation de l'hygiène et de l'assainissement dans 32 pays africains. L'Afrique peut-elle se permettre de manquer les objectifs du millénaire pour le développement ». *Initiative conjointe CMAE, BAfD, Banque mondiale, WSP / Année Internationale de l'Assainissement*, 58 p.

la base des investissements modestes réalisés depuis 2000 - en référence au secteur de l'hydraulique -, les préoccupations de départ du manque d'assainissement persistent encore. Ainsi, le besoin d'accélérer le rythme actuel des dépenses, de la part des gouvernants, se trouve justifié. En effet, les pays africains se sont engagés à consacrer environ 0,6 % de leur PIB annuel au secteur de l'assainissement (*in* BAfD, OCDE, et al, 2011).

Forte dépendance aux dépenses des ménages et aux fonds extérieurs

Les principales préoccupations ayant retenu l'attention sur le financement du secteur sont les suivantes.

1- A l'heure actuelle, la première source de financement de l'accès à l'assainissement est paradoxalement constituée par l'argent des ménages. Dans les faits, ce sont les familles elles même qui assurent la presque totalité des dépenses d'acquisition et d'entretien des dispositifs autonomes, installés dans les maisons.

2- S'agissant des équipements collectifs et les actions pour promouvoir l'hygiène, le financement étranger joue un rôle déterminant. Dans des pays comme le Mozambique, le Burkina et l'Ouganda, l'Aide publique au développement contribue jusqu'à 97 % du total des investissements.

3- Malgré les multiples initiatives, l'assainissement continue toujours de recevoir qu'une faible partie des fonds extérieurs, et cela comparé au secteur de l'hydraulique. La répartition en faveur de l'eau est de 65 contre 35 %. Cette même tendance s'observe aussi dans les pays où la couverture pour l'alimentation en eau potable est élevée, et l'accès à l'assainissement faible. Par exemple, seulement 7 % des sommes investies dans le cadre de la 'Décennie internationale de l'eau potable et de l'assainissement' (1980-1990), ont été affectés à l'assainissement. Ces deux thématiques sont en concurrence, et le plus souvent au profit du secteur de l'eau. Pourtant, il est largement reconnu que l'accès à l'eau potable et aux services d'assainissement, de même que l'éducation à l'hygiène, sont complémentaires et nécessaires pour une meilleure protection des personnes et de l'environnement. A propos du financement international, les retours d'expérience indiquent qu'il profite, généralement, plus à la construction d'infrastructures (réalisations physiques) qu'aux activités d'accompagnement (actions non matérielles). Les sommes mobilisées pour la construction des infrastructures de base constituent à elles seules, 54 % de l'APD consacrée à ce secteur.

4- A propos des bailleurs, c'est l'Union européenne qui fournit la plus grande partie des contributions, avec environ 35 % des fonds destinés aux secteurs de l'eau, de l'hygiène et de l'assainissement. En guise de confirmation de l'intérêt accordé à ces thématiques, l'UE et les Etats ACP avaient reconduit une deuxième Facilité Eau dans le 10ème Fonds Européen de Développement (2008-2013), d'un budget de 300 millions USD, ou 200 millions d'euros ; le chapitre 7 va apporter plus de détails sur ce fonds. Par ailleurs, la solidarité internationale constitue aussi un maillon complémentaire essentiel. Dans le cas du Sénégal, les actions des ONG, mais aussi de la coopération décentralisée, ont beaucoup contribué au développement de l'accès à l'eau et à l'assainissement autonome, surtout en milieu rural.

Comme premier enseignement global, on retient que les fonds internationaux semblent difficiles à mobiliser, pour principalement deux raisons. Ils sont ponctuels, et les conditionnalités sont parfois difficilement réalisables par les pays destinataires. Ainsi, les sommes réellement obtenues sont très insuffisantes, peut être aussi un signal des limites des capacités de mobilisation des États qui sollicitent ces soutiens. Le second enseignement est que les allocations privilégient les zones rurales, au détriment des milieux urbains ; pour des raisons statistiques déjà explicitées. Mais dans un contexte de basculement rapide et massif des populations vers les villes, cette approche différenciée est-elle encore pertinente ?

Faible part des budgets nationaux

Dans les budgets nationaux, la part attribuée à l'assainissement est relativement faible dans la plupart des cas. Dans un rapport du PNUD de 2006, il est indiqué qu'un développement convenable du secteur nécessite des investissements d'au moins 1 point de PIB, un seuil et un engagement loin d'être atteints. Toujours au Sénégal, la contribution de l'État au financement des activités de l'ONAS (Office National de l'Assainissement du Sénégal) s'élève à 15,5 %. De même dans le PEPAM - Programme National d'Eau Potable et d'Assainissement du Millénaire -, les activités sont financées par sept sources différentiées et complémentaires. Il s'agit de l'État, des Partenaires au développement, des Collectivités locales, des ONG, des usagers, des structures de financement décentralisées et du privé. Concrètement, la contribution du budget national dans les fonds investis s'élève à environ 10 %, les autres partenaires techniques et financiers finançant l'essentiel des actions en œuvre. Pour information, le PEPAM a été mis en place pour servir de cadre unifié d'exécution des mesures de réalisation des OMD dans les secteurs de l'eau et de l'assainissement.

◗ En effet, on considère que le faible intérêt accordé à ce secteur par les pouvoirs publics dans l'affectation des dépenses est lié au fait que les infrastructures d'assainissement sont implicitement considérées comme des équipements non productifs. Autrement dit, elles ne génèrent pas de revenus directs de recouvrement des coûts, ce qui fait qu'elles ne figurent pas en bonne place sur la liste des priorités. Et il s'agit là d'une perception que les préconisations de ce projet visent à faire évoluer. En effet dans la troisième partie, il va être démontré les multiples bénéfices procurés par une approche durable de gestion du ruissellement pluvial, sur le court et le moyen terme.

Recouvrement des coûts

De nombreux pays africains ont mis en place une redevance assainissement pour accompagner le financement du secteur. Le principe consiste à prélever un certain pourcentage sur la facture des consommateurs d'eau, même en cas de non-connexion à un réseau collectif ou individuel. L'avantage d'une redevance est que les recettes sont pérennes, prévisibles et modulables en fonction de l'augmentation de la consommation en eau. Mais aussi, elle présente un inconvénient car la taxe ne permet pas une application juste et efficace du principe « pollueur-payeur ». Par exemple, les populations productrices d'eaux usées, mais non connectées au réseau d'eau potable, ne sont pas sollicitées.

Au plan des sommes recouvrées, les ressources financières générées sont généralement insuffisantes pour faire face à l'immensité des besoins, à cause de la faiblesse du taux pour certains. Au Sénégal, la redevance ne représente que 10,7 % du prix de l'eau. Cela signifie qu'elle rapporte 58,36 F CFA (0,11 USD) HT sur le m^3 d'eau vendu à 544,13 F CFA (1,08 USD) HT. Pour un niveau de taxe approprié, il est suggéré de concevoir des produits intégrant la durabilité des ouvrages et le niveau des subventions publiques accordées.

La question de l'assainissement pluvial

Si l'excès pluviométrique continue de provoquer des dégâts à grande échelle, c'est parce que le sous-secteur de l'assainissement pluvial n'est pas l'objet d'une priorité de premier plan. Selon Abéjé (2000)[65], cette situation s'explique par le caractère collectif et saisonnier du risque, et par sa considération comme une préoccupation non-pressante ou non-urgente. Cette thématique est une sous priorité dans les questions d'assainissement, qui comme on l'a déjà dit, sont moins avantagées par les investissements destinés au secteur « Eau & Assainissement ». Dès lors, les faibles résultats obtenus ne sont pas surprenants. Près de 90 % des villes africaines ne disposent pas de réseau de drainage des eaux pluviales ; l'analyse ci-dessous se voulant d'être une première esquisse de l'approche opérationnelle et ses limites.

- ***Focus sur le procédé de gestion des eaux pluviales en milieu urbanisé / Enjeux spécifiques 1** : dans le continent, un constat est que le réseau officiel d'assainissement pluvial se compose essentiellement d'infrastructures classées dans les solutions dites « classiques », assez gourmandes en investissement rappelons-le. Dans les plans d'actions, ce sont axes linéaires, stations de refoulement et bassins de réception qui forment le tryptique généralement en application (Dasylva, 2001). Cette forme d'intervention préférée par les techniciens est un héritage du concept dit « hygiéniste ». Cette approche qui date de la fin du 19e siècle (loi du 10 juillet 1894 en France), repose sur le « tout-à-l'égout ». La particularité est que ce procédé a été jadis retenu comme la seule approche de gestion, et en faisant de l'État l'acteur exclusif en charge de l'évacuation et du traitement des eaux indésirables. Il s'agit d'un système dont le seul but est d'empêcher des nuisances dans les zones d'habitation.*

  Mais au regard de faits actuels récurrents de terrain, on se demande si les conditions techniques et comportementales requises pour un fonctionnement optimal sont remplies dans le continent. Pourquoi par exemple à Dakar les inondations continuent de se produire, même dans les zones équipées de dispositifs de drainage ? La question financière impacte-t-elle sur la conception du réseau au plan qualitatif et quantitatif ? Les caractéristiques du milieu environnant et les comportements des populations sont-ils favorables à une préservation de la capacité de prise en charge des équipements ? Étant donné les PVD ont des moyens limités ne leur

---

65 ABEJE W., (2000) – *La gestion durable des eaux pluviales urbaine par la gestion de l'espace et la subsidiarité : le cas d'Addis Abeba (Ethiopie)*. Thèse de Doctorat, INSA Lyon 395 p.

permettant pas de multiplier la construction d'ouvrages à grand gabarit, les actions ne pourraient-elles pas s'orienter vers l'introduction des techniques dites « alternatives » dans le mix technologique, pour des objectifs multifonctionnels ? Surtout que ces infrastructures à faible coût - solutions smart - ont l'avantage de mieux s'intégrer à l'environnement, et de contribuer à une éventuelle valorisation des eaux de drainage.

Des réponses à ces questions seront apportées dans la deuxième partie. A ce stade de l'analyse, on remarque que dans la conception hydraulique des équipements, le coefficient de ruissellement joue un rôle déterminant dans leur dimensionnement. Et ce paramètre est très difficile à appréhender, car il augmente fortement avec l'anthropisation de l'espace, qui se fait avec une grande vitesse et sans maîtrise dans les villes africaines. Une tendance à l'augmentation du ruissellement apparaît non seulement comme une entrave à l'atteinte des résultats escomptés, mais aussi le processus contribue à la hausse des coûts de construction. Il faut de plus en plus sur-dimensionner les ouvrages, à moins qu'une alternative de maîtrise quantitative des écoulements ne soit trouvée.

Cette revue des tendances statistiques dans quatre secteurs clés, a permis d'apprécier le rôle systémique du paramètre pluvial dans les logiques situationnelles, comme mis en évidence sur la figure 9. Sur la base des fortes corrélations établies, l'eau de pluie apparaît comme un paramètre essentiel à maîtriser, si l'on veut promouvoir une dynamique vertueuse de progrès. Et cette perspective est particulièrement vraie pour les pays ne disposant pas de ressources naturelles minières en abondance. Les différents enseignements thématiques retenus renforcent notre postulat que sa meilleure gestion pourrait avoir des effets bénéfiques sur le développement socioéconomique, par le biais des secteurs agricole, de la santé, de l'hydraulique et de l'assainissement. Dans ces quatre secteurs clés, les analyses renvoient à une nécessité d'accélérer ou de rectifier les réalisations et/ou la cadence, pour que les résultats soient à la hauteur des attentes, ou des besoins.

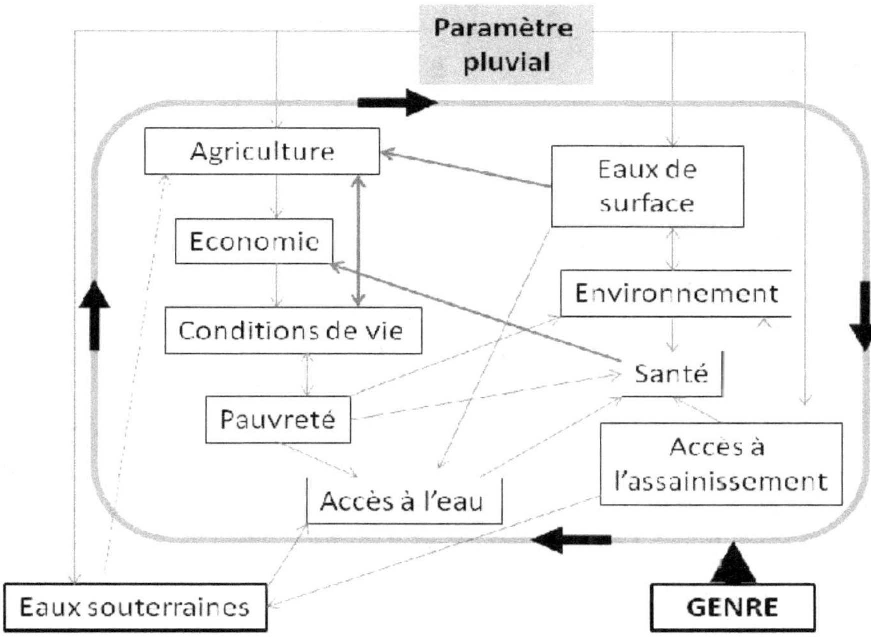

Figure 9 : Logique thématique d'influence du paramètre pluvial sur le dynamisme socioéconomique

En premier, on a vu que l'agriculture assure une contribution non négligeable dans le PIB des États africains, et constitue l'activité de base de production des aliments de subsistance en milieu rural. De ce fait, sa bonne productivité est vectrice d'efficacité économique et de justice sociale. Mais, étant donné que l'eau agricole est essentiellement d'origine pluviale, les rendements sont naturellement sous le contrôle d'une évolution très variable de ce paramètre. Et au regard des effets négatifs induits sur les performances économiques actuelles, on en déduit un besoin avéré de sécuriser davantage l'offre hydrique, la piste choisie étant une maîtrise rationnelle des eaux pluviales. On soutient qu'une meilleure gestion des écoulements par temps de pluie pourrait être facteur de création de ressources additionnelles, et partant de maintien ou d'augmentation des rendements. Le résultat escompté d'une fiabilisation de l'offre en eau, est synonyme : (i) au plan économique, d'une réduction du volume des importations et une amélioration de la contribution de l'Afrique dans la croissance mondiale, (ii) au plan social, d'un renforcement des stocks alimentaires en milieu rural.

S'agissant du secteur de la santé, les maladies liées à l'eau apparaissent comme un point majeur de préoccupation, vu ses impacts sur le capital humain, ou force de production. Au-delà des paramètres physiques à l'origine de biotopes favorables, l'eau en surface découle aussi localement des choix stratégiques en matière d'assainissement pluvial. Pour preuve, à Dakar et sa banlieue, certains axes de drainage des eaux pluviales ont pour exutoire des zones situées dans le domaine continental. Logiquement, cette pratique entraîne la création de sites humides temporaires favorables à la prolifération du moustique vecteur du paludisme. Ne serait-ce que pour cette raison, une rectification des stratégies en application s'impose, pour réduire dans le temps et dans l'espace la formation de milieux insalubres. Cela, d'autant plus que les mesures actuelles se focalisent principalement sur l'homme et l'élimination du moustique, et non sur la maîtrise de l'aléa hydrique.

Par ailleurs, comment comprendre les problèmes d'approvisionnement et d'accès à l'eau, alors que l'Afrique ne manque théoriquement pas de ressources. Comme explication, d'une part on a vu que les possibilités de mobilisation de l'eau sont réduites par des contraintes techniques : un tiers du continent repose sur des roches cristallines et métamorphiques. D'autre part, il est constaté un problème de distance lié à l'éloignement entre les sites de production et les zones de consommation. Dès lors, la récupération des eaux de pluie - par une adaptation des modes d'assainissement - ne pourrait-t-elle pas devenir une alternative viable, pour faire face aux besoins locaux ? Les avantages sont qu'il s'agit d'une ressource nationale de proximité, mobilisable sans conflit d'intérêt avec d'autres pays et avec moins de contraintes techniques. De plus, une telle perspective serait très bénéfique pour les femmes et les enfants, par exemple en atténuant leur charge de travail en milieu rural.

◗ Au regard des problèmes soulevés, une nouvelle forme de gouvernance des eaux de pluie est nécessaire. L'approche de l'assainissement pluvial classique montre de plus en plus des limites, car n'englobant pas la diversité des problématiques persistantes et émergentes, et cela pour un coût assez élevé. Pour ce faire, comment : (i) susciter de l'intérêt pour ce secteur afin de rattraper son énorme retard, (ii) faire face au manque de moyens financiers, en faisant des actions menées en assainissement des investissements productifs, ou en développant la gestion participative, (iii) obtenir des eaux en bon état d'usage ? Dans cet objectif, quel type dispositif technique est applicable pour accroître les performances, atténuer les risques hydriques et rendre les coûts plus supportables ? Avec les pluies exceptionnelles récurrentes, de même que le bouleversement des conditions hydrodynamiques, le volume du ruissellement a tendance à augmenter dans les centres urbains, d'où un renchérissement des coûts d'intervention. Pour une adaptation des pratiques, une alternative ne serait-elle pas de chercher à maintenir ou à baisser le volume des écoulements, lorsqu'il pleut ? Mais plus concrètement, comment se manifestent les contraintes au développement provoquées par le paramètre pluvial ? Les tendances actuelles et futures de la pluviosité sont-elles confirmatives de la nécessité d'un ajustement des solutions en application ? La deuxième partie va tenter d'apporter des réponses.

Partie 2

Des contraintes au développement causées par le paramètre pluvial ; Préconisations des acteurs

Le débat mondial actuel sur le changement climatique a mis la question pluviométrique au-devant de l'actualité. Les informations recherchées dans cette deuxième partie vont être de valider l'acuité de la question en Afrique, par une précision de ces multiples aspects, et aussi de connaître les leviers d'action préconisés actuellement par les parties intéressées, de même que leurs limites. Le résultat attendu est de rassembler des enseignements qui vont alimenter le processus de conception d'une approche de consolidation et/ou de massification du processus de développement.

Pour ce faire, l'évolution spatio-temporelle différenciée de la pluviosité sur le court et le moyen terme est le marqueur choisi. Dès lors que des tendances lourdes seront mises en lumière, il sera plus facile de comprendre la nature et l'intensité des impacts sur le dynamisme socioéconomique et le capital productif. Aussi, il s'agit d'éléments d'appréciation de la pertinence des solutions appliquées et applicables, de même que l'urgence, ou non, d'agir. Par ailleurs, dans un souci d'être en conformité avec les recommandations de la communauté internationale pour lutter contre le changement climatique, les mesures actuellement suggérées vont être passées en revue, pour s'en inspirer. Une volonté forte est d'inscrire, dans une perspective globale et de long terme, les recommandations défendues dans ce projet.

CHAPITRE 5

CARACTÉRISTIQUES TENDANCIELLES ACTUELLES ET FUTURES DU PARAMÈTRE PLUVIAL

Le continent africain est cerné à l'Est, à l'Ouest et au Sud par d'immenses surfaces océaniques que sont respectivement les océans Atlantique, Austral et Indien, et aussi par la Mer Méditerranée au Nord. Globalement, un climat chaud domine largement. La température moyenne annuelle demeure toujours supérieure à 20° dans toute la zone intertropicale, avec des amplitudes thermiques élevées dans les déserts. Pour information, le climat actuel de l'Afrique se rapproche de celui qui prévalait il y a 2000 ans, avec toutefois des phases plus arides ou plus humides.

1 - Déterminants de la pluviosité & Domaines climatiques

La précision des facteurs explicatifs des caractéristiques du climat, ou des évolutions de la pluviosité, est utile pour la compréhension de ses tendances dynamiques dans l'espace, et sur le temps court et long. L'interrogation de fond sera de savoir si le contexte pluviométrique actuel et futur, favorisent des conditions positives de développement, ou non ; de par une connaissance anticipée des répercussions découlant de précipitations changeantes, parfois brusquement.

Les déterminants de la pluviosité

La variabilité des conditions atmosphériques en Afrique intertropicale est tributaire de facteurs globaux liés à l'influence successive de centres d'action permanents ou saisonniers. Il s'agit de l'anticyclone des Açores (hémisphère nord), de l'anticyclone de Sainte Hélène dans l'Atlantique Sud, de l'anticyclone subtropical de l'Océan indien austral (hémisphère sud) et de l'anticyclone saisonnier saharien (hémisphère nord). En effet, ils contrôlent la circulation des deux catégories principales de flux que sont les *alizés* et la *mousson*. Selon les périodes dans l'année, les anticyclones advectent de la vapeur d'eau à partir des océans, pour alimenter les flux pluviogéniques se dirigeant vers le continent africain.

Globalement, les vents issus de ces centres d'action et circulants dans les basses couches, présentent des trajectoires, températures et hygrométries différentes. Parmi ces flux, on en distingue trois principalement. L'alizé maritime, issu des Açores, est un vent non pluviogénique de saison sèche, provoquant des températures faibles et une humidité relative élevée. L'alizé continental - ou *harmattan* - est un vent chaud, sec, parfois très turbulent et circulant périodiquement en saison sèche ; il est émis par l'anticyclone saharo-libyen. La mousson provient de l'anticyclone de Ste Hélène ; il s'agit d'un flux Sud au départ, qui devient Ouest en traversant l'équateur géographique. Elle est chaude et humide, et par conséquent dispensatrice potentielle de pluie.

Sur la pluviogenèse, la succession des saisons et les caractéristiques des pluies dans la zone intertropicale proviennent de la rencontre des flux le long de deux discontinuités aérologiques. La *discontinuité d'alizé* - créée par une convergence entre les alizés maritime et continental - est une structure non pluviogénique apparaissant en saison sèche. S'agissant de l'*Équateur Météorologique*, il apparaît sous forme d'une structure verticale dénommée EMV (Equateur Météorologique Vertical) - appelé aussi ZICT (Zone Inter Tropicale de Convergence) - ; ou d'une structure inclinée EMI (Equateur Météorologique Incliné), ou FIT (Front Intertropical). Pour précision, le FIT se déplaçant d'Est en Ouest, provoque des pluies orageuses liées aux « lignes de grains », pouvant être des phénomènes exceptionnelles. En revanche, la ZICT, de migration Sud-Nord, génère des « pluies de mousson », c'est-à-dire non orageuses et plus étalées dans le temps.

Par ailleurs, il est important de souligner que les changements cycliques de température de surface des eaux de l'Océan atlantique et de l'Océan indien, exerce aussi une influence déterminante sur la pluviosité. L'humidité atmosphérique des basses couches contrôlant l'hygrométrie de la mousson, a tendance à augmenter avec le réchauffement de la température des eaux de surface (Camberlin *et al*, 2002)[66]. C'est aussi de cette étude que s'inspirent les réflexions régionales suivantes. En Afrique australe, les anomalies froides des années 1950 et 1960 sont associées à des sécheresses, car le potentiel des précipitations dépend particulièrement des températures de l'Océan indien, de même que l'Afrique de l'est. Habituellement en automne boréal, cet océan est plus froid aux abords des côtes africaines que sur la côte indonésienne, ce qui favorise une activité très modérée de pluviogenèse. Or selon les années, on

---

[66] Camberlin P., Beltrando G., Fontaine B., Richard Y., 2002 – « Pluviométrie et crises climatiques en Afrique Tropicale: changements durables ou fluctuations interannuelles ? » *Historiens et Géographes*, 379, 263-273

observe une atténuation, voire un renversement du gradient thermique, accompagné d'un report des ascendances des eaux marines chaudes sur la côte orientale du continent africain. Ainsi, il se produit une variation saisonnière de la pression atmosphérique locale, débouchant sur une pluviométrie largement excédentaire, notamment pendant la période d'octobre-décembre, ou « short rains ». Ailleurs dans l'Océan pacifique, ce phénomène est connu sous l'appellation 'El niño' - ou ENOA (El Nino Oscillation Australe) -. Cet événement exceptionnel désigne un réchauffement cyclique et durable des eaux habituellement fraîches du Pacifique-est, survenant régulièrement tous les trois à six ans, et ayant une incidence jusque dans les océans indien et atlantique, et par conséquent sur les tendances des climats régionaux en Afrique. Généralement, ce fait météorologique coïncide avec une saison des pluies assez médiocre le long des côtes orientale et australe du continent et Madagascar, contre une situation excédentaire dans les zones environnantes des 'Grands lacs'.

Au Sahel, la fréquence accrue des déficits de précipitations depuis les années 1970 apparaît en concomitance avec un rafraîchissement de l'Atlantique Nord, et un réchauffement de l'Atlantique Sud. En Afrique centrale, l'influence des températures marines sur les conditions climatiques est faible, sauf sur la zone littorale ; d'où une faible cohérence spatiale des anomalies pluviométriques. Dans la cuvette congolaise, c'est le recyclage local de l'eau qui prime sur les forçages externes.

En plus de ces facteurs globaux et saisonniers, d'autres paramètres géographiques peuvent aussi provoquer localement des nuances climatiques. Il s'agit de la variabilité de la superficie des terres continentales entre l'hémisphère nord et sud, la proximité de l'équateur et des tropiques, et la présence d'une forêt dense ou d'un désert.

Les principaux domaines climatiques

Comme on l'a déjà dit, la très grande majorité du continent appartient au domaine climatique tropical, à l'exception de quelques zones de faible extension situées en bordure de la Mer méditerranée et en Afrique du Sud. Globalement, les températures sont élevées et évoluent peu dans l'année, avec des écarts pouvant être très importants entre la nuit et le jour : par exemple de 10 à 15° C dans les déserts. Quant à la pluviométrie, elle se caractérise par un spectre variant de moins d'1 mm/an dans certaines régions du Sahara, à plus de 3000 mm/an à l'équateur. Principalement sous influence du régime des précipitations, la répartition des différents domaines climatiques est indiquée sur la figure 10, les analyses suivantes se voulant un rappel des tendances dominantes.

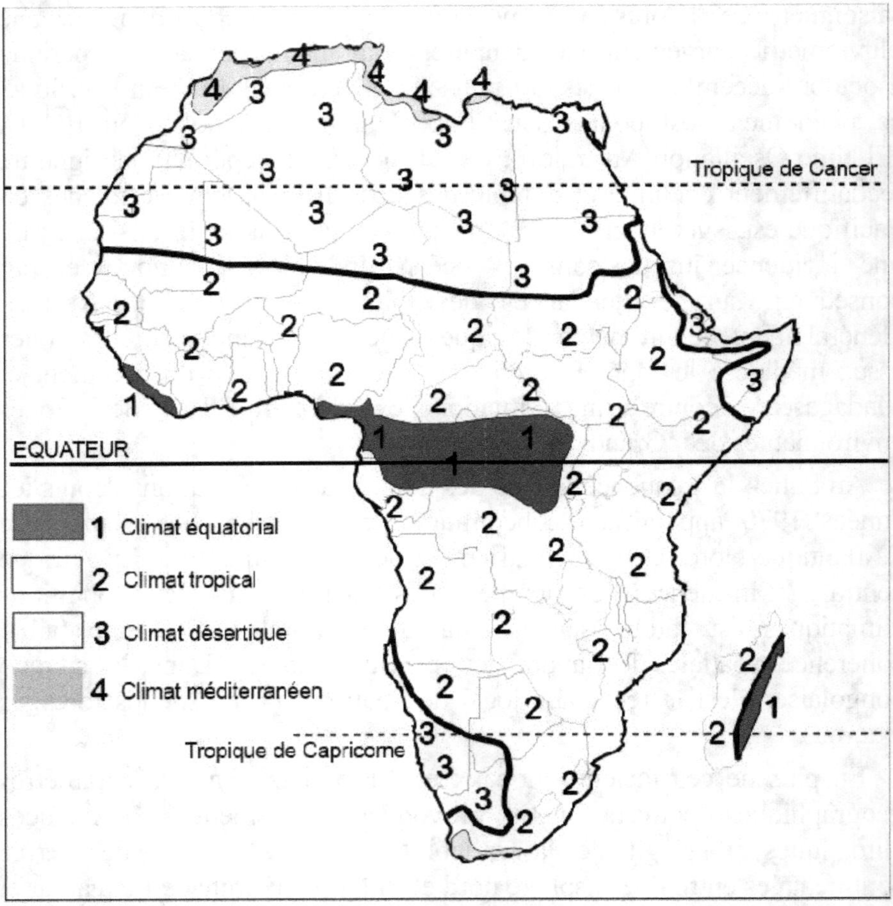

Figure 10 : Les principaux domaines climatiques en Afrique

Un climat de type équatorial de part et d'autre de la zone occidentale de l'équateur géographique

La présence toute l'année de la ZICT y entraîne une quasi-continuité des pluies, mais avec toutefois l'apparition d'une très courte période de récession séparant deux maximums. Au Nord de l'équateur, les deux pics se situent en avril/mai et en septembre/novembre, tandis qu'au Sud, ils sont observés en mars/avril et octobre/novembre. L'évapotranspiration (Etp) varie de 1200 à 2200 mm par an. Les températures sont élevées - 25° C en moyenne -, et les amplitudes diurnes et annuelles très faibles. D'ailleurs ce contexte climatique pluvieux, où d'abondance de l'eau, a fait que la zone n'a pas été, jadis, l'objet de beaucoup de travaux scientifiques d'intérêt hydro-climatique, contrairement aux régions plus sèches très sujettes à des crises pluviométriques récurrentes. Du coup, la connaissance des caractéristiques du climat de l'Afrique centrale, sur un temps long, est moins complète, comparée aux autres domaines climatiques.

Malgré les lacunes, les données de station signalent que les précipitations moyennes annuelles dépassent assez souvent 1500 mm, avec des hauteurs maximales dans le golfe de Guinée. Par exemple, 3000 mm sont enregistrés à Libreville, 3200 mm à Bata et 3400 mm à Douala. En s'éloignant de l'équateur, les pluies baissent progressivement, pour atteindre moins de 1000 mm vers le Nord-Cameroun, le Nord-Est de la Centrafrique et le Sud-Est de la RDC.

S'agissant du bassin du Congo, il reçoit annuellement en moyenne 1500 mm, la particularité étant que le processus d'évaporation du couvert forestier alimente principalement la formation des pluies[67]. Selon ces estimations, c'est seulement 25 % des précipitations, au plus, qui seraient dues aux dépressions océaniques, ce qui confirme la remarque émise plus haut sur le rôle déterminant joué par les facteurs locaux.

Un climat tropical en périphérie de la zone équatoriale occidentale

En encerclement de la zone occidentale de l'équateur, un climat 'tropical' assez nuancé marque le temps, et c'est le domaine climatique le plus étendu (trame 2 sur la figure 10). Parmi ses particularités, on retient une distribution en latitude assez homogène, notamment une variabilité zonale structurée en bandes parallèles. Aussi, la température reste relativement élevée dans toute l'année, avec une moyenne mensuelle supérieure à 20° C, et un maximum en fin de saison sèche à plus 40° C. Une autre spécificité est associée à l'augmentation des amplitudes thermiques et une baisse des quantités de pluie, en s'éloignant de l'équateur. Enfin, on observe une distinction très nette entre une saison sèche - causée par un régime anticyclonique continental se manifestant autour du solstice d'hiver -, et une saison des pluies - liée à la remontée du ZICT vers le nord durant le solstice d'été -. En se rapprochant des tropiques, la longueur de la saison sèche varie approximativement entre sept et dix mois.

---

67 Biodiversity Support Program 1992. Central Africa : "Global climate change and development – synopsis". Maryland, USA, Corporate Press.

Zonalement, le climat est classé *tropical humide* à proximité du domaine équatorial, avec un total annuel moyen des précipitations supérieur à 1100 mm. Vers les tropiques, le climat se dégrade et devient *tropical sec*. Dans sa variante sahélienne (cf. focus ci-dessous), la pluviométrie moyenne annuelle est comprise entre 500 et 250 mm, contre 1100 à 900 mm dans sa variante soudanienne.

Cependant, quelques spécificités locales sont intéressantes à rappeler. En Afrique australe, une opposition entre façade perturbe la zonalité climatique. La côte atlantique (Ouest) sèche, contraste avec la côte indienne (Est) plus humide. La saison pluvieuse est centrée sur décembre-mars, et les volumes d'eau précipités varient considérablement selon un gradient Sud-Ouest / Nord-Est. En effet durant toute l'année, la quasi-totalité de la sous-région est située au Sud de la ZClT, à l'exception de l'Angola. Aussi, l'humidité advectée provient essentiellement de l'Océan indien. S'agissant de l'Afrique orientale, elle se distingue par des manifestations régulières de cyclones et de tempêtes. Dans la zone des rifts, la pluviosité devient médiocre dans les environs des lacs Albert, Edouard et Tanganyika. Enfin à Madagascar, le versant oriental de l'île reçoit plus de 2000 mm par an grâce aux alizées maritimes, tandis que le versant occidental, « sous le vent », subit un climat plus sec (figure 10).

• ***Focus sur le Sahel / un exemple de zone à pénurie d'eau*** *: cet espace s'étend sur près de 3800 km de long, de l'Atlantique à la mer Rouge, sa superficie étant d'environ 3 053 200 km^2. Il marque la transition entre le domaine saharien au nord, et le domaine soudanien au sud. Les pays concernés par cette tendance à l'aridification du climat sont le Sénégal, la Mauritanie, le Mali, le Burkina Faso, le Niger, le Nigéria, le Tchad, les deux Soudan, la Somalie, l'Éthiopie et l'Érythrée. Dans ce secteur géographique, les caractéristiques globales des précipitations sont les suivantes : (i) les isohyètes '100 à 250' et '400 à 500' mm représentent, relativement, les limites nord et sud de la bande sahélienne, (ii)* ***les pluies sont souvent constituées d'orages violents, ce qui favorise un ruissellement de type hortonien, découlant du fait que l'intensité des pluies dépasse la capacité d'absorption des sols****, (iii) la saison sèche dure entre 8 et 10 mois. A propos des températures annuelles moyennes : elles sont comprises entre 26 et 29° C dans les zones adjacentes au Sahara et dans la Corne de l'Afrique, deviennent plus faibles dans les régions de haute altitude, mais peuvent aussi dépasser 40° C pendant la journée.*

Un premier fait climatique reconnu de tous est l'occurrence d'une pluviométrie aléatoire depuis plus de deux décennies. Le Sahel est nettement confronté à une manifestation accrue d'épisodes très sévères de sécheresse, comme ce fut le cas en 1970 et 1984. Chaque année, avec une intensité variable, des terres agricoles sont perdues, et un nombre important de troupeaux décimé ; ce qui fragilise davantage les conditions de vie des populations. A partir des années 1900, le désert du Sahara a progressé d'environ 250 km vers le sud ; une évolution ayant provoqué localement une dégradation irréversible des ressources naturelles productives. En 2012 selon la Banque mondiale, plus de 17 millions de personnes ont été menacées de famine dans la région sahélienne de l'Afrique de l'Ouest. Parmi les facteurs explicatifs, le déficit des précipitations lors de l'année 2011 fut principalement indexé. Également (deuxième phénomène climatique), il ne faut pas perdre de vue que les inondations sont devenues ces dernières années un risque majeur au Sahel, de par l'ampleur des dégâts occasionnés et la récurrence des évènements (Dasylva, 2009). On verra plus loin, le rôle joué par le changement climatique dans la répétition de ces phénomènes extrêmes.

Un climat aride à désertique au voisinage des tropiques

Dans les environs des tropiques du Cancer et de capricorne, la permanence des hautes pressions - ou stagnation des masses d'air continental - explique la présence d'un climat aride et désertique. Les déserts du Sahara (8 millions km^2 / hémisphère Nord), du Kalahari (900 000 km^2 / hémisphère Sud) et du Namib (1 million km^2 / hémisphère Sud), en sont la manifestation visible. Au total, les zones arides et les déserts occupent plus de la moitié de la superficie totale du continent. Dans l'hémisphère sud, la rencontre sur la côte atlantique méridionale des alizés marins et des courants froids des Canaries et de Benguela, contribue au maintien de l'aridité et à l'abaissement des températures moyennes. Au plan thermique, la continentalité et l'absence de nébulosité accentuent, globalement, les contrastes thermiques diurnes (50° C), et saisonniers (25 à 30° C) : par exemple, les températures nocturnes peuvent atteindre -2° C.

Dans ces milieux, les précipitations sont extrêmement rares, la pluviosité annuelle ne dépassant pas souvent 100 mm. Elle est même inférieure à 25 mm dans la majeure partie du Sahara, et la bordure occidentale du désert du Namib. Une autre caractéristique défavorable : les pluies tombent sous forme d'orages violents, à cause des températures élevées favorisant une intense activité d'évapotranspiration.

Un climat de type méditerranéen dans les extrémités nord et sud du continent

Dans les extrémités nord et sud du continent - Maghreb et province du Cap -, un climat de type méditerranéen s'est installé, et qui se dégrade selon la latitude, la continentalité et l'altitude. Au plan météorologique, une première tendance retenue est l'occurrence d'un régime tempéré de front polaire en hiver, caractérisé par des températures relativement douces et des pluies irrégulières. Aussi, l'installation d'un régime anticyclonique continental sec et chaud en été, apparaît comme une seconde spécificité. La sécheresse estivale représente une donne climatique majeure : pendant les mois les plus chauds, les précipitations deviennent rares, voire inexistantes. En revanche, les hivers - moins longs - sont bien pluvieux dans les régions subissant une influence maritime, avec, toutefois, des évènements de fréquence et d'intensité faible. Globalement, le nombre de jours de pluie dans l'année ne dépasse pas 100. A propos de la moyenne annuelle, elle peut atteindre 800 mm sur le littoral marocain, ou 765 mm à Alger ; tandis qu'en Afrique du sud, elle est d'environ 500 mm, avec une tendance de baisse vers le nord. S'agissant des températures, et contrairement à la mer Méditerranée, la rencontre des océans Atlantique et Indien dans la province du Cap entraîne la formation de puissants courants froids, d'où un rafraîchissement exceptionnel de la zone côtière.

2 - Les tendances climatiques

Les caractéristiques dynamiques des précipitations actuelles et futures sont pertinentes à connaître, car elles permettent d'identifier les phénomènes naturels pesant sur les performances socioéconomiques. De ces éléments d'information évolutifs dans le temps et dans l'espace, vont forcément découler des indications appropriées d'appréciation de la nécessité et de l'urgence d'agir. Le cas échéant, ils serviront à orienter les mesures d'adaptation des pratiques de gestion, de par l'existence de problématiques émergentes ou persistantes. En particulier, les notions de 'variabilité climatique' et de 'changement climatiques' vont être explicitées.

Les tendances actuelles du climat v/s Variabilité climatique

Les tendances actuelles - ou durant le XXe siècle - s'apprécient sur la base des caractéristiques des précipitations à partir de 1901. En particulier, la notion '*variabilité climatique*' se réfère aux évolutions du système climatique - océans / surface terrestre / atmosphère - à l'échelle décennale. Concrètement, ce sont les spécificités de cette évolution qui vont déterminer l'opportunité, ou non, de changer de paradigme de gestion. Et une interrogation qui taraude légitimement l'esprit est de savoir si les évènements pluviométriques extrêmes - qualifiés par certains de « crises climatiques » - sont le résultat d'une modification sur le long terme des conditions climatiques, ou s'agit-il d'une sensibilité accrue des sociétés, ou d'une attention plus grande des médias à ces évènements. Un questionnement que les analyses suivantes vont tenter d'élucider.

Tendances globales v/s GIEC

Au plan mondial, l'Organisation Météorologique Mondiale (OMM) et le PNUE ont mis en place en 1988 le GIEC. L'objectif est de mieux comprendre les risques liés au changement climatique d'origine humaine, cerner ses conséquences possibles et envisager d'éventuelles stratégies d'adaptation et d'atténuation. Le mode de fonctionnement de cet organisme intergouvernemental spécialisé, est d'évaluer objectivement des informations d'ordre scientifique, technique, socio-économique ; à partir d'études effectuées par des organismes pluridisciplinaires internationaux renommés, et publiées dans des revues scientifiques de premier plan. Il n'a pas pour mandat d'effectuer de nouveaux travaux de recherche fondamentale.

D'après le GIEC, ce sont les changements du forçage radiatif d'origine anthropique, volcanique et solaire, qui sont à l'origine de l'évolution du climat global durant le XXe siècle, et par conséquent des précipitations moyennes. Il précise dans son rapport 2013 que plus de la moitié de l'augmentation de la température à la surface du globe, entre 1951 et 2010, provient de l'augmentation des concentrations de gaz à effet de serre engendrée par les activités humaines, et à d'autres forçages anthropiques conjugués. Sur la base de modèles publiés en 2007 et 2008, et à l'échelle planétaire, la dynamique climatique actuelle se distingue par des tendances assez nettes au plan géographique. Dans les latitudes comprises entre 10°S et 30°N, on observe une période relativement humide allant des années 1950 aux années 1970 ; et depuis lors, suivie d'une phase de baisse des précipitations ayant provoqué un doublement de la superficie des terres considérées comme très sèches. Dans les latitudes les plus septentrionales des différents continents, les précipitations sont en augmentation. Enfin dans presque tous les domaines climatiques, il ressort une hausse de la fréquence des épisodes de fortes précipitations, à cause de l'augmentation de la vapeur d'eau atmosphérique provoquée par le réchauffement.

En particulier, l'Afrique est la région du monde ayant connu la plus forte diminution des précipitations durant les cinquante dernières années, avec toutefois une évolution non uniforme dans le temps et dans l'espace. S'agissant de la dynamique interannuelle, ou d'une année à une autre, les précipitations sont très irrégulières. De plus en plus, on constate une succession brusque de périodes d'excès ou de déficit pluviométrique, comme le confirme des faits relatés dans le rapport 2012 de l'OMM[68] (voire *Encadré* et *Focus* en fin d'analyse). Pour confirmation, la station pluviométrique de Dakar-Yoff (Sénégal) a enregistré 751 mm en 1969, et seulement 177 mm en 1970 (Dasylva, 2001).

Tendance régionales

En *zone soudano-sahélienne*, la tendance globale se caractérise par une forte diminution des précipitations au début des années 1970. Dans les faits, la saison des pluies y est devenue plus courte et moins humide, et la période sèche logiquement plus prononcée. En réalité, il s'est produit un glissement vers le sud des isohyètes, provoquant ainsi un élargissement de la bande sahélienne, contre un rétrécissement logique de la zone à climat soudanien. **Et ce n'est qu'à partir du milieu des années 1990 que cette péjoration exacerbée des conditions climatiques s'est atténuée, mais sans pour autant que la bande soudano-sahélienne ne retrouve les précipitations abondantes qu'elle connaissait au cours des décennies 1950 et 1960**. Au final, ce qu'on retient de cette phase de moindre pluviosité, c'est : (i) une contraction de l'hivernage, (ii) une diminution de la fréquence des pluies journalières intenses, (iii) une réduction du nombre d'événements pluvieux. Sur ce, on devine les impacts très pénalisants sur le monde rural, l'économie et l'environnement, comme on va le démontrer plus tard.

Plus spécifiquement dans *le Sahel*, c'est ici que les tendances de baisse des pluies annuelles les plus importantes sont observées, une dynamique s'inscrivant dans un processus historique d'aridification de cette zone proche du Sahara. En guise de preuve, la courbe retraçant l'évolution des précipitations de 1919 à 19998 dans la région de Dakar, permet de constater un effondrement de la pluviométrie après 1968 (figure 11). La moyenne interannuelle est passée de 574 à 342 mm, soit un écart de 232 mm entre les deux périodes ; ce qui correspond à un déficit de 40 % (Dasylva, Cosandey, 2009)[69]. Si on retient le seuil de 20 % pour définir les périodes de sécheresse, on peut affirmer que cette dernière est assez sévère. Dès lors, **la reprise pluviométrique annoncée en Afrique de l'Ouest après 1990, ne serait « gagnante » que si elle a un impact positif sur la reconstitution des réserves hydriques** (voire plus loin). Par exemple, une pluviométrie d'environ 700 mm est

---

[68] OMM, 2012. « Déclaration de l'OMM sur l'état du climat mondial en 2011 », *OMM*-n°1085, 24p.

[69] Dasylva S., 2009 - *Inondations à Dakar et au Sahel. Gestion durable des eaux de pluie*. Dakar, Enda Éditions, 267p.

nécessaire pour assurer une reconstitution efficace des nappes superficielles occupant les sables dunaires de la zone, ce qui est loin d'être le cas avec les précipitations actuelles (Dasylva, Cosandey, 2005[70]).

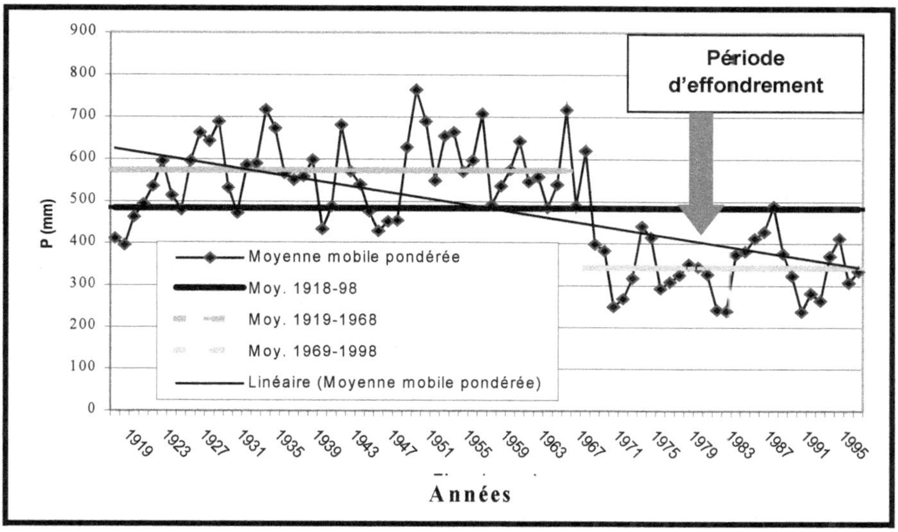

Figure 11 : Tendance d'évolution de la pluviosité à la station de "Dakar-Yoff" (1919-1998) (Source : Dasylva, 2001)

En *Afrique de l'Est* et *australe,* aucune tendance pluviométrique à long terme ne s'est dégagée au cours des cinquante dernières années (Camberlin *et al,* 2002[71]), une succession aléatoire de phases de sécheresse et d'inondation étant constatée. La variabilité climatique se manifeste par une prédominance de périodes de faibles précipitations, interrompues parfois par des années plus pluvieuses comme ce fut le cas en 1961 et 1997. Dans ces deux secteurs géographiques, il apparaît : (i) une modulation du cycle saisonnier, notamment de l'amplitude entre saisons des pluies et saisons sèches (Bigot *et al,* 1998[72]), (ii) une

[70] Dasylva S., Cosandey C., 2005 – « L'exploitation de la nappe des sables quaternaires pour l'alimentation en eau potable de Dakar : une offre compromise par l'insuffisance de la recharge pluviométrique ». *Géocarrefour.* 80(4)

[71] Camberlin P., Beltrando G., FONTAINE B., Richard Y., 2002 : « Pluviométrie et crises climatiques en Afrique Tropicale : changements durables ou fluctuations interannuelles ? » *Historiens et Géographes*, 379, 263-273

[72] Bigot S., Moron V., Mélice J.L., 1998 – « Fluctuations pluviométriques et analyse fréquentielle de la pluviosité en Afrique centrale », Water Resources Variability in Africa during the XX° Century Conference, IAHS Publications n° 252, Abidjan, Côte d'Ivoire, 8p.

amplification du différentiel de variation interannuelle des précipitations à partir des années 1970, leur réponse aux événements El-Nino devenant plus franche (Richard *et al.*, 2001[73]). En rappel, on a souligné auparavant l'existence d'un lien, entre les années de déficit pluviométrique en Afrique orientale et australe, et le réchauffement des eaux de l'Océan indien. Autrement dit, la faible pluviosité - à cause du refroidissement des eaux de surface dans la partie occidentale de cet océan - en Ethiopie, au Kenya, en Tanzanie, en Zambie, au Malawi et au Zimbabwe, est corrélée à une augmentation des précipitations dans la façade orientale de l'Océan indien, ou des côtes indonésiennes.

En *Afrique centrale*, les données disponibles montrent, globalement, une évolution des précipitations dans le bassin du Congo assez constante. Les exceptions sont certains secteurs littoraux localisés à l'ouest du Gabon et de la République du Congo, sous influence directe des températures océaniques. Comparées aux autres sous-régions, les variations interannuelles sont plus atténuées, et assez peu organisées dans l'espace. Malgré la tendance stationnaire globalement admise, une évolution nuancée est néanmoins constatée. D'abord, la décennie 1960, régionalement très pluvieuse (Bigot *et al*, 1998), a été succédée à partir de 1970 par un cycle considéré comme le plus sec depuis 1951, mais moins spectaculaire qu'au Sahel, c'est-à-dire ayant peu affecté l'environnement et le quotidien des populations. Ensuite, les années 80 sont considérées comme la période la plus déficitaire (Bigot, 1997[74]). Par ailleurs, cette dynamique relativement négative de la pluviométrie caractérise aussi le littoral du golfe de Guinée ces dernières années (Paturel *et al.*, 1998[75]), avec cependant une faible différence d'une année à une autre.

---

[73] Richard Y., Fauchereau N., Poccardi I., et al., 2001 – "XX° Century Droughts in Southern Africa Spatial and temporal variability, teleconnections with oceanic and atmospheric conditions". *International Journal of Climatology*, 21, 873-885.

[74] Servat, E., Paturel, J. E., Lubes-Niel, H., Kouame, B. & Masson, J. M. (1996) « Variabilité des régimes pluviométriques en Afrique de l'Ouest et centrale non sahélienne ». *Géosciences de Surface*, 324, 835-838.

[75] Paturel J. E., Servat E., Delattre M. O., 1998 – « Analyse de séries pluviométriques de longue durée en Afrique de l'Ouest et Centrale non sahélienne dans un contexte de variabilité climatique ». *Hydrological Sciences-Journal-des Sciences Hydrologiques*, 43(6), 937-947

◗ Au final, le fait marquant retenu de l'évolution tendancielle des précipitations actuelles, est une répétition accrue dans le temps et dans l'espace des catastrophes naturelles de type inondation et sécheresse (focus ci-dessous). Et l'intensité de ces phénomènes aléatoires extrêmes a été mis en exergue dans le rapport 2012 de l'OMM, par ces faits relatés : (i) les pluies excédentaires du 21 au 23 décembre ont entraîné des inondations dévastatrices à Dar es Salam (Tanzanie) ; (ii) au Nigéria, les pluies torrentielles qui se sont abattues du 28 au 29 août sur certaines régions du sud-ouest ont provoqué les pires inondations des douze dernières années ; (iii) au Zimbabwe, de fortes pluies, les plus abondantes des trente dernières années, sont tombées sur le pays en janvier ; (iv) en Afrique de l'Est, une sécheresse dévastatrice - une des plus graves des 60 dernières années - a sévi, et cela après deux saisons des pluies désastreuses. Globalement dans le monde, le nombre de catastrophes liées à la sécheresse ou aux inondations a, respectivement, augmenté de 230 % et de 38 %, entre les années 1980 et 2000, tandis que le nombre de personnes exposées aux inondations est en hausse de 114 % (rapport GEO_5, 2012).

• ***Focus sur deux types de catastrophes naturelles*** *: Sécheresse et Inondation v/s processus*

La sécheresse - tout comme d'ailleurs la désertification (cf. § sur l'agriculture) - est un phénomène environnemental planétaire, car touchant un très grand nombre de zones et de populations - environ trois milliards de personnes -. Dans le continent, cette calamité sévit dans plusieurs secteurs géographiques, notamment la Corne de l'Afrique (Éthiopie, Kenya, Djibouti et Somalie), la zone sahélienne (Mauritanie, Sénégal, Mali, Burkina, Niger et Tchad) et l'Afrique australe (Tanzanie, Zambie, Zimbabwe, Malawi, Angola, Mozambique, Swaziland, Afrique du Sud, Botswana, Lesotho et

Namibie). Ce fléau se produit lorsque les précipitations sont très sensiblement inférieures aux niveaux normalement enregistrés, d'où un manque d'eau faisant que le sol et la flore sont considérablement affectés. Selon les cas, sa manifestation peut être cyclique, exceptionnelle ou localisée. Pour précision, on distingue principalement trois types de sécheresse : (i) une sécheresse météorologique, liée au déficit pluviométrique, (ii) une sécheresse agronomique, due au manque d'eau nécessaire à la croissance des cultures, (iii) une sécheresse hydrologique, provoquée par une insuffisance de la quantité d'eau nécessaire au fonctionnement normal des cours d'eau.

Parmi les impacts, on retient un démarrage fluctuant de la période des pluies ; une réduction et un arrêt précoce de l'hivernage, avec des séquences sèches au début et au milieu de la saison ; une baisse et une mauvaise répartition du nombre de jours de pluie et du volume des précipitations. Sur la base de ces phénomènes induits, il devient donc indispensable de sécuriser davantage l'approvisionnement en eau, si l'on veut maintenir les performances et les conditions de vie à un niveau acceptable. Pour preuve, les sécheresses les plus graves entre 1900 et 2011 ont fait en Éthiopie 300 000 victimes (1982-84), et 150 000 au Soudan (1982-84). Ces statistiques sont issues de la base de données sur les catastrophes de l'Office des affaires étrangères des États-Unis.

A propos des inondations, ce risque a plus que doublé depuis 1980 dans le continent. En effet, la variabilité pluviométrique se traduit aussi par des évènements de plus en plus intenses, à l'origine d'inondations récurrentes et destructrices. En Afrique de l'Ouest par exemple, la période d'après 1990 est marquée par une augmentation de l'intensité des pluies les plus fortes, et cela à des niveaux jamais atteints depuis 1950 (Panthou, 2013)[76]. Ces phénomènes réguliers, exceptionnels et/ou catastrophiques, peuvent se déclencher selon un processus lent ou rapide, et déboucher sur une submersion temporaire d'une zone habituellement sèche par des eaux allochtones ou autochtones.

Les facteurs déclencheurs, d'origine naturelle ou humaine, sont multiples. Parfois, les inondations proviennent d'un débordement

[76] Panthou G., 2013 - *Analyse des extrêmes pluviométriques en Afrique de l'Ouest et de leur évolution au cours des 60 dernières années*. Thèse de doctorat de l'Université de Grenoble. 282 p.

direct d'un cours d'eau de son lit habituel, suite à une crue alimentée par de fortes précipitations ou la fonte des neiges. De même, elles peuvent découler d'une remontée d'une nappe souterraine jusqu'en surface, ce qui favoriserait aussi une accumulation des eaux de ruissellement en surface - un autre facteur déclencheur -. Enfin, une rupture d'un ouvrage de génie civil - par exemple un barrage ou une digue - constitue un dernier processus majeur à l'origine de ce phénomène. ***Pour précision, le type d'événement (ou aléa) ciblé dans ce projet est le ruissellement pluvial. Les problématiques abordées sont centrés sur le processus de production, la gestion de sites alimentés par ce phénomène, l'évolution des réserves hydriques dépendantes de la pluie et/ou les contraintes d'infiltration provoquées par la présence d'une nappe superficielle pérenne ou par un changement des états de surface.***

En Afrique ces dernières années, plusieurs pays font régulièrement face à des inondations dévastatrices, causant des pertes en vie humaine, des dommages sur les activités et infrastructures socioéconomiques, de même que sur la santé publique. En 2007, une des pires années de catastrophe de la dernière décennie, les inondations ont provoqué 250 morts et 650000 sans-abri, dans dix-huit pays africains ; et cela sur une zone s'étendant de la Mauritanie au Kenya, et en Afrique australe (in Dasylva, 2009). D'ailleurs, cette référence est un ouvrage axé sur la question des inondations à Dakar et dans le Sahel, en abordant ses causes plurielles, la diversité des enjeux liés à sa gouvernance et les axes d'un plan d'actions de maîtrise durable applicable dans cet espace géographique.

◗ La répétition soutenue dans l'espace et dans le temps de ces périodes de sécheresse et d'inondation confirme que les eaux pluviales renferment une dimension 'risque' et 'ressource', deux aspects qu'une approche de gestion contextualisée doit prendre en considération. Mais sur la pertinence de changer de paradigme de gouvernance, qu'en est-il des prévisions futures sur le climat ? Les projections vont-elles dans le sens des évolutions actuelles, ou indiquent-elles un renversement des tendances ? L'hypothèse est qu'une persistance sur le moyen et le long terme des évènements observés aujourd'hui, constitue une indication supplémentaire de la nécessité d'appliquer, d'urgence, des mesures de gestion intégrant la diversité des enjeux se rapportant au contexte actuel.

Les tendances futures du climat selon le GIEC v/s Changement climatique

Un constat : les températures à la surface du globe ont augmenté de plus de 0,8° C au cours du siècle dernier, et d'environ 0,6° C durant les trois dernières décennies. Pour le futur, on s'attend à ce que cette hausse continue à un rythme d'au moins 2° C pendant ce XXIème siècle. Comme argument de justification, il existe un consensus scientifique sur le fait que les activités humaines font partie des facteurs à l'origine du phénomène, même si des divergences subsistent quant aux paramètres les plus déterminants.

Le 'changement climatique' désigne les tendances sur le long terme de l'évolution des températures, des précipitations et de la variabilité du climat, en faisant surtout référence aux aspects découlant entièrement ou en partie des activités humaines (cf. analyse ci-dessus). Ainsi, les scénarios du changement climatique tentent, en général, de représenter le climat dans 50 ou 100 ans, les résultats des modèles sur l'Afrique étant mentionnés sur la figure 12. Et une première remarque est que le phénomène de réchauffement global est 1,5 fois plus rapide dans le continent, que la moyenne mondiale. En Afrique, la vulnérabilité se manifeste par des températures élevées, des précipitations moins prévisibles et une charge écologique plus forte, et cela rappelons-le, dans un contexte de capacité de résilience limitée des États et des populations.

Sur la représentativité des résultats issus des projections, il est admis que les modèles climatiques sont relativement satisfaisants pour prévoir l'évolution des températures dans le continent. Selon la trajectoire actuelle, ils indiquent, globalement, une hausse moyenne estimée entre 3 et 4° C environ, pour les périodes 1980-99 et 2080-99. En revanche pour la pluviométrie, les résultats des modélisations sont assez contrastés. À cause des lacunes observées dans les données, de même que l'imprécision des modèles régionaux, les projections comportent localement des incertitudes, la complexité du climat ne facilitant pas les perspectives de projection. Au plan géographique, en Afrique de l'Ouest par exemple, aucune conclusion claire ne peut être tirée sur le régime des précipitations. Certains modèles prédisent une sécheresse significative et d'autres, un retour progressif de l'humidité, de même qu'une extension de la végétation dans le Sahara. Comme enseignement, l'Afrique du Nord, l'Afrique australe ou l'Afrique de l'Est sont les régions où l'incertitude est la moins forte.

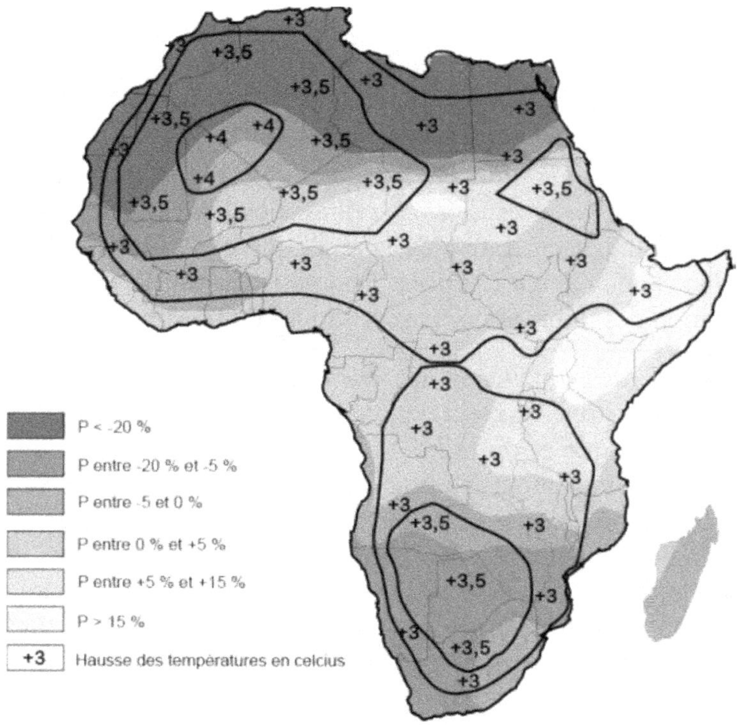

Figure 12 : Prévisions du changement climatique en Afrique, 2080/99 v/s 1980/99 (Source : carte du GIEC 2007 redessinée)

À propos des tendances régionales, la moyenne annuelle des précipitations devrait baisser de l'ordre de 20 % le long de la côte méditerranéenne, avec une extension dans la zone située au nord du Sahara et en Afrique de l'ouest. Il en sera de même des pluies d'hiver en Afrique australe, mais à une proportion d'environ 40 %. En revanche en Afrique centrale et orientale, les modèles annoncent un accroissement de la pluviosité moyenne d'environ 7 %.

Au plan des précipitations mensuelles, cette augmentation serait de 10 à 35 % durant les mois de décembre, janvier et février ; et de 7 à 28 % pour les mois de septembre, octobre et novembre.

S'agissant de la mousson en particulier, il est prévu une extension des zones soumises à ce phénomène, mais avec une apparition précoce et une fin tardive des évènements pluvieux (GIEC, rapport 2013).

Concernant les phénomènes météorologiques extrêmes - manque et excès d'eau -, leur récurrence et leur intensité au cours du XXIe siècle devraient occasionner une fréquence plus marquée des crues et des sécheresses, dans plusieurs régions. **La multiplication des épisodes de fortes précipitations augmentera particulièrement le risque de crue d'origine pluviale, et deux milliards de personnes seraient menacées par les inondations en 2050 selon le PNUD**.

Le phénomène El Nino en Afrique orientale et méridionale, et le binôme sécheresse/désertification dans les pays circum-sahariens, favoriseraient une accélération de la répétition et de l'intensité des pluies exceptionnelles. D'après le GIEC, l'on assistera à l'horizon 2080 à une augmentation des terres arides et semi-arides de l'ordre de 5 à 8 %.

◗ On retient des tendances actuelles et futures, une persistance des phénomènes extrêmes. Déjà dans les régions d'Afrique australe, de la corne de l'Afrique et du Sahel, de vastes territoires sont aujourd'hui confrontés à une augmentation de la température, une saison des pluies moins prévisible, un allongement et une fréquence accrue des périodes de sécheresse, de même que des évènements extrêmes provoquant des inondations. Plus particulièrement, des changements à évolution lente, ou semi-permanents ou permanents - telles que la montée du niveau des mers, la baisse des nappes phréatiques ou la progression des déserts, entre autres - doivent aussi être l'objet d'une attention appropriée.

Pour autant, est-ce que les évolutions climatiques sont suffisantes à elles seules pour convaincre les parties intéressées de l'intérêt d'un ajustement des pratiques de gestion ? Dans le doute, une approche pertinente ne serait-elle pas d'indiquer les coûts socioéconomiques et environnementaux associés aux pluviométries extrêmes, qui sont mieux perceptibles ? C'est ce que cherche à démontrer le chapitre suivant.

CHAPITRE 6

DES EFFETS DES TENDANCES PLUVIOMÉTRIQUES ACTUELLES ET FUTURES ET DE LEUR GESTION

On définit le risque comme l'occurrence d'un aléa - phénomène naturel potentiellement dangereux -, dans une zone géographique concentrant des enjeux humains, économiques ou environnementaux. Au regard des faits d'actualité, l'Afrique renvoie l'image d'un continent structurellement vulnérable aux chocs des évènements extrêmes 'humides' et 'secs'. Parmi les facteurs aggravants sa faible capacité de résilience, figurent les contraintes capacitaires, les conflits sociopolitiques, l'urbanisation non maîtrisée, les épidémies et les charges déséquilibrées sur l'environnement, entre autres.

Dans ce chapitre, le type d'informations recherché est une connaissance des contraintes pluviométriques sur l'activité économique et les conditions de vie, et cela en termes d'impacts potentiels, directs et/ou indirects. Il s'agit de renseignements représentatifs des freins réels au développement, en lien avec les dysfonctionnements provoqués par les évolutions climatiques sur les ressources naturelles fonctionnelles, les territoires et le capital humain. Auparavant, pour une meilleure compréhension des enjeux, il serait utile d'expliciter les mécanismes - ou processus - par lesquels l'environnement agit sur la productivité ; la cible étant les thématiques abordées dans la première partie.

1 - De la nature des pressions sur l'environnement et des contraintes au développement causées

Via l'environnement, quels sont les processus systémiques par lesquels les situations climatiques décrites dans le chapitre précédent, parviennent à agir négativement sur les performances ? En effet, en plus des bénéfices pour le tourisme, les ressources environnementales fournissent, de multiples manières, les matières de base aux secteurs de la production alimentaire - qu'elle soit destinée à la consommation locale, au commerce national et international -, de la construction et des produits pharmaceutiques, entre autres. Finalement pour la société, les services rendus assurent un rôle essentiel dans la sécurité alimentaire et nutritionnelle. Assez souvent, et surtout en milieu rural, les ressources naturelles écosystémiques constituent une source directe d'approvisionnement en aliments de subsistance - fruits, légumes, épices, viandes, poissons, champignons comestibles -. Par exemple au Zimbabwe, les données nationales publiées en 2009 par le Ministère de l'environnement ont dénombré 50 espèces de champignons et d'espèces végétales sauvages, et 25 pour les fruits. Enfin, l'utilité de la biodiversité pour la médecine traditionnelle a été déjà évoquée : près de 80 % de la population vivant dans les villages a recours à cette forme de thérapie, d'après un rapport de l'OMS publié en 2009.

Mais aujourd'hui, des pressions d'origine climatique menacent sérieusement la préservation l'environnement, et partant ses fonctionnalités multiples et essentielles. A cause des phénomènes physiques, mais aussi de modes d'usage inappropriés du milieu, le potentiel productif des milieux se fragilise considérablement dans le continent, et localement à une très grande vitesse. De nos jours, les formes de vulnérabilité les plus répandues sont la perte de surfaces culturales, l'augmentation de la pollution, la réduction des zones humides et des forêts, et la chute de la biodiversité, entre autres. En guise d'illustration, 19 % des forêts sont classées comme dégradées en Afrique, les pertes annuelles étant estimées à plus de 4 millions d'hectares - deux fois plus que la moyenne mondiale -.

Sur le tableau 21 ci-dessous, il est synthétisé les multiples impacts occasionnés par les charges climatiques déséquilibrées sur les ressources - naturelles et humaines - productives, et aux conséquences très pénalisantes sur les performances socioéconomiques *in fine*.

Aléas naturels / Pressions climatiques	**Principaux impacts socioéconomiques**
Imprévisibilité des conditions météorologiques	Diminution du rendement et de la qualité des cultures vivrières ; Bouleversement du calendrier agricole ; Actions préventives difficiles à prévoir ;
Réchauffement des températures	Propagation des maladies sensibles aux conditions météorologiques (paludisme, méningite, Dengue, Ankylostomiase, Ascaridiase, fièvre de la Vallée du Rift) ; Mortalité infantile et des personnes âgées ; Baisse de biodiversité continentale ;
Occurrence de périodes de sécheresse	Dégradation des parcelles agricoles ; Insécurité alimentaire et nutritionnelle ; Baisse des revenus ; Accès réduit aux plantes médicinales ; Conflits liés à l'accès aux ressources naturelles comme l'eau, les forêts et les pâturages ; Développement des maladies liées à la pénurie d'eau ; Baisse de l'offre hydrique ; Renouvellement inefficace des réserves hydriques ;

	Manque de fiabilité de l'approvisionnement en eau ; Surexploitation des ressources en eau souterraines ;
Occurrence de périodes d'inondation	Destruction des parcelles, de la production agricole et des infrastructures socioéconomiques ; Insécurité alimentaire ; Propagation des maladies d'origine hydrique (choléra, fièvre de la Vallée du Rift, typhoïde et schistosomiase) ; Développement de l'érosion hydrique ; Glissements de terrain ;
Stress hydrique	Baisse des rendements agricoles et pastoraux ; Insécurité alimentaire et nutritionnelle ;
Élévations du niveau de la mer	Inondations ; Érosion des zones côtières ; Intrusion saline dans le domaine continental ; Dégradation des écosystèmes côtiers ; Pollution des ressources en eau douce côtières ;

Tableau 21 : Les principaux impacts socioéconomiques causés par les pressions climatiques (Source modifiée: PNUE)

Dans le cas spécifique des ressources hydrauliques, un fait inquiétant est que 75 % du taux de réduction des réserves s'est réalisé pendant la deuxième moitié du 20ème siècle (Dieudonné, 2001)[77]. Pour mesurer localement les impacts de la péjoration des conditions pluviométriques sur les ressources en eau, nos résultats de recherche sur la Nappe des Sables Quaternaires (NSQ) de la région de Dakar vont servir d'exemple. En calculant le bilan annuel hydrologique de cette nappe dans différents scenarii pluviométriques, on trouve un solde final négatif pour une pluviosité annuelle moyenne et déficitaire. Cela signifie que la recharge pluviale, dans ces deux cas de figure, est insuffisante pour assurer une réalimentation permettant de préserver la NSQ des différentes sollicitations dont elle fait l'objet. En d'autres termes, c'est seulement une pluviosité humide, de récurrence décennale, qui permet d'obtenir une recharge efficace ; gage de reconstitution et de sauvegarde de la ressource sur le moyen et le long terme. Étant donné ces dernières années les précipitations dans la région sont au mieux égales à la normale, exception faite à l'année 1989 où la pluviométrie moyenne annuelle a avoisiné les 600 mm, on en déduit qu'actuellement la NSQ est en situation de non recharge (Dasylva et al, 2005). Et aujourd'hui, c'est ce contexte climatique défavorable qui explique surtout la dynamique globale de dégradation de cette potentialité hydrique majeure, et des écosystèmes associés. En rappel, elle sert de ressource pour l'activité agricole et

[77] Dieudonné, G., 2001 – « Afrique : le continent le plus vulnérable ». *Bulletin Africain (Point de vue)*, n°14 hors-série, Enda Tiers-Monde, Dakar (Sénégal)

l'alimentation en eau potable de la ville de Dakar (Dasylva et al, 2003[78]). A l'échelle continentale, cette tendance de baisse quantitative des ressources en eau, s'observe aussi dans différentes zones géographiques, comme précisé plusieurs fois le long du texte. En rappel, le débit du fleuve Niger a localement (Onitsha) diminué de 30 % entre 1971 et 1989, celui des fleuves Sénégal et Gambie de près 60 % ; des ordres de grandeur relativement plus importants que ceux des précipitations.

◗ Au plan social, le manque ou l'excès d'eau - sécheresse et inondation - provoque parfois des déplacements massifs de population, ou des migrations climatiques. Les études de Myers (2005) évaluent à près de 30 millions dans le monde, le nombre de personnes impactées par la désertification, les inondations, l'élévation du niveau de la mer ou d'autres conditions météorologiques extrêmes. En 2008, OCHA (Office for the coordination of humanitarian affairs) renseigne que c'est près de 700 000 personnes qui ont été déplacées sur le continent, à cause de catastrophes naturelles. Durant la période de sécheresse 1969-1974 au Niger, et immédiatement après, les mouvements de populations vers les villes ont progressé de 6 à 10 %, - rapport 2011 du 'Programme Understanding Children's Work' (UCW) -. En revanche, dans une approche positive, la migration peut être perçue comme une adaptation appropriée aux effets du changement climatique. Non seulement, elle favorise une recomposition de l'occupation de l'espace, mais aussi, elle représente une source potentielle de main d'œuvre dans les zones d'arrivée.

Après l'identification des processus systémiques par lesquels le paramètre climatique intervient, est-ce que les contraintes réelles - ou observées actuellement - justifient l'urgence d'agir ? En d'autres termes, quels sont les ordres de grandeur des pertes imputables à la variabilité pluviométrique et/ou sa gestion inadaptée ?

2 - Des impacts quantitatifs ou qualitatifs associés à la variabilité climatique actuelle

La vulnérabilité au climat est la susceptibilité d'un système naturel ou humain d'être négativement affecté par des chocs provoqués par la variabilité de plus en plus extrême des pluies. Mais également, elle dépend de la capacité d'anticipation, de résistance ou d'adaptation à ces impacts, ou à se remettre des perturbations occasionnées. Globalement, on peut lutter contre la vulnérabilité par la mise en place de deux types de mesures, notamment en renforçant les capabilités de résistance et de

[78] Dasylva, Cosandey, 2003 – « Assèchement des "niayes" (bas-fonds agricoles) de la Région de Dakar durant la période 1960-1990 : variabilité spatiale et rôle joué par la pluviosité ». *Sud Science et Technologie*, 11, 27-34.

résilience. Par définition, et en réponse à un événement non souhaité, il s'agit respectivement de « l'aptitude d'un système à résister face à ce phénomène » et de « l'aptitude d'un système à récupérer un fonctionnement normal suite aux conséquences d'un aléa ». Étant donné le lien bidimensionnel 'santé et développement' a déjà été abordé dans la première partie, l'analyse suivante va s'intéresser aux contraintes socioéconomiques, aussi, en partie, liées au manque ou à la qualité défectueuse des équipements d'assainissement, entre autres.

Quelques données générales

Depuis 1970 selon les Nations Unies, plus de 7000 catastrophes majeures enregistrées dans le monde ont occasionné des dommages matériels estimés au minimum à 2000 milliards USD, et des pertes en vie d'au moins 2,5 millions de personnes. Au Sénégal, les sources officielles gouvernementales et des partenaires au développement ont annoncé que les inondations de 2009 ont touché plus de 300 000 personnes, et provoqué des dégâts d'une valeur de près de 90 millions USD, ou 45 milliards de FCFA. Surtout, on s'est rendu compte que ce sont les logements (biens immobiliers personnels) qui ont payé le plus lourd tribut, avec 49 % des dommages.

Dans les Pays en développement, les sommes financières nécessaires pour bâtir des systèmes résilients représentent une part énorme dans les budgets nationaux, devant financer plusieurs priorités concurrentielles. *In fine*, du fait de l'insuffisance des ressources mobilisables et mobilisées, l'activité et les biens socioéconomiques, de même que la société, se retrouvent potentiellement vulnérables, de multiples manières, aux aléas pluviométriques. Des dysfonctionnements que l'analyse ci-après tente de cerner, en ciblant les situations les plus significatives.

Répercussions des extrêmes pluviométriques au plan socioéconomique

Concrètement, pour mesurer les effets pénalisants induits par la répétition des sécheresses et des inondations dans les conditions de vie et les performances, les rapports de la FAO de 2011 et des Nations Unies de 2008 - Département des affaires économiques et sociales -, ont fourni ces informations. Au plan social, par exemple en 2009, l'irrégularité des pluies survenue localement au Niger, au Tchad, au Mali, au Burkina Faso et au nord du Nigeria, a été à l'origine d'un important déficit de production en cultures vivrières et en fourrage, et aussi d'une pénurie d'eau pour le bétail. Cette situation agricole néfaste a directement conduit à une crise alimentaire et nutritionnelle, dont plus de 10 millions de personnes ont été victimes. S'agissant des inondations, les pluies torrentielles de 2011 en Afrique australe ont négativement influencé sur la sécuritaire alimentaire en milieu rural, en détruisant des milliers d'hectares de terres agricoles.

Sur les performances socioéconomiques, c'est le troisième 'Rapport mondial des Nations Unies sur la mise en valeur des ressources en eau' (WWDR3 en anglais) de 2010, qui mentionne ces situations contre-productives, mais représentatives des impacts des extrêmes pluviométriques. En Éthiopie, l'incapacité à lutter contre la variabilité climatique a entraîné une baisse de 38 % du PIB, d'où une prévision d'augmentation de la pauvreté de 25 % sur la période 2003-2015. Au Mozambique, les inondations de l'an 2000 ont engendré une baisse de 23 % du PIB, et une augmentation de l'inflation de 44 %. Au Kenya, les effets conjugués des inondations hivernales de 1997-98 et de la sécheresse de 1998-2008, ont provoqué des dégâts estimés à 4,8 millions USD, ou une perte de 16 % de PIB.

Répercussions des extrêmes pluviométriques sur le marché mondial des produits agricoles

En plus des faits évoqués ci-dessus, la fragilité sociétale est davantage mise en mal par les incidences de la variabilité pluviométrique sur les cours mondiaux des produits agricoles, qui, finalement, sont d'un effet négatif sur le pouvoir d'achat et les conditions d'existence d'un très grand nombre. Selon un document de l'OCDE de 2008, les cours mondiaux du blé, du maïs, du riz et des oléagineux ont pratiquement doublé entre 2005 et 2007, de même que pour la viande, le sucre et les produits laitiers. En revanche, à partir de mi-2008, le prix de la farine, du maïs, du riz et d'autres céréales, a baissé, et cela grâce à une production alimentaire mondiale en augmentation, entre autres éléments de conjoncture favorables. Parmi les facteurs invoqués pour justifier la flambée des coûts, signalée en premier, les périodes de sécheresse ayant frappé les grandes régions céréalières, ont joué un rôle déterminant. Aussi, d'autres facteurs non climatiques peuvent conditionner l'inadéquation de l'offre en produits alimentaires : la faiblesse des stocks, la croissance de la demande à long terme découlant de l'augmentation des revenus, l'évolution des modes de consommation, la production d'agro-carburants au détriment des denrées agricoles de base, la dégradation et l'épuisement des ressources naturelles et l'insuffisance des investissements.

En tout cas, ces deux exemples sont assez représentatifs pour renseigner sur les perspectives d'impact d'une année de bonne ou de mauvaise pluviosité sur le marché mondial agricole, continuellement chahuté par des prix volatils ou erratiques. Selon les conditions météorologiques prévalant dans les régions de grande production ou de consommation, il se produit une répercussion quasi immédiate sur les transactions commerciales. Avec une répétition dans le temps, l'offre en produit alimentaire fluctue, et de façon brutale parfois ; à cause, surtout, de phénomènes imputables aux changements de pluviométrie.

Avec les retours d'expérience, on sait que les catastrophes naturelles de type sécheresse et inondation favorisent une hausse disproportionnée des prix. La baisse des récoltes provoquée par ces phénomènes extrêmes, perturbe, de façon multidimensionnelle, la planification des besoins. Ainsi, la décision du CILSS (Comité Inter-États de Lutte contre la Sécheresse dans le Sahel) de publier des prévisions sur les tendances pluviométriques au début de chaque campagne agricole, représente une initiative appropriée d'anticipation. Non seulement elle permet une adaptation des pratiques agricoles, mais aussi elle informe sur les tendances futures des transactions commerciales ; ce qui rend possible une programmation anticipée des dépenses ou des recettes budgétaires.

Par ailleurs, on a voulu approfondir la réflexion sur les données contenues dans le rapport 'Perspectives agricoles 2011-2020' de l'OCDE et de la FAO, paru en 2011. Précisément, elle porte sur les effets d'une augmentation ou d'une diminution de 5 % des rendements agricoles dans l'évolution des prix des produits alimentaires de base. Le principal enseignement est qu'en ordre de grandeur, une baisse de la production a plus d'impact sur les cours mondiaux, son augmentation n'engendrant qu'une faible baisse des prix. Autrement dit, une situation de mauvaise récolte, pour une raison pluviométrique par exemple, provoque plus d'effet sur les prix pratiqués sur le marché international, de par une proportion de hausse des tarifs relativement plus élevée. En cause, après une mauvaise récolte, l'offre en produits agricoles diminue, alors qu'en même temps la demande augmente car il faudra nourrir, non seulement les consommateurs habituels, mais aussi les agriculteurs ayant perdu une partie de leur production. Et le plus souvent, la conséquence ultime est une inflation des prix, ce qui peut accentuer la généralisation de la famine faute d'un pouvoir d'achat approprié. Pour précision, les ruraux constituent la catégorie de population la plus sensible à cette conjoncture fragilisante.

▸ En rappel, au-delà du fait que la hausse des prix soit davantage ressentie par les personnes et pays les plus démunis, une contrainte supplémentaire pour satisfaire la demande sociale est l'obligation pour les Pays en développement de consacrer une part encore plus importante de leurs revenus restreints aux importations. Par exemple, **les pays d'Afrique subsaharienne dépensent en moyenne jusqu'à 5 ou 6 % de leur PIB parfois, pour l'achat de produits alimentaires étrangers**. Et cette contrainte au développement, par une limitation du financement global destiné à l'investissement, risque de s'aggraver. L'OCDE annonce que les évolutions futures des conditions du marché ne seront guère meilleures. En moyenne, sur les dix prochaines années, les prix réels des céréales, du riz et des oléagineux, devraient être supérieurs entre 10 % et 35 %, comparés à ceux enregistrés au cours de la décennie écoulée, des statistiques publiées en 2008.

Par ailleurs pour information, il est mentionné dans le rapport 2010 des Nations Unies cité dessus, que sur la période 1998-2030, l'augmentation supplémentaire de la productivité agricole de 36 % ne serait réalisée qu'avec 13 % d'eau en plus. Ce signal laisse entrevoir que les progrès agronomiques peuvent néanmoins contribuer à contrebalancer l'insuffisance de l'approvisionnement en eau, par un recours à des plantes à cycle végétatif court, ou moins gourmandes en eau, par exemple.

Coûts et bénéfices liés au manque ou aux pratiques d'assainissement

On a vu que le continent accuse d'un important retard dans le domaine des infrastructures d'approvisionnement en eau et d'assainissement, ce qui devient un frein à l'amélioration continue des performances économiques et humaines. En 2003, les pertes globales occasionnées par le manque de dispositifs d'eau potable et d'assainissement en Afrique subsaharienne avaient coûté environ 28,4 milliards USD - environ 5 % du PIB -. Ces estimations sont mentionnées dans le 3e Rapport mondial sur la mise en valeur des ressources en eau, des Nations Unies de 2010. En particulier, dans un document publié par le programme Eau et assainissement de la Banque mondiale, il est mentionné que **le manque d'assainissement a coûté à dix-huit pays africains**[79] **près de 5,5 milliards USD par an, soit entre 1 et 2 % de leur PIB** (tableau 23). En plus de la destruction des équipements, les dépenses pour leur remise en

---

79 Bénin, Burkina Faso, Ghana, Kenya, Libéria, Madagascar, Mauritanie, Mozambique, Niger, Nigeria, Ouganda, République centrafricaine, République démocratique du Congo, République du Congo, Rwanda, Tanzanie, Tchad et Zambie.

fonctionnement constituent aussi un manque d'investissements au détriment de la mise en place de nouveaux services. Pour expliquer l'insuffisance des infrastructures, les montants mobilisés actuellement au profit de ce secteur, représentent moins de 0,1 % du PIB dans la majorité des 18 pays cités ci-dessus. En effet dans ce groupe, seuls cinq pays consacrent entre 0,1 et 0,5 % de leur PIB à la thématique de l'assainissement. Pourtant avec la Déclaration d'eThekwini, les pays africains se sont engagés à augmenter les crédits budgétaires destinés à ce secteur, jusqu'à au moins 0,5 % de leur PIB. Nous y reviendrons plus loin.

Pays	**Perte globale** (en USD)	**Annuelle** (en PIB)
Burkina Faso	171 millions	2 %
R D du Congo	208 millions	1,6 %
Bénin	104 millions	1,5 %
République centrafricaine	26 millions	1,2 %
Madagascar	103 millions	1%

Tableau 22 : Estimation des pertes liées au manque d'assainissement au plan national (source : données brutes PSEAU / Programme Solidarité Eau)

En rappel, le manque d'assainissement est inégalement ressenti dans la société, et que les populations pauvres sont doublement pénalisées. Non seulement elles sont les plus vulnérables au manque d'hygiène et aux maladies, mais aussi les dépenses pour faire face aux contraintes sont plus élevées dans cette catégorie de population.

Plus particulièrement à propos de la défécation à l'air libre - un phénomène assez courant en milieu rural et très impactant sur l'environnement et la santé publique -, les contraintes directes ou indirectes chez l'homme sont multiples, et surtout très coûteuses. C'est ce qu'on tente de démontrer sur le tableau 24, en mentionnant les estimations des pertes financières par pays. Selon la Banque mondiale, rien que le temps perdu pour trouver un endroit discret pour déféquer entraîne près de 500 millions USD de pertes. Encore une fois, ce sont les personnes à faible revenu qui sont les plus concernées par la défécation en plein air. Et en particulier, les femmes sont les plus désavantagées, avec un surplus de temps pour accompagner les enfants ou des personnes proches malades, ou âgées. Toujours d'après cette étude de la Banque mondiale, l'élimination de cette pratique dans les dix-huit pays cités plus haut, nécessiterait la construction et l'utilisation d'environ 23 millions de toilettes. A propos du coût unitaire des dispositifs utilisables, il est indiqué sur le tableau 19 (cf. première partie).

Pays	**Population** (en 2011)	**Coût des défécations en plein air** (en USD)	**Nombre de latrines à construire** (en million)
Burkina Faso	16.967.845	124 millions	2
Rép. Dém. du Congo	67.757.577	32 millions	1,5
Bénin	9.099.922	75 millions	1
République centrafricaine	4.487.000	9,1 millions	0,2
Madagascar	22.585.517	48 millions	1,5

Tableau 23 : Estimation des couts des défécations à l'air libre et du nombre de nouvelles latrines à construire

◗ Par ces statistiques, on vient de démontrer que le manque d'assainissement est très préjudiciable, ce qui justifie le besoin et l'urgence d'agir. D'autant plus qu'un renforcement des investissements dans ce secteur serait notamment porteur d'un rendement élevé. Selon les estimations, un (1) USD dépensé dans le secteur de l'eau et de l'assainissement en rapporte en moyenne huit (8) ; et cela, grâce à une baisse des coûts de mise en œuvre des systèmes de santé et aux gains de productivité générés, et aussi en dehors des bénéfices supplémentaires pouvant découler d'une valorisation économique des eaux de drainage. Il s'agit là d'une perspective intéressante à méditer pour les décideurs politiques nationaux, dans un contexte de faiblesse des investissements à destination de cette thématique. En finançant rationnellement l'assainissement, il s'agit de préserver et de consolider les journées de travail, pour le maintien ou le renforcement de la capacité productive. Aussi, la réalisation d'ouvrages et de prestations de services dans cette filière est source de mobilisation d'un grand nombre d'acteurs, et d'une forte diversité de compétences ; notamment dans les sous-secteurs de la construction et de l'entretien des équipements, et aussi de l'évacuation et du traitement des boues de vidange et eaux usées. De même, une valorisation des eaux pluviales de drainage pourrait se traduire par la création d'activités génératrices de revenus, ou par une préservation des ressources naturelles fonctionnelles, le premier aspect pouvant constituer un moyen d'autofinancement des infrastructures. Au-delà des profits immédiats, l'amélioration de l'accès à l'eau et à l'assainissement pourrait générer des effets rétroactifs positifs sur le moyen et long terme, et partant, favoriser un dynamisme plus durable.

Cependant à propos des contraintes socioéconomiques futures, que disent les prévisions sur les répercussions du changement climatique en Afrique ? Faute de mesures appropriées, la persistance des évènements actuels, comme démontré précédemment, irait-elle de pair avec une aggravation des impacts ? Si oui - toutefois un signal de confirmation des limites des mesures de gestion en application -, quels seraient les ordres de grandeur des pertes, ou des contre-performances ?

3 - Des impacts quantitatifs ou qualitatifs futurs de l'inaction contre le Changement climatique

D'emblée, ce constat contenu dans le rapport de la Commission économique des Nations unies pour l'Afrique (UNECA 2008, intitulé 'Changement climatique : perspectives africaines sur un accord pour l'après 2012'), retient particulièrement notre attention. « Bien que le continent contribue pour moins de 4 % du total des émissions de gaz à effet de serre, les États africains sont parmi les plus vulnérables aux impacts de l'évolution du climat ». A cause de l'insuffisance des réponses apportées, il existe un risque réel de fragilisation de la marche du continent vers l'émergence, si rien n'est fait. **Pour preuve, le changement climatique occasionnera une perte minimale de 2 % de PIB, et même plus de 5 % dans des pays comme le Sénégal, le Mali, la Mauritanie, le Niger, le Burkina** (BAfD, 2013). Un facteur explicatif fondamental est que le dynamisme socioéconomique dépend fortement de secteurs très sensibles aux évolutions climatiques, notamment l'agriculture et les services environnementaux directs.

Dans les analyses suivantes, le focus est mis sur les bouleversements induits dans les secteurs institutionnels ciblés dans la première partie, notamment considérés comme des thématiques-clés de développement. Afin d'obtenir des informations appropriées, les phénomènes déclencheurs indexés sont la fréquence accrue des phénomènes météorologiques extrêmes, l'augmentation des températures, la désertification, l'érosion et/ou la rareté de l'eau, entre autres.

Agriculture & Thématiques associées

Dans la continuité des phénomènes extrêmes observés actuellement, l'activité agricole sera affectée par une évolution de l'emplacement et de la productivité des terres agricoles. En particulier, il va se produire une modification des conditions biophysiques contrôlant le processus de croissance des plantes. Au regard de la gravité des prévisions, un risque majeur est de voir les zones rurales s'enfoncer davantage dans la pauvreté, par une baisse des revenus et des stocks alimentaires. Dans une étude récente de l'UNECA, portant sur une modélisation de l'effet de l'évolution des températures sur l'activité agricole, il est mentionné qu'une hausse de température de 2 ° C pourrait occasionner une perte moyenne de 4,7 % de PNB, ou 133 milliards USD en valeur absolue. Et il s'agit là d'une démonstration que les performances de l'agriculture africaine seront directement, et sensiblement perturbées par le changement climatique.

S'agissant des superficies agricoles, l'occurrence accrue de périodes de sécheresse, ou de manque d'eau, favorisera une accentuation du processus de dégradation des terres utilisées, ou utilisables. Le résultat ultime de ce processus serait forcément une baisse des volumes de production et des rendements. D'après le GIEC, certains modèles annoncent que d'ici à 2100, le changement climatique occasionnera une dégradation globale de quelques 600 000 km^2 de sol. Mais aussi, d'autres prévoient une amélioration des conditions de production sur 80 000 km^2 de terres agricoles considérées comme maigres. Dans le monde et à l'horizon 2050, la superficie des formations sujettes à un stress hydrique croissant, devrait être plus du double des surfaces soumises à un stress hydrique décroissant.

Une conséquence probable de ces bouleversements physiques, rendant la pratique de l'agriculture de plus en plus contraignante, serait un abandon de l'activité dans de vastes régions agricoles marginales, à moins que des mesures d'adaptation appropriées ne soient mises en œuvre. Avec l'Amérique latine, c'est semble-t-il le continent africain qui subira le plus de perte, en plus d'une évolution de l'emplacement des zones optimales de culture. On sait que la descente des isohyètes depuis les années 1970, a été suivie par un changement de position en latitude des zones cotonnières ouest-africaine (Club du Sahel, 2006)[80]. Cependant malgré ces tendances négatives, le continent africain disposera encore jusqu'en 2080, des plus grandes superficies agricoles exploitables de la planète. Mais, cette tendance favorable s'explique surtout par le faible taux de mise en valeur des terres, comme déjà souligné.

A propos des rendements agricoles, une étude de la FAO de 2008 renseigne que certains pays pourraient voir les récoltes diminuer de 50 % avant 2050. Particulièrement pour les cultures pluviales - activité dominante en Afrique -, le GIEC signale que le volume de la production serait localement réduit de moitié, au moins d'ici 2020. L'hypersensi-

[80] Club du Sahel et de l'Afrique de l'Ouest, 2006 – « Le coton ». *Atlas de l'intégration régionale en Afrique de l'Ouest*. Paris, www.atlas-ouestafrique.org.

bilité du continent serait accentuée par la fragilisation accrue des capacités d'adaptation, déjà limitées. Également, il ne faut pas perdre de vue que la hausse des températures pourrait aussi provoquer une diminution du volume de la production agricole, suite à la prolifération de mauvaises herbes et de parasites, selon une étude de l'IFPRI de 2009. Dans la zone saharienne, le processus de dégradation des sols à l'horizon 2100 pourrait entraîner une baisse des récoltes céréalières d'environ 5 %. S'agissant des pertes agricoles globales, elles seraient comprises entre 2 et 5 % du PIB. Cependant, localement en Afrique de l'ouest, les évolutions sont contraires selon les types de cultures. Des études de cas (Sarr *et al*, 2007)[81] sur le Sénégal, le Mali, le Burkina Faso et le Niger, sont confirmatives. D'après ces auteurs, le rendement moyen des cultures de mil et de sorgho, base de l'alimentation des populations sahéliennes, diminuerait entre 15 et 25 % au Burkina Faso et au Niger d'ici 2100. A contrario, la productivité des cultures de 'riz irrigué' augmenterait de 10 à 25 %, et celle du 'riz pluvial' de 2 à 10 %.

Au plan social, il est d'un avis partageable qu'en affectant les récoltes, le changement climatique va compromettre la sécurité alimentaire, et la baisse des stocks pourrait favoriser un accroissement de la famine. Des simulations de 2008 réalisées par la FAO annoncent une grosse perte de productivité pour les aliments de base avant 2050. Par exemple, la baisse des rendements des cultures céréalières s'élèverait entre 20 et 50 %, sur toute la bande s'étendant du Niger au Sénégal. Quant aux revenus agricoles nets des agriculteurs, ils pourraient chuter de pas moins de 90 % d'ici 2100, les petits exploitants étant les plus touchés. Et cette fragilisation risque de s'aggraver car l'élevage - une activité contributive dans la sécurité nutritionnelle et la création de revenus complémentaires - sera aussi très éprouvé. En particulier dans les zones rurales, la situation sera plus critique, où actuellement ce sont près de 170 millions de personnes qui sont entièrement ou partiellement dépendantes de l'agriculture, selon la FAO.

Sur le commerce mondial, le changement climatique favorisera une amplification de l'augmentation des prix des produits agricoles de consommation courante : riz, blé, maïs et soja, d'après les études de l'IFPRI. A l'horizon 2050, la hausse supplémentaire serait de 32 à 37 % pour le riz, 52 à 55 % pour le maïs, 94 à 111 % pour le blé, et 11 à 14 %

[81] Sar, B., Traore, S., Salack, S., - 2007, « Évaluation de l'incidence des changements climatiques sur les rendements des cultures céréalières en Afrique soudano-sahélienne ». Centre Régional Agrhymet, CILSS, Niamey

pour le soja. De plus, étant donné le fourrage deviendra plus cher, on assistera à une montée du coût de la viande, ce qui pourrait provoquer un léger ralentissement de la croissance de sa consommation. Précisément pour le bœuf, la hausse des prix sera 33 % plus chère en 2050 sans changement climatique, et 60 % plus chère avec changement climatique.

◗ Vu ces tendances négatives et à grande échelle, il est nécessaire pour le continent d'identifier dès maintenant les pistes d'une agriculture intelligente. Les perspectives appropriées seraient d'explorer les mesures possibles d'adaptation à la péjoration des conditions pluviométriques, et surtout ne contribuant pas à augmenter les émissions de gaz à effet de serre, et/ou permettant de produire plus pour alimenter une population en croissance exponentielle. Pour un secteur agricole résilient au changement climatique et porteur de croissance économique durable, une amélioration des techniques productives, et l'introduction de cultures à rendement plus élevé et à l'épreuve du climat, sont autant de leviers à mettre en œuvre d'urgence, ensemble. Pour relever ce défi, la CCNUCC (Convention-cadre des nations unies sur les changements climatiques) estime qu'il faudrait un coût supplémentaire de 1 milliard USD par an à l'horizon 2030, en plus des dépenses de développement.

Ressources en eau & Thématiques associées

L'évolution des précipitations et des températures occasionnera des contraintes additionnelles dans la répartition de l'accessibilité de l'eau. Dans son rapport de 2007, le GIEC prévoit dans les zones arides, une chute de 10 à 30 % de la disponibilité de l'eau avant 2020. En croisant plusieurs sources, un autre rapport sur l'*Analyse des aspects régionaux du changement climatique et des ressources en eau*, apporte ces multiples précisions. La disponibilité en eau par habitant dans neuf pays[82], principalement localisés dans les parties orientale et méridionale du continent, devrait être inférieure à 1000 m^3/personne/an. En valeur relative, le pourcentage de la population confrontée à un stress hydrique et à une hausse de la pénurie d'eau pourrait passer de 47 % (en 2000), à 65 % (en 2025), soit une évolution de 75 à 250 millions de personnes. Dans tout le continent, c'est environ 480 millions de personnes qui habiteront des régions où l'eau serait soit en manque, ou sévèrement limitée. Pour information, ces projections s'appuient uniquement sur le taux de croissance démographique, certes un paramètre non négligeable

[82] Djibouti, Cap-Vert, Kenya, Burundi, Rwanda, Malawi, Somalie, Égypte et Afrique du Sud

de l'augmentation de la demande en eau. Cela signifie que si l'on tient compte des contraintes dues au changement climatique, la gravité de la situation serait dramatiquement intensifiée. A propos des écoulements de surface, Arnell (2004)[83] a réalisé un modèle climatique explicitant les incidences des scénarii du GIEC sur l'écoulement fluvial à l'horizon 2050. Les résultats obtenus indiquent une diminution significative du ruissellement dans les régions septentrionale et australe de l'Afrique, contre une augmentation dans sa partie orientale et dans certaines zones semi-arides. Pour confirmer localement ces projections, une étude dans un bassin versant du Maghreb (Agoumi, 2003)[84] prévoit un déficit du ruissellement de 10 % environ, en cas d'augmentation de la température de 1° C.

Au plan social, la baisse de l'offre hydrique va exacerber les risques de confrontation liés à l'accès à l'eau. En tout cas, les violences au Darfour sont régulièrement présentées comme étant de premiers exemples de conflits climatiques, ou de guerres de l'eau provoquées par la diminution des ressources et la sécheresse. C'est aussi le cas ailleurs dans le continent, au Tchad, au Niger, en Éthiopie ou au Kenya, même si la dimension sociale - ou ethnique - n'est pas à négliger parfois.

Infrastructures

Les changements climatiques menacent déjà les infrastructures essentielles, notamment les réseaux routiers et ferroviaires, de même que les dispositifs hydroélectriques. Pour en savoir davantage, les résultats d'une évaluation du secteur des transports effectuée par le PIDA - Programme de développement des infrastructures en Afrique - dans son rapport intitulé '*Interconnecter, intégrer et transformer un continent*', vont servir de source d'information. Ils renseignent que le coût économique total des inefficacités du 'Réseau africain d'infrastructures régionales de transport', est déjà estimé à environ 172 milliards USD. Parmi les causes, l'usure croissante des axes routiers découlant de l'intensification de l'érosion provoquée par les inondations, entraînera une augmentation des coûts d'entretien, mais aussi une baisse

---

[83] Arnell, N.W., 2004 – "Climate change and global water resources: SRES emissions and socio-economic scenarios". *Global Environmental Change-Human and Policy Dimensions*, 14(1): 31-52

[84] Agoumi A., 2003 – « Vulnérabilité des pays du Maghreb face aux changements climatiques. Besoin réel et urgent d'une stratégie d'adaptation et de moyens pour sa mise en œuvre ». *Institut international du développement durable*, 14 p.

de la cadence du trafic, et par conséquent du volume des marchandises en circulation.

En maîtrise de l'eau, le fonctionnement des ouvrages hydroélectriques ou de protection contre les inondations pourrait subir des dysfonctionnements en lien avec le manque ou l'excès d'eau. Concrètement, l'exploitation des infrastructures hydrauliques existantes pour la production d'énergie hydroélectrique pourrait connaître des bouleversements associés à une pluviométrie négative, comme c'est le cas actuellement dans certaines régions. Une explication est que les retenues des barrages construits dans les années 60-70, ont été calibrées en fonction de normes hydrologiques ayant prévalu en période de pluviosité relativement humide.

A l'inverse, là où la pluviométrie croît, il devrait se produire une augmentation du nombre des inondations côtières et continentales, selon les prévisions des experts du GIEC. Plus spécifiquement dans les zones littorales, 70 millions d'habitants et 30 % des infrastructures pourraient aussi être exposés à ce risque d'ici 2080, suite à une montée du niveau de la mer. Dans le continent, trois espaces géographiques sont particulièrement vulnérables à cette élévation ; il s'agit des côtes de l'Afrique de l'Est - entre le Kenya et le Sud du Mozambique -, de la Mer Rouge et de l'Afrique de l'ouest. Selon certains modèles, deux centimètres de hausse par an suffirait pour dévaster de vastes bandes de terre dans les zones littorales fragiles d'Afrique de l'Ouest, surtout au Nigeria, au Ghana et en Gambie. Pour apprécier la gravité sociale de la situation, il faut savoir que plus d'un quart de la population africaine vit actuellement à moins de 100 kilomètres du littoral.

Santé publique

Sur le moyen et long terme, le changement climatique affectera la santé humaine, par une exposition accrue aux catastrophes naturelles, une évolution des biotopes, une modification de l'accès à l'alimentation et de la qualité de l'air. L'OMS estime que les coûts globaux des dommages directs sur la santé s'élèveront entre 2 et 4 milliards USD à l'horizon 2030[85].

Dans la continuité de certains phénomènes observés actuellement, le développement de nombreux vecteurs très sensibles aux températures ambiantes va s'intensifier, comme par exemple les moustiques et les parasites. L'évolution de la pluviométrie et ses effets sur la répartition des

---

[85] OMS, Feuille d'information n°266 sur changement climatique et santé.

eaux de surface et l'humidité, auront des répercussions sur la distribution des maladies liées à l'eau. Des pathologies telles que la dengue, certaines encéphalites et fièvres tropicales, de même que le paludisme, vont fortement progresser dans les pays tropicaux. Une étude menée par l'OMS en 2009 estime que la mortalité globale imputable au changement climatique était de 0,2 %, dont 85 % pour les décès d'enfants. De même, ce phénomène est responsable dans le monde, de 3 % des cas de diarrhée, de 3 % de la mortalité due au paludisme et de 3,8 % des décès causés par la dengue. En nombre de population, ce sont 260 à 320 millions de personnes supplémentaires sur la planète qui pourraient vivre dans des zones infestées par le paludisme avant 2080.

Dans le continent africain, le changement climatique provoquera une augmentation de 5 à 7 % de la population à risque. Rien qu'au cours du petit réchauffement des années 1970 à 2004, un surplus annuel de décès de plus de 140 000 personnes a été constaté. Géographiquement, les hauts-plateaux de l'Éthiopie, du Kenya, du Rwanda et du Burundi, jusqu'ici épargnés par le paludisme, pourraient être concernés par cette maladie en 2050.

Environnement & thématiques associées

L'analyse ci-dessus a aussi démontré l'influence déterminante des précipitations et des températures moyennes sur les écosystèmes. Toute modification intervenant dans ces deux paramètres est synonyme de perturbation de l'équilibre fonctionnel des conditions productives. Parmi les évolutions possibles, le changement climatique agira sur les cycles biochimiques, et vice versa. En réponse à ces bouleversements, il se produirait un déplacement, ou une disparition de sites favorables au développement de certaines espèces culturales. Aussi, des modifications vont apparaître dans la nature et le nombre des nuisibles et maladies frappant les espèces végétales. Enfin, les conditions seraient plus favorables aux processus de rétention des éléments nutritifs, d'une intensité plus ou moins élevée selon les zones géographiques.

S'agissant de la biodiversité, à cause des évolutions du régime pluviométrique et des températures, des milliers d'espèces végétales et animales seraient menacées d'extinction, et cela au détriment des services rendus. En interaction avec les évolutions dans l'utilisation des terres, de même que la propagation des espèces exotiques ou non indigènes, la capacité à migrer de certaines d'entre-elles va se réduire, ce qui va accélérer leur perte. Pour précision, ces renseignements sont d'un rapport 2007 de la CBD et du PNUE. L'explication est que plusieurs individus seront incapables de s'adapter assez rapidement aux nouvelles conditions, ou de trouver un nouvel habitat favorable à leur survie. Selon ce rapport, cette menace de disparition irréversible pèserait sur 25 à 40 % des mammifères d'ici à 2080. Globalement, on sait par le biais du GIEC, que si l'augmentation de la température excède 2° C, c'est près de 20 à 30 % des espèces végétales et animales qui sont susceptibles de disparaître.

A propos des risques socio-écologiques, le continent devra faire face à des menaces sérieuses, dues à l'incertitude de l'évolution des écosystèmes arides, l'accroissement de la pluviométrie et la modification des modes d'exploitation. A court terme, et en raison de la croissance démographique et des intérêts divergents 'agriculture-élevage', les risques de conflits d'usage pourraient aussi se multiplier. Il est indiqué dans le rapport du GIEC de 2002, que les zones humides - en particulier les deltas du Nil et d'Okavango, entre autre - seront fortement réduites, suite à la baisse du ruissellement. Par ailleurs, ce sont 20 % des zones humides côtières qui seront perdues à l'horizon 2080, du fait de l'élévation du niveau de la mer, la source étant le rapport GIEC de 2007. En particulier, l'étendue du biome du Fynbos - écosystème d'Afrique du Sud dominé par les éricacées, qui est un « point chaud » de l'UICN - diminuerait de 51 à 61 % d'ici 2050. La raison invoquée est la baisse des précipitations hivernales. Aussi, le « *succulent karoo* », une écorégion terrestre aride d'Afrique australe, renfermant 2800 espèces végétales à risque d'extinction élevé, s'étendrait vers le sud-est ; et de ce fait, environ 2 % des espèces de la famille des *Paroteaceae* pourraient disparaître.

Désertification & Sol

Sur le continent africain, le risque de désertification va s'accentuer. En milieu aride et semi-aride, y compris en zone sahélo-saharienne, les ressources productives localisées dans les secteurs marginaux vont être très fortement touchées. Dans le Sahel, un accroissement des précipitations entraînerait une érosion pluviale accrue, si les techniques de conservation des eaux et des sols ne sont pas améliorées, et diffusées au plus grand nombre. Sur les potentialités productives, le rendement végétal pourrait théoriquement être en hausse, s'il se produit une élévation du volume et de la température du gaz carbonique contenu dans le sol. Comme explication, cette évolution découlera de l'augmentation des résidus organiques - ou COS (carbone organique dans le sol) -. Le conditionnel est utilisé car d'après la FAO, un résultat contraire est obtenu si la température est excessivement élevée. Dans ces conditions, c'est un processus de perte en éléments organiques, par une accélération de la décomposition du carbone déjà stocké dans le sol, qui est favorisé. Autrement dit, une activité de minéralisation excessive devient un facteur limitant pour l'augmentation du COS. Sur les tendances probables, les prévisions actuelles indiquent plutôt que le changement climatique va provoquer un déclin généralisé des stocks souterrains de résidus organiques ; ce qui signifie une baisse des rendements.

Cependant, même si on a plus insisté sur les contraintes, il ne faut aussi perdre de vue que le changement climatique n'aura pas que des incidences négatives. Dans certaines régions, la période de croissance des plantes pourrait s'allonger, grâce à un renforcement de la pluviosité. Aussi, cette évolution positive pourrait provenir d'une hausse des températures, par ailleurs pouvant être aussi profitable aux activités d'élevage et de pêche.

S'agissant des mesures d'adaptation, une étude récente de la BAfD a évalué les coûts en Afrique à environ 20 à 30 milliards USD par an, pour les dix ou vingt prochaines années, un défi énorme de financement à mobiliser.

A ce stade de l'analyse, plusieurs interrogations résultent des enseignements tirés. Existe-t-il des perspectives techniques d'une meilleure maîtrise des impacts des évènements pluviométriques extrêmes, et surtout par quel moyen, pour quel objectif et pour quel coût ? Les pratiques habituelles en matière de gestion des eaux pluviales en milieu urbanisé, permettent-elles d'intégrer les tendances émergentes des précipitations actuelles et futures ? Étant donné une occurrence accrue de périodes de sécheresse, les eaux d'inondation doivent-elles être toujours perçues comme des phénomènes exclusivement à risque, ou pourrait-on les considérer comme une opportunité de disponibilité exceptionnelle d'eau à saisir ? Une maîtrise de la production basée uniquement sur une augmentation physique continue des surfaces agricoles, comme c'est le cas en Afrique avec l'agriculture traditionnelle extensive, est-elle tenable sur le long terme ? La suite tentera d'apporter des réponses à ces interrogations prospectives. En tout cas, sur la base des indications mises en évidence, les stratégies de gestion des eaux pluviales devraient viser à réduire les contraintes et mettre à profit les perspectives positives offertes par les mutations climatiques. Et on soutient que cela est possible en mettant en œuvre des mesures appropriées, c'est-à-dire ayant une fonctionnalité plus élargie que les objectifs actuels.

4 - Pertes d'opportunité et contraintes liées à l'approche opérationnelle « classique » de gestion : *des techniques peu soucieuses de la valorisation des eaux de drainage / Enjeux spécifiques 2*

Dans la première partie de ce tome, les infrastructures utilisées en Afrique pour lutter contre les excès d'eau de pluie en milieu urbain, ont été mentionnées. L'enseignement principal est que le réseau de drainage se compose souvent du tryptique 'axes linéaires' / 'stations de refoulement' / 'bassins de réception'. En guise d'illustration, la composition du dispositif mis en place pour résoudre les inondations dans le quartier de Grand Yoff - banlieue de la ville de Dakar (Sénégal) -, constitue un exemple représentatif d'approche. A l'image d'une pratique assez répandue, la stratégie appliquée se base sur la construction de deux canaux de ceinture, de plusieurs caniveaux secondaires, d'une station de refoulement et d'un bassin de réception. Au plan fonctionnel, l'objectif des canaux de ceinture consiste à collecter les eaux de ruissellement en provenance des versants rocheux, afin de protéger les zones aval contre le déferlement massif et brusque des eaux. Les axes linéaires secondaires - de moindre gabarit - se chargent de drainer les écoulements se formant dans le bassin intermédiaire. La station de pompage recueille une bonne partie des eaux de drainage, avant un refoulement vers un exutoire de transit localisé dans le bas-fond de la *Zone de Captage*, pour une évacuation mécanique finale vers la mer.

Cette démarche opérationnelle très fréquente, donne des informations globales sur le procédé dominant de l'assainissement pluvial dans les PVD. Essentiellement marqué par la mise en place de solutions curatives, il vise généralement une maîtrise des écoulements après leur formation. En se focalisant sur la dimension 'risque', l'objectif principal repose sur une canalisation des eaux, pour qu'elles ne créent pas de dégâts dans les habitations, ou qu'elles n'endommagent pas les infrastructures. Pour preuve, les plans d'assainissement actuels et futurs dans la région de Dakar sont conçus à partir d'une telle démarche, et avec surtout la mer ou des bassins d'évaporation comme exutoires finaux. Parfois, il est certes vrai que le manque d'emprise disponible, peut être invoqué pour justifier la difficulté à trouver une solution alternative dans le domaine continental.

Au regard des problématiques socioéconomiques et environnementales observées dans la région dakaroise, un premier enseignement est que les rejets en mer constituent une perte pour la nappe phréatique occupant la zone. Nos calculs ont trouvé que son bilan hydrodynamique actuel - en zone de fonctionnement non perturbé - est déficitaire. En plus de la recharge pluviale inefficace, des pompages déséquilibrés sont effectués au profit de l'agriculture et de l'alimentation en eau potable de la ville. Le second enseignement concerne les exutoires localisés dans un domaine continental urbanisé, ou chargé d'habitations : ils favorisent la création de biotopes propices aux maladies liées à l'eau (Dasylva, 2001). L'eau stagnant assez longuement en surface devient un déterminant essentiel de l'occurrence de ces pathologies. La prévalence des maladies transmises par des vecteurs, dont certains stades du cycle de reproduction se déroulent en milieu aquatique, comme le paludisme, démontre la réalité de ce risque dans le continent. A Dakar, ces exutoires constituent aujourd'hui des sites majeurs d'hébergement de l'anophèle, ce qui a aggravé le risque de transmission dans les quartiers situés aux alentours.

▸ Dans un contexte international marqué par une volonté de mobilisation accrue des ressources en eau renouvelables, les rejets d'eaux pluviales vers des sites non fonctionnels, notamment la mer ou les bassins d'évaporation, doivent être remis en question, et traités autrement. Devant la gravité de la situation de pénurie d'eau - symbolisée par une dégradation des ressources naturelles écosystémiques et une prévalence des maladies liées à l'eau -, la différence de stratégie de maîtrise du temps de pluie selon qu'on soit en zone rurale ou urbaine, doit évoluer et tendre vers une gestion « durable » intégrant les dimensions « risque » et « ressource », quel que soit le milieu d'intervention. C'est d'ailleurs ce qui nous a emmené, dans le cas particulier de la région de Dakar, à proposer des mesures de gestion durable visant un accroissement des disponibilités hydriques ; pour stopper ou atténuer la dégradation qualitative et quantitative des nappes phréatiques à vocation agricole.

On a remarqué qu'en Afrique, les solutions de gestion du ruissellement pluvial en milieu urbanisé ne privilégient pas des mesures alternatives de récupération de l'eau, pour renforcer les réserves hydriques et contribuer, de ce fait, aux politiques de mobilisation et de gestion de l'eau pour l'agriculture. Pourtant ici, le manque de ressource hydrique à suffisance, pour la consommation humaine, l'agriculture et le bétail, est une réalité partagée dans de multiples zones frappées de pénurie d'eau. En Éthiopie, près de 80 % des habitants n'ont pas accès à un approvisionnement en eau potable, et 46 % environ souffrent de la faim. Paradoxalement, ce pays dispose d'un potentiel de collecte des eaux de pluie pouvant satisfaire les besoins de plus de 520 millions de personnes, la source étant une note de synthèse sur l'Afrique du rapport GEO_5, publiée avant le sommet de Rio+20 du PNUE de 2012. Pour preuve, une expérience réalisée dans le district du Minjar Shenkora au centre de ce pays, apporte des informations sur les bénéfices socioéconomiques procurés par une gestion alternative. **Les agriculteurs ayant eu recours à ce procédé pour mener une irrigation d'appoint, ont obtenu un revenu moyen net de 155 USD par parcelle de 100 m² de culture d'oignons**. Dès lors, on partage cette déclaration de la FAO soutenant que la situation de pénurie d'eau actuelle ou à venir en Afrique, découle plus d'une absence de systèmes de stockage, que par un réel manque de ressources mobilisables.

A la suite des différentes analyses, on retient que la raréfaction de l'eau, l'accroissement de la désertification et la perte de biodiversité, entravent considérablement l'émergence du continent, très dépendante des ressources naturelles écosystémiques. S'agissant de l'avenir, on partage cet avis soutenant que « c'est en apprenant dès maintenant à mieux gérer la variabilité climatique qu'on parviendra à augmenter la résistance des infrastructures et des systèmes, et à renforcer notre aptitude à nous adapter au changement climatique futur » (Hellmuth, *et al*, 2007)[86]. On a vu que la fatalité débouchant sur l'inaction a un coût assez élevé. Les analyses thématiques ci-dessus l'ont largement démontré, tout comme les indications ci-dessous sur les contraintes au développement causées par certains phénomènes hydro-climatiques, et leur gestion inappropriée. Les investissements dans la gestion anticipative durable génèrent un rendement économique significatif, en évitant les coûts induits par les catastrophes naturelles, la pénurie d'eau et la contamination des ressources fonctionnelles.

Par ailleurs, et dans une dynamique d'approfondissement de la réflexion, est-ce que les thématiques ciblées par les OMD - Objectifs du millénaire pour le développement - sont en corrélation avec la question climatique ? Autrement dit, quels sont les liens existants entre les contraintes causées par le changement climatique, les perspectives de leur résolution et le processus de développement via les objectifs des OMD ? Pour précision : cette approche constitue actuellement la réponse phare de la communauté internationale pour promouvoir le développement durable dans le monde. En effet, on juge ces interrogations essentielles pour apprécier la pertinence des trajectoires actuelles à impulser un processus d'émergence contextualisé.

5 - Discussion : de l'influence des impacts climato-hydrologique et des perspectives de leur résolution dans la réalisation des OMD

Comme on l'a compris, l'hypothèse de base de ce projet repose sur la considération du paramètre pluvial comme un enjeu structurant de développement, de masse. Du coup, un questionnement légitime serait

---

[86] Hellmuth, M., A. Moorhead, M. Thomson and J. Williams, 2007 -. *Gestion du risque climatique en Afrique : ce que la pratique nous enseigne.* New York, Institut National de Recherche pour le climat et la société (IRI).

d'évaluer les influences possibles de la maîtrise de l'eau dans la réalisation des objectifs du millénaire, un cadre d'approche constamment pris en référence en Afrique. Dans cet objectif, il est question d'indiquer les influences systémiques entre les thématiques des OMD et les enjeux climato-hydrologiques. On considère que ces informations supplémentaires contribuent à mieux cerner les perspectives globales de résolution des blocages à l'émergence socioéconomique, associés au paramètre hydrique, en particulier pluvial.

En rappel, les OMD constituent une série de recommandations issue d'une conférence des Nations Unies tenue à New York en septembre 2000. Le principe fondamental découlant des résolutions prises à l'issue de cette rencontre consiste à défendre collectivement la dignité humaine, l'égalité et l'équité ; et surtout, à créer, au niveau local et global, des conditions propices au développement et à l'élimination de la pauvreté. Les OMD visent à combattre la faim et la pauvreté, de même que les violences et ségrégations dont sont victimes les femmes, à améliorer l'éducation, la santé, et à préserver l'environnement. Proclamées à travers la Déclaration du millénaire - adoptée par 191 nations -, huit cibles d'intervention ont été définies, et des objectifs fixés pour chacune d'entre-elles d'ici 2015. En améliorant les situations de référence, le résultat escompté est de poser un premier jalon devant mener vers l'accès, de toutes et de tous, à des conditions de vie décentes, et respectueuses des droits humains. Un rapport du Programme Eau Assainissement-Afrique de la BAfD fournit ces estimation annuelles, sur les avantages thématiques apportés par la réalisation des OMD dans le continent : (i) 1 239 000 cas de diarrhée évités, (ii) 38 616 000 heures économisées du fait de la proximité des équipements d'assainissement, (iii) 1 700 000 jours d'école gagnés pour les enfants de 5 à 14 ans, (iv) 1 130 milliards USD d'économie réalisées sur les dépenses de santé, notamment sur le coût du traitement des maladies hydriques.

Sur la base des impacts décisifs signifiés dans les analyses précédentes, le tableau 22 ci-dessous précise les interférences entre les cibles des OMD en Afrique et les contraintes, directes ou indirectes, associées à la variabilité climato-hydrologique, de même que les pistes de résolution des problèmes. Au final, la réponse attendue est la confirmation ou non, de la pertinence des cibles des OMD pour servir de levier approprié de sortie de crise, et partant, d'inspiration des mesures à préconiser plus tard.

OMD en Afrique	Problèmes climato-hydrologiques agissants & Perspectives d'action
Objectif 1 : Éliminer l'extrême pauvreté et la faim *Cible 1.A* : Réduire de moitié, entre 1990 et 2015, la proportion de la population dont le revenu est inférieur à un dollar par jour. *Cible 1.B* : Assurer le plein-emploi et la possibilité pour chacun, y compris les femmes et les jeunes, de trouver un travail décent et productif. *Cible 1.C* : Réduire de moitié, entre 1990 et 2015, la proportion de la population souffrant de la faim.	• La dégradation des ressources productives les plus vitales - écosystèmes fonctionnels et ressources hydrauliques -, de même que les infrastructures de gestion associées, compromettent les capacités de production et l'activité de travail. • La baisse de la productivité favorise une baisse des récoltes, et par conséquent l'insécurité alimentaire et la perte de revenus. • L'utilisation de ressources en raréfaction, peuvent conduire à des conflits sociaux et contraindre les communautés à la migration. ☒ Au regard des tendances d'évolution des totaux des précipitations, la création de ressources hydriques additionnelles par une gestion rationnelle des eaux pluviales, ne pourrait-elle pas contribuer à atténuer la dégradation des ressources naturelles productives, et à la création d'activités de masse génératrices de revenus ?
Objectif 2 : Assurer l'éducation primaire pour tous *Cible 2.A* : Faire en sorte que d'ici 2015, tous les enfants, garçons et filles, partout dans le monde, aient les moyens d'achever un cycle complet d'études primaires.	• Les catastrophes naturelles interfèrent avec la scolarisation des enfants, en particulier les filles risquant de quitter l'école pour aider le ménage face au surcharge de travail, par exemple en allant chercher l'eau, en participant dans des activités génératrices de revenus ou en prenant soin des membres de la famille malades. • Les impacts des maladies hydriques chez les enfants et les femmes constituent une source d'absentéisme à l'école non négligeable. ☒ Vu les chocs subis par l'environnement, une réduction des impacts par une gestion rationnelle des eaux pluviales, pourrait-elle contribuer à l'amélioration du cadre et des conditions de vie des populations ?
Objectif 3 Promouvoir l'égalité des sexes et l'autonomisation des femmes *Cible 3.A* : Éliminer les disparités entre les sexes dans les enseignements primaire et secondaire d'ici 2005, si	• En milieu rural surtout, l'inégalité des sexes est liée à la place de la femme dans des activités socioéconomiques, dont la pénibilité et la temporalité sont très dépendantes de l'état de l'environnement. • En période de crise climatique, les femmes sont confrontées à une diminution des ressources mobilisables ou en exploitation, ce qui entraîne une augmentation de leur charge de travail et

possible, et à tous les niveaux de l'enseignement en 2015 au plus tard.	une fragilisation du processus de leur autonomisation. • Les foyers dirigés par une femme et possédant moins d'actifs, sont particulièrement atteints par les catastrophes climatiques. ☒ Pour réduire le temps et la distance, la création de ressources hydriques additionnelles de proximité fonctionnelles, par une gestion rationnelle des eaux pluviales, ne pourrait-elle pas constituer une piste de consolidation du processus d'autonomisation des femmes ?
Objectif 4 Réduire la mortalité infantile *Cible 4.A* : Réduire de deux tiers, entre 1990 et 2015, le taux de mortalité des enfants de moins de 5 ans	• Avec le changement climatique, on observe une hausse des décès et maladies dus aux vagues de chaleur, inondations, sécheresses. • Les enfants et les femmes enceintes sont particulièrement exposés aux maladies vectorielles (paludisme et dengue) et aux maladies hydriques (choléra et dysenterie). • La diminution quantitative et qualitative des ressources en eau et de l'offre alimentaire nuit à la santé infantile. ☒ Une sécurisation du cadre de vie, des sources d'approvisionnement en eau et des conditions de travail des femmes par une gestion rationnelle des eaux pluviales, ne constituerait-elle pas un facteur d'amélioration de la santé globale ?
Objectif 5 Améliorer la santé maternelle *Cible 5.A* : Réduire de trois quarts, entre 1990 et 2015, le taux de mortalité maternelle *Cible 5.B* : Rendre universel l'accès à la médecine procréative d'ici 2015	• Les pluviométries extrêmes alourdissent considérablement le travail des femmes, ce qui a une incidence négative sur la santé maternelle. • Les pluviométries extrêmes rendent le capital humain et les territoires moins résilients aux risques hydriques et hydrologiques. ☒ En milieu rural, l'atténuation de la pénibilité des conditions de travail par une préservation de l'environnement, ne pourrait elle pas contribuer à l'amélioration de la bonne santé des femmes en particulier ?
Objectif 6 Combattre le VIH/sida, le paludisme et d'autres maladies *Cible 6.A* :D'ici 2015, avoir arrêté et commencé à	• Les inondations, les sécheresses et les écosystèmes insalubres favorisent le développement ou la recrudescence des maladies hydriques. • La pénurie d'eau et le réchauffement climatique accentuent la vulnérabilité aux maladies. ☒ Des mesures préventives centrées sur la maîtrise de l'aléa hydrique ne pourraient-elles pas diminuer durablement la prévalence des maladies hydriques, et par conséquent provoquer un

inverser la progression du VIH/sida. ***Cible 6.B*** D'ici 2010, assurer à tous ceux qui en ont besoin l'accès aux traitements contre le VIH/sida. ***Cible 6.C*** : D'ici 2015, avoir arrêté et commencé à inverser la progression du paludisme et d'autres maladies graves.	élargissement du champ d'action ?
Objectif 7 Assurer un environnement durable ***Cible 7.A*** : Intégrer les principes du développement durable dans les politiques et programmes nationaux et inverser la tendance à la déperdition des ressources naturelles. ***Cible 7.B*** : Réduire l'appauvrissement de la diversité biologique et en ramener le taux à un niveau sensiblement plus bas d'ici 2010. ***Cible 7.C*** : Réduire de moitié, d'ici 2015, le pourcentage de la population qui n'a pas d'accès durable à l'eau potable et à des services d'assainissement de base. ***Cible 7.D*** : Améliorer sensiblement, d'ici 2020, les conditions de vie de 100 millions d'habitants des taudis.	• Les conditions de vie des populations en milieu rural dépendent directement de l'environnement. • Les pressions climatiques entraînent une altération et/ou dégradation irréversible de la qualité et la productivité des ressources naturelles. • La dégradation quantitative et qualitative des écosystèmes est un facteur de recul de la biodiversité. • La perte de biodiversité est un paramètre d'aggravation du processus de détérioration de l'environnement. • La modification des interactions entre écosystèmes et êtres humains provoque une perte de biodiversité, et surtout une disparition massive de systèmes complémentaires aux moyens de subsistance. ☒ Une gestion rationnelle des eaux pluviales, ne serait-elle pas source de création de ressources hydriques additionnelles pour restaurer ou sauvegarder les écosystèmes et les ressources hydrauliques fragiles, et d'amélioration du cadre de vie par une gestion préventive ?
Objectif 8 Mettre en place un partenariat mondial pour le développement	• L'impact des changements climatiques sont transnationaux, ce qui nécessite une mise en cohérence des interventions au plan mondial. • L'Afrique est le continent le plus vulnérable au changement climatique, malgré sa faible contribution dans le déclenchement et l'alimentation du processus.

Cible 8.A : Poursuivre la mise en place d'un système commercial et financier multilatéral ouvert, réglementé, prévisible et non discriminatoire *Cible 8.B* : Répondre aux besoins particuliers des pays les moins avancés *Cible 8.C* : Répondre aux besoins particuliers des pays en développement sans littoral et des petits États insulaires en développement. *Cible 8.D* : Traiter globalement le problème de la dette des pays en développement *Cible 8.E* : En coopération avec l'industrie pharmaceutique, rendre les médicaments essentiels disponibles et abordables dans les pays en développement. *Cible 8.F* : En coopération avec le secteur privé, faire en sorte que les nouvelles technologies, en particulier les technologies de l'information et des communications, profitent au plus grand nombre.	• Les capacités technico-financières de l'Afrique pour faire face, seules, à l'immensité des défis sont limitées. ☒ Quelle méthodologie ou stratégie d'approche coopérative durable et développante faudrait-elle mettre en œuvre pour intégrer la diversité des interventions potentielles, et rendre l'Afrique plus résiliente au risque climatique ?

Tableau 24 : Contraintes au développement associées aux impacts de la variabilité climato-hydrologique et perspectives d'action, v/S OMD Afrique (Source modifiée : FNUAP 2009)

Vu les indications mentionnées sur ce tableau, on retient que les connexions entre la variabilité pluviométrique et le processus de développement sont diverses et complexes. Sur la base des corrélations établies, à juste raison, les OMD constituent un cadre de référence adapté pour promouvoir l'émergence socioéconomique dans le continent. La lutte contre le changement climatique, ou une meilleure maîtrise de l'incertitude pluviométrique, entretient des relations multidimensionnelles avec les OMD, et *vice versa* ; de par des effets positifs directs et rétroactifs sur la productivité socioéconomique, l'état de l'environnement et la bonne santé du capital humain.

Après ce tour d'horizon des obstacles et bénéfices en lien avec la variabilité du paramètre pluviométrique, et en-dehors des OMD, quels sont les mécanismes en place actuellement dans le continent africain pour impulser un processus de progrès vertueux ?

CHAPITRE 7

DÉVELOPPEMENT DURABLE V/S ADAPTATION AU CHANGEMENT CLIMATIQUE : INITIATIVES AFRICAINES & OUTILS-CONCEPTS INTERNATIONAUX D'INTERVENTION

Les données passées au diagnostic dans le chapitre précédent renseignent que les incidences du changement climatique sont déjà perceptibles. Dans plusieurs zones géographiques, le régime des précipitations est bouleversé ; les cultures atteignent les limites de leur tolérance hydrique et thermique ; et les éleveurs trouvent moins facilement des points d'eau et des pâturages. Face à l'ampleur des contraintes, comment la question climatique est intégrée dans les préconisations des acteurs du développement ? Les pistes privilégiées sont-elles en phase avec les enjeux de société ciblés dans ce projet ? D'ailleurs, quelles sont concrètement les principales mesures recommandées, ou vers quelles thématiques s'orientent les investissements et/ou les actions en application ? En rappel, sur la base des analyses menées jusqu'ici, les perspectives globales de résolution des problèmes persistants ou émergents associés à la gestion des eaux pluviales pourraient être axées sur : (i) une promotion de nouveaux systèmes raisonnés d'utilisation des ressources et de protection des territoires, (ii) une approche technologique élargie et appropriée visant une fiabilisation de l'approvisionnement en eau agricole, (iii) un renforcement des systèmes de protection sociale pour le plus grand nombre, en particulier pour les femmes et les populations rurales.

1 - Initiatives africaines développantes et d'adaptation au changement climatique

Vu le poids du changement climatique dans l'insuffisance des performances actuelles, toutes les préconisations et connaissances contribuant à une satisfaction durable des préoccupations, devraient retenir l'attention des plans d'action en gestation. Voilà pourquoi dans ce projet, on a jugé utile de s'inspirer des leviers déjà existants. Précisément dans cette revue, il est question d'identifier des activités et mécanismes clés de soutien au développement, initiées par et pour l'Afrique, mais en lien plus ou moins direct avec la donne climatique.

Activités-cibles au plan sectoriel

Cette première catégorie d'analyse vise à faire connaître les thématiques d'intervention déclinées au plan continental, pour accélérer et rendre effective l'aspiration à l'émergence revendiquée par la plupart des États, et cela dans un contexte de variabilité pluviométrique exacerbée, donc à priori défavorable.

Le développement des infrastructures

On sait que les infrastructures représentent des supports indispensables d'optimisation du fonctionnement de l'économie, les services rendus contribuant à la maximisation de la production, et à une meilleure circulation des biens et des personnes. Et dans un objectif d'amélioration de l'existant, les réseaux de transport, les périmètres irrigués, les dispositifs d'accès à l'eau et à l'énergie, font partie des axes prioritaires du PIDA. En multipliant ces infrastructures, il s'agit de renforcer les capacités de commercialisation, de stockage et de transformation des produits alimentaires. Les bénéfices attendus sont surtout une augmentation de la productivité, une réduction de la pénibilité et du temps de travail, un allégement des coûts, de même qu'une intégration de l'Afrique dans le système commercial mondial.

S'agissant des ressources hydriques fonctionnelles, les analyses précédentes ont largement mis évidence l'acuité des besoins. Les situations retenues sont qu'aujourd'hui dans le monde, l'agriculture irriguée et les capacités de stockage de l'eau du continent sont les plus faibles. Aussi, de nombreuses zones géographiques sont confrontées à un problème de stress hydrique, ou de pénurie d'eau. Enfin, le contexte socioéconomique global est très fortement perturbé par un accès inadéquat à l'eau agricole et potable. Pour les réponses, on est en accord avec cette recommandation consistant à rendre les infrastructures existantes plus résilientes aux aléas climatiques. En particulier, on considère recevable l'approche du PIDA consistant à viser une augmentation des capacités de mobilisation et d'utilisation des ressources hydriques disponibles. Toutefois, la condition souhaitée est que les coûts financiers soient supportables. Plus loin, des informations plus complètes seront apportées sur les objectifs du PIDA. Sinon, le financement supplémentaire pour la construction d'infrastructures au titre de l'adaptation, est estimé entre 3 à 3,5 milliards USD par an à l'horizon 2030 pour l'ensemble du continent, selon la CCNUCC.

En agriculture, une révolution verte

Dans la première partie, une argumentation a été apportée pour démontrer l'influence de l'agriculture sur la vitalité socioéconomique dans le continent. Mais aussi par la suite, on a vu que les performances sont actuellement très fortement contrariées par la pluviométrie changeante. Aujourd'hui dans les zones rurales, où habite toujours plus de la moitié de la population du continent, on observe une précarité multiforme, et cela à une proportion inquiétante. Dès lors, pour contribuer à la résolution des problèmes, une approche stratégique de modernisation à grande échelle de l'agriculture est nécessaire. Le bénéfice escompté est de forger les bases d'une activité apte à surmonter les chocs d'origine naturelle et humaine, pour mieux garantir la production. On est en accord avec cette position de la Banque mondiale soutenant qu'il est plus efficace de réduire la pauvreté par une croissance dans le secteur agricole. Au plan économique par exemple, **le doublement des exportations de l'Afrique entre 2000 et 2006 a fait évoluer les recettes du continent de 195 milliards à 290 milliards USD.**

Pour une agriculture à la hauteur des attentes, le Groupe de pilotage pour la réalisation des OMD en Afrique préconise une révolution verte, à travers le Programme détaillé pour le développement de l'agriculture en Afrique (PDDAA) (cf. plus loin). Elle vise à doubler les rendements agricoles, dynamiser la croissance économique et combattre la faim. Pour l'instant, l'Éthiopie, le Rwanda et l'Afrique du Sud forment le contingent des premiers Etats ayant introduit la croissance verte dans les plans nationaux de développement. En guise d'information, c'est la révolution verte qui a permis à l'Asie de doubler sa production céréalière entre 1970 et 1995, alors que les terres réservées aux céréales ont augmenté seulement de 4 %. Pourtant au début des années 1960, l'Asie était dans une situation comparable à celle de l'Afrique actuellement, avec aussi une démographie en très forte hausse. Une avancée comparable est aujourd'hui indispensable au continent, pour sortir l'agriculture de son piège de sous-productivité. Vu le contexte climatique particulier, le défi sera de produire plus de nourriture avec les quantités d'eau disponibles, ou même, en utilisant moins d'eau si l'on tient compte des impacts du changement climatique. Pour précision, les conditions du succès de la révolution verte en Asie furent principalement : le recours à l'irrigation, aux engrais de synthèse, aux insecticides chimiques et à des variétés de graines à maturation précoce et à rendement élevé.

En Afrique, et à condition que la maîtrise de l'eau soit assurée, le renforcement des performances et de la résilience de la filière agricole implique : (i) une facilitation de l'accès aux outils agricoles, aux engrais et aux semences, (ii) le développement de la recherche, pour moderniser les techniques agricoles, (iii) la formation des agriculteurs, pour améliorer leur compétence (cf. figure 1). L'élaboration et la diffusion de connaissances actualisées et innovantes aux parties prenantes locales, représentent des leviers indispensables d'amélioration des capacités et des performances, surtout au profit du plus grand nombre. D'autant plus qu'une telle dynamique favorise des interactions renforçant les liens et la concertation entre les acteurs, ce qui contribue à l'instauration de pratiques agricoles plus durables.

Cependant, on ne perd pas de vue que la modernisation a un coût. La BAfD estime que c'est au moins 4,7 milliards USD par an qui seraient nécessaires pour assurer la sécurité alimentaire dans le continent, et cela pour un taux d'augmentation de la production agricole estimé à environ 3,3 % par an. Pour l'accélération de la cadence, la Déclaration de Maputo (2003) exhorte une allocation de 10 % des dépenses publiques au secteur de l'agriculture. Mais comme bilan d'étape, il ressort que les investissements sectoriels n'ont augmenté, en moyenne, que de 7 % durant les sept premières années ayant suivi la Déclaration, selon un rapport 2013 de l'IFPRI. Au total, seuls treize pays ont atteint ou dépassé l'objectif de 10 %, précise la même source, notamment le Burundi, le Burkina Faso, l'Éthiopie, le Ghana, la Guinée, Madagascar, le Malawi, le Mali, le Niger, la République démocratique du Congo, le Sénégal, la Zambie et le Zimbabwe.

Sinon à l'heure actuelle, force est de constater que l'alternative généralement utilisée pour s'adapter aux contraintes climatiques, et pallier le manque d'infrastructures hydrauliques modernes, repose sur la « petite irrigation » ou « petite hydraulique » (cf. chapitre 3 / 1ere Partie). Pour rappel, ce procédé consiste à utiliser des technologies inspirées de savoirs locaux, et des périmètres irrigués plus réduits ; ce qui facilite l'appropriation et la généralisation. Étant plus en phase avec les capacités technico-financières des petits exploitants, cette forme d'irrigation permet de corriger les dysfonctionnements associés au manque d'eau et à la dégradation des terres, et partant, une meilleure adaptation à la variabilité pluviométrique.

En santé publique, un focus sur les maladies hydriques

En dehors des OMD, il n'existe pas d'autres chantiers d'initiative africaine actuellement en application dans le secteur de la santé. En rappel, voici donc les objectifs fixés par le Groupe de pilotage des OMD pour le continent : (i) lutter contre les maladies infectieuses, en réduisant de moitié le taux de prévalence du paludisme avant 2010 - par rapport à 2000 - et atteindre un taux de mortalité liée à cette maladie proche de zéro, (ii) maîtriser les maladies tropicales négligées d'ici à 2015, (iii) renforcer les systèmes de santé et baisser de deux tiers le taux de mortalité chez les enfants, (iv) mettre en œuvre des stratégies nationales d'approvisionnement en eau et d'assainissement.

Sur la base de cette lacune - ou de l'absence d'une réponse intégrée du secteur de la santé en lien avec le changement climatique - et de la prise en compte inadéquate des impacts de ce fléau sur la santé publique dans les négociations de la CCNUCC, la session du Comité régional de l'OMS pour l'Afrique - tenue en août 2011 à Abidjan - a opté pour deux avancées. Premièrement, il a été décidé en 'Résolution 2', la création du « Cadre pour l'adaptation de la santé publique au changement climatique ». Il vise le renforcement des capacités d'adaptation des Etats-membres, par l'élaboration et la mise en œuvre de plans d'action nationaux. Aussi, il a été fixé un objectif d'instauration de mécanismes intersectoriels de coordination. Deuxièmement pour l'exécution des mesures, il a été retenu en 'Résolution 3', une proposition de création d'un fonds fiduciaire africain d'urgence pour la santé publique. Pour sa constitution, chaque État devrait apporter une contribution annuelle de 50 millions USD. Auparavant, en novembre 2010 lors de la seconde Conférence interministérielle sur la santé et l'environnement tenue à Luanda (Angola), les pays participants s'étaient entendus sur la préconisation d'un ensemble de mesures essentielles de santé publique, pour renforcer les capacités sectorielles d'adaptation au changement climatique.

Mécanismes politiques et financiers cibles

Les mécanismes retenus sont liés à leur pertinence à apporter des solutions aux préoccupations thématiques mentionnées ci-dessus, et plus globalement à fournir des pistes de résolution des problématiques ciblées dans ce projet. En déclinant à chaque fois les objectifs globaux et spécifiques, il s'agit d'indiquer la démarche, multiple, préconisée pour accélérer la sortie du continent du piège de sous-productivité en lien avec la question climatique ; ce qui constitue une source d'inspiration des solutions en gestation. Pour ce faire, on a implicitement répondu à ces questions structurantes de conception et de mise en œuvre de mesures appropriées, que sont : QUOI, POURQUOI, COMMENT et/ou QUI.

Programmes politiques structurants

- Le Programme de développement des infrastructures en Afrique (PIDA)

Lancé en 2010 et adopté en 2012 par l'Union Africaine (UA), le fondement principal du PIDA repose sur un accompagnement du processus d'émergence économique et de réduction de la pauvreté, grâce à l'édification de réseaux régionaux intégrés. Le manque d'infrastructures dans pratiquement tous les secteurs clés est reconnu de tous, d'où cette mission essentielle du PIDA ayant consisté à établir, en premier, une vision et une stratégie cadre pour le continent. En focalisant les priorités sur les domaines de l'eau, de l'énergie, des transports et des télécommunications, elle précise les perspectives de renforcement et de diversification des infrastructures à l'échelle régionale et continentale. Le souci est de rendre l'Afrique plus attractive, par des équipements de soutien à la production, et facilitant la circulation des biens et des personnes. Il s'agit du premier programme privilégiant une approche régionale pour combler le déficit d'infrastructures, lequel nuit gravement à la promotion des produits locaux. L'ambition vise la réalisation de projets d'une valeur financière d'environ 68 milliards USD d'ici à 2020, et 360 milliards USD à l'horizon 2040. Néanmoins, il y a lieu de se s'interroger sur les chances de financement rapide de ces activités assez gourmandes en investissement, vu la faiblesse des budgets nationaux. N'est-il pas plus réaliste d'inclure des technologies de proximité à faible coût, plus supportables par la capacité des Etats et des acteurs locaux ? Pour information, le continent n'investit actuellement qu'environ 4 % de son PIB dans les infrastructures, contre 14 % pour la Chine.

Dans les secteurs de l'eau et de l'assainissement, les programmes prioritaires du plan UA/NEPAD sont : (i) le 'Projet de gestion de l'eau et de l'environnement du bassin du fleuve Sénégal', (ii) la 'Planification et gestion des ressources en eau du bassin du Nil', (iii) le 'Programme d'investissement de vision partagée du bassin du fleuve Niger'. Pour rappel, ces différents bassins se localisent dans des zones aujourd'hui confrontées à un problème aigu de pénurie d'eau, ce qui rend pertinent ces perspectives de gestion rationnelle des ressources hydriques localisées existantes. En particulier dans le domaine de l'eau, la politique du PIDA mise sur la gestion intégrée, par un accroissement des projets transfrontaliers et le renforcement des actifs actuels, en vue d'une meilleure intégration régionale. Le résultat final cherche à garantir l'existence d'une quantité d'eau suffisante pour mener à bien les activités socioéconomiques. En guise de précision, le programme hydraulique transfrontalier compte sur l'édification de barrages à caractère « multifonctionnel », c'est-à-dire permettant à la fois de générer de l'électricité, de pratiquer l'irrigation et de réguler les rivières.

Comme bilan d'exécution à ce jour des recommandations du PIDA, on peut citer le projet 'Grand Barrage Millennium Renaissance' dans le bassin du Nil, dont la construction a débuté en 2011. Ce gigantesque ouvrage de financement Éthiopien d'un cout global de 4,8 milliards USD, s'est fixé comme objectif de produire 5250 MW, et également de contribuer dans la lutte contre les inondations et de réduire la déperdition de l'eau par évaporation dans les barrages d'Assouan (en Égypte) et de *Djebel Aulia* au (Soudan). De même, au plan de la gestion des ressources hydrauliques transfrontalières, la stratégie régionale d'exploitation de la nappe aquifère « Système aquifère des grès nubiens » suggérée par le PIDA, sert actuellement de cadre de gestion dans les pays concernés.

- Le Programme détaillé pour le développement de l'agriculture en Afrique (PDDAA)

Convaincu de l'importance de l'agriculture, le Nouveau Partenariat pour le développement de l'Afrique (NEPAD) a publié en 2003 le PDDAA. Tout comme le PIDA, cet ambitieux programme complémentaire d'accélération du progrès socioéconomique, se veut d'aboutir à l'élimination de la faim et à la réduction de la pauvreté. Pour ce faire, les cibles sont : (i) d'atteindre des taux de croissance de 6 % par an dans les zones rurales d'ici à 2015, (ii) d'intégrer et dynamiser les marchés régionaux et nationaux, (iii) d'augmenter considérablement les exportations, (iv) d'adopter des techniques adéquates de gestion de l'environnement et des terres, (v) de réduire la pauvreté en milieu rural. Les préconisations s'appuient sur des retours d'expérience de partage des connaissances et des réussites, mais aussi de compréhension des échecs ; ce qui favorise l'identification des efforts appropriés à promouvoir.

En accordant une attention particulière à la revitalisation économique du monde rural, quatre thématiques prioritaires sont définies. La première repose sur un accroissement de la superficie des terres agricoles irriguées, et une amélioration de la gestion des parcelles et techniques agricoles. La seconde consiste à investir dans les infrastructures - sites de stockage et de traitement, systèmes de communication et de transport, réseaux d'approvisionnement -. La troisième a pour cap de faire de la production alimentaire une priorité ; la dernière étant axée sur la recherche et le développement.

Sur le financement de ce plan d'actions pour la période 2002/2015 - d'un coût total estimé à 251 milliards USD -, une volonté affichée est qu'il soit assuré à terme par les pays africains. L'opportunité à saisir proviendra des possibilités d'investissement offertes par la réduction **des importations de produits agricoles, s'élevant à environ 19 milliards USD par an**. Pour information : une étude du cabinet Dalberg publiée dans la revue '*African investor*' en janvier-février 2011 renseigne qu'il existerait cinquante fonds d'investissement actifs dans le secteur agricole. Et parmi ces sources de financement, dix-neuf seraient exclusivement dédiées à l'agriculture et à l'agro-industrie, pour une masse financière globale d'environ 2,4 milliards USD[87].

Quelques faits marquants : (i) aujourd'hui seuls dix pays ont dépassé les 6 % de croissance agricole, notamment Angola, Érythrée, Éthiopie, Burkina Faso, République du Congo, Gambie, Guinée-Bissau, Nigéria, Sénégal et Tanzanie[88] ; (ii) le Rwanda a été le premier pays à s'engager dans l'application du PDDAA en 2007 ; et vingt-deux pays supplémentaires l'avaient suivi en 2010 - Bénin, Burkina Faso, Burundi, Cap-Vert, Côte d'Ivoire, Éthiopie, Gambie, Ghana, Guinée, Kenya, Libéria, Malawi, Mali, Niger, Nigéria, Rwanda, Sénégal, Sierra Leone, Swaziland, Tanzanie, Togo et Ouganda -.

- La Vision Africaine de l'Eau pour 2025

L'eau est source de vie. La Vision Africaine de l'Eau pour 2025 a été établie en 2000, afin d'apporter la contribution du continent dans la mise en œuvre de la Vision mondiale de l'eau. Elle revendique « une Afrique où l'utilisation et la gestion équitables et durables des ressources en eau sont une réalité, en contribuant à la réduction de la pauvreté, au développement socioéconomique, à la coopération régionale et à la conservation de l'environnement ». Il s'agit de favoriser une gouvernance apte à faire face à la question complexe des bassins transfrontaliers, à la variabilité des précipitations dans l'espace et dans le temps, et à la pénurie d'eau croissante. Un total de dix préoccupations inspire les recommandations retenues, parmi lesquelles : (i) l'accès durable à des services d'approvisionnement en eau et d'assainissement sûrs et adéquats, pour une satisfaction juste des besoins élémentaires, (ii) la

---

87 Harvesting promise, Agribusiness funds, Angela R Hansen, AfricanInvestor, janvier-février 2011.

88 Source : NEPAD ; URL: http://www.nepad.org/fr/foodsecurity/agriculture/about

disponibilité sans entrave de l'eau, afin d'assurer la sécurité alimentaire et énergétique, (iii) l'existence d'une eau en qualité et quantité suffisante, pour la conservation des écosystèmes et de la biodiversité.

La démarche de mise en œuvre de la Vision - ou Cadre d'action - se compose de quatre axes structurants que sont le renforcement du système de gestion des ressources, l'amélioration des connaissances, la satisfaction des besoins urgents et le renforcement des structures financières d'exécution de la Vision.

A propos des ressources financières à mobiliser, la BAfD l'a estimé à 20 milliards USD par an pendant les vingt-cinq prochaines années, au minimum. Dans la répartition des investissements, 16 milliards USD seraient consacrés à l'eau potable et agricole et à l'assainissement, et **400 millions seulement pour la gestion des inondations et de la sécheresse**. D'ailleurs, cette répartition confirme nos remarques sur l'attention moindre accordée à l'assainissement pluvial. Sinon, l'initiative ci-dessous est un exemple d'outil lancé pour encourager le rassemblement des fonds nécessaires.

- L'initiative pour l'alimentation en eau et l'assainissement en milieu rural (IAEAR)

En vue d'un accompagnement de la Vision africaine de l'eau et les OMD, la BAfD a lancé en 2003 l'IAEAR. Il s'agit surtout d'un cadre commun de mobilisation des ressources financières destinées à soutenir des actions sur l'accélération de l'accès à l'alimentation en eau et à l'assainissement, dans les zones rurales. L'objectif pour 2015 est de permettre à 80 % de la population d'accéder à un service amélioré, soit près de 270 millions de personnes (premier aspect), et 300 millions (second aspect). Elle bénéficie de l'appui de la communauté internationale, notamment du G8, du Comité mondial pour le financement des infrastructures de l'eau, du Conseil des ministres africains chargés de l'eau (CMAE / AMCOW), ainsi que de plusieurs donateurs bilatéraux.

Jusqu'à fin 2012, la BAfD avait à elle seule financé trente-sept programmes d'alimentation en eau et assainissement dans vingt-six pays, pour un montant de 1,3 milliard USD. Au plan des résultats obtenus, ces investissements ont fourni l'accès à l'eau potable et à l'assainissement, respectivement à 55 millions et 32 millions de personnes.

- Les déclarations relatives à l'eau et à l'assainissement en Afrique

Quatre d'entre-elles démontrent l'importance accordée à ces thématiques par les décideurs nationaux au plus haut niveau. La 'Déclaration d'Abuja' sur l'eau (2002), vise à affirmer un leadership politique, à orienter les stratégies régionales et à élaborer des stratégies basées sur la planification et la coopération, afin d'atteindre les objectifs du NEPAD. La 'Déclaration d'eTheckwini' (Durban / Afrique du sud, février 2008), formalise l'engagement des ministres de tutelle d'accroître le rythme des efforts en faveur des OMD relatifs à l'assainissement. Pour ce faire, il est décidé la mise en œuvre du Plan d'action d'AfricaSan, et aussi de consacrer une allocation au moins égale à 0,5 % du PIB à ce secteur et à celui de l'hygiène. La 'Déclaration de Tunis' (mars 2008) insiste sur « l'accélération des réalisations liées à la sécurité en eau pour le développement socio-économique de l'Afrique », adoptée par l'AMCOW lors de la première semaine africaine de l'eau. Enfin, la 'Déclaration de Sharm El-Sheikh' (Egypte, juillet 2008), confirme l'engagement des chefs d'État d'atteindre les OMD sur la fiabilisation du paramètre hydrique dans les trois thématiques clés de l'alimentation en eau potable, l'assainissement et l'eau agricole. En effet, ces conditions sont considérée comme indispensables pour soutenir durablement la croissance.

- Le Plan d'actions pour l'Afrique (PAA) 2010-2015 de l'Union Africaine / NEPAD

Ce cadre, récemment adopté, définit les programmes et projets prioritaires actuels, pour promouvoir l'intégration régionale et continentale. En complément des problématiques visées par les initiatives ci-dessus, on a retenu deux thématiques complémentaires.

Sur la 'Gestion intégrée des ressources en eau' (GIRE), ces principes multidimensionnels d'intervention en soutien au développement socio-économique, sont d'un intérêt approprié : (i) assurer la sécurité de l'approvisionnement en eau, (ii) permettre une répartition équitable et durable des ressources en eau, et des avantages procurés (iii) atténuer les incidences du changement climatique, (iv) promouvoir la GIRE pour améliorer la coopération régionale, (v) prendre en compte la sauvegarde de l'environnement. Pour précision, les projets prioritaires sont des composants non infrastructurels du programme PIDA de l'UA/NEPAD (cf. plus haut / § sur le PIDA).

Dans le domaine 'Environnement et changement climatique' : le 'Plan d'actions du NEPAD pour l'initiative environnementale' sert de document-cadre aux activités sectorielles de l'UA/NEPAD. Il met l'accent : (i) sur six domaines de programmes - lutte contre la dégradation des sols, sécheresse et désertification ; conservation des terres humides africaines ; prévention, contrôle et gestion des espèces étrangères envahissantes ; conservation et utilisation durables des ressources maritimes, côtières et des eaux intérieures ; lutte contre le changement climatique ; conservation ou gestion transfrontalière des ressources naturelles -, (ii) et trois questions communes - santé & environnement ; commerce & environnement ; technologie & environnement -. On retient que parmi les objectifs généraux des activités-cibles, certains sont en rapport direct avec les principes d'intervention défendus dans ce projet. Précisément, il s'agit des approches cherchant à promouvoir l'utilisation durable des ressources naturelles, et l'amélioration des capacités humaines et institutionnelles ; pour faire face aux défis environnementaux et l'intégration de ces questions dans les stratégies de réduction de la pauvreté. Pour information, les trois programmes prioritaires du plan d'actions sont : 'Plan de convergence sur les forêts du bassin du Congo (Fonds du bassin du Congo)', visant à réduire la pauvreté et à traiter le changement climatique par une maîtrise du déboisement dans le bassin du Congo ; 'Climat pour le développement en Afrique' / ClimDev Africa (cf. plus loin) ; 'la Grande muraille verte', c'est-à-dire un ensemble multisectoriel d'interventions intégrées combinant des actions de lutte contre la désertification, la pauvreté et le changement climatique au Sahara et dans le Sahel.

Parties prenantes

- L'Agence du Nouveau partenariat pour le développement de l'Afrique

L'Agence représente l'instrument technique d'exécution de l'UA, en charge de la mise en œuvre du plan d'actions sectoriel défini par le NEPAD - une initiative stratégique de développement durable intégré et holistique pour la renaissance de l'Afrique -. En effet, cet outil programmatique a été élaboré par les dirigeants de cinq pays que sont l'Algérie, l'Egypte, le Nigéria, le Sénégal et l'Afrique du Sud. Il s'agit d'une Vision, ou d'un cadre stratégique d'action visant l'éradication de la pauvreté, la promotion d'une croissance et d'un développement durable, l'autonomisation des femmes et l'intégration du continent dans l'économie mondiale. Le but poursuivi est d'asseoir des réformes politiques favorables à l'accroissement des investissements, et cela dans les domaines de l'agriculture, des sciences et de la technologie, de l'environnement, de la gouvernance, des infrastructures, entre autres.

S'agissant de l'Agence proprement-dit, son mandat principal consiste à faciliter et à coordonner la conception et la mise en œuvre de programmes et projets prioritaires, à vocation régionale et continentale. En visant la réalisation des objectifs-structurants, la direction stratégique est structurée autour de plusieurs thématiques que sont : (i) 'agriculture et sécurité alimentaire', (ii) 'changement climatique et gestion des ressources naturelles', (iii) 'intégration régionale et infrastructures', (iv) 'développement humain', (v) 'gouvernance économique et d'entreprise', (vi) 'questions transversales / genre et renforcement des capacités'.

- Le Conseil des Ministres Africains chargés de l'Eau (CMAE ou AMCOW en Anglais)

Le Conseil des Ministres Africains Chargés de l'Eau a été créé en 2002 à Abuja (Nigeria), pour chercher à promouvoir la coopération, la sécurité, le développement socioéconomique et l'éradication de la pauvreté. Les modalités de mise en œuvre de ces objectifs ciblées reposent sur une gestion efficace du potentiel hydrique, et sur des prestations de service dans le domaine de l'approvisionnement en eau. Sur ce, sa mission insiste sur : (i) l'instauration d'un leadership politique, (ii) la formulation d'orientations stratégiques, (iii) la promotion d'actions en faveur de la protection et d'un usage rationnel des ressources. En s'appuyant sur les recommandations de l'UA/NEPAD, le résultat escompté est l'impulsion d'un processus d'émergence respectueux des écosystèmes, en particulier.

Le Plan de travail triennal (2011-2013) de l'AMCOW s'articule autour de sept thèmes clés, intitulés : (i) 'Infrastructures hydrauliques pour la croissance économique', (ii) 'Gestion des ressources en eau', y compris transfrontalières, (iii) 'Atteinte des OMD pour l'eau, l'hygiène et l'assainissement', (iv) 'Changements globaux et gestion des risques : variabilité et changement climatiques', (v) 'Gouvernance et gestion', (vi) 'Financement', (vii) 'Éducation, connaissances et renforcement des capacités'.

- ClimDev-Afrique / Informations climatiques pour le développement de l'Afrique

Il s'agit d'une initiative conjointe créée en 2006 par la Commission de l'Union africaine (CUA), la Commission économique des Nations Unies pour l'Afrique (CEA / UNECA) et la Banque africaine de développement (BAfD). La durabilité de la réduction de la pauvreté et l'atteinte des autres OMD sont ses principaux objectifs ; et cela, par la collecte, l'interprétation et la vulgarisation de données climatiques appropriées.

Ses activités visent à fournir des informations nettement améliorées, au profit d'une prise de décision plus adaptée. Elles s'appuient, d'une part sur une amélioration de la capacité d'analyse, de la gestion des connaissances et des activités de diffusion, et d'autre part, sur la mise en œuvre de projets pilotes cherchant à mettre en exergue la valeur de l'intégration de l'information climatique dans le processus de développement. L'avancée attendue consiste à construire une base de données sur les questions en lien avec le changement climatique, afin que les politiques et les décisions en application prennent en compte les risques et opportunités socioéconomiques et environnementaux associés à ce phénomène. Précisément, les informations doivent servir d'outils de prévision des catastrophes naturelles, et de planification des politiques en matière de développement durable. Parmi les réalisations, on peut citer les créations du Centre Africain des Politiques Climatiques ; de l'Unité Changements Climatiques et Contrôle de la Désertification de la Commission de l'Union africaine ; et du Fonds Spécial ClimDev-Afrique.

- La Commission économique pour l'Afrique des Nations Unies (CEA / UNECA)

Créée en 1958, cette commission des Nations Unies en charge des interventions dans le continent, compte aujourd'hui cinquante-quatre pays membres répartis dans les cinq sous régions - Afrique du Nord, Afrique de l'Ouest, Afrique Centrale, Afrique de l'Est et Afrique Australe -. Son mandat est d'appuyer le développement économique et social des États-membres, d'encourager l'intégration régionale et de promouvoir la coopération internationale. La politique macroéconomique, le commerce, le développement social, les ressources naturelles, l'innovation et la technologie, le genre et la gouvernance, constituent ses thématiques-cibles.

Concrètement, ses activités résident, en priorité, dans la réalisation de plaidoyers et de conseils, en formulation de projet et en renforcement des capacités dans les domaines suivants, entre autres : (i) de la promotion de la bonne gestion des ressources naturelles, (ii) de la planification du développement, (iii) du renforcement du processus d'industrialisation. La Commission réalise chaque année un document de réflexion thématique sur une problématique d'actualité, sur la base des statistiques les plus récentes. Il s'intitule « Rapport économique sur l'Afrique ».

- L'Agence Eau et Assainissement pour l'Afrique (EAA)

Initialement mise en place par les pays francophones d'Afrique de l'Ouest et du centre, l'agence a reçu mandat en fin 2010 d'élargir ses interventions sur l'ensemble du continent. Il s'agit d'un organisme intergouvernemental panafricain, ayant son siège à Ouagadougou (Burkina Faso). Elle se veut un précurseur dans la mise en place de systèmes intégrés, innovants et durables, combinant l'optimisation des approches techniques et scientifiques, et les mécanismes de financement novateurs. Par une approche multisectorielle, sa mission est de promouvoir l'accès durable et équitable aux services d'eau et d'assainissement.

Parmi ses réalisations majeures, on peut citer, en plaidoyer, d'une part la mise en place du 'Forum de haut niveau sur l'eau et l'assainissement pour tous en Afrique' et d'une plateforme rassemblant plusieurs sources de financement ; et d'autre part, la promotion de la coopération Sud-Sud. En financements innovants, il s'agit particulièrement de la création du Fond Africain pour l'Assainissement (SaniFund). En 'suivi et évaluation', on retient l'élaboration d'un outil de prévision, ou de planification de la durabilité des installations d'eau en milieu rural, et de surveillance et d'évaluation des nouvelles technologies. Enfin dans le domaine de la recherche, l'Agence est à l'origine la mise sur pied du 'Centre de recherche et de compétence' consacré à la recherche scientifique et à la formation professionnelle.

Instruments institutionnels de financement

- Le Fonds africain de développement (FAD)

Mis en place en 1972, le FAD est entré en activité en 1974. Il a principalement pour but de réduire la pauvreté dans les pays membres, grâce à des prêts ou des dons. Il accorde aussi des aides pour l'allègement de la dette, par le biais de l'IADM (Initiative d'allègement de la Dette multilatérale) et de l'initiative PPTE (Pays pauvres très endettés). Ce fonds vise à promouvoir le développement économique et social dans les Pays les moins avancés. Les financements de projet et programme sont octroyés à un taux concessionnel ; et aussi pour des activités d'assistance technique, dans le cadre d'études et d'actions de renforcement des capacités. A propos des prêts du FAD, ils sont exonérés d'intérêts, mais soumis à une commission de service (0,75 % par an) sur les soldes restant à décaisser, et à une commission d'engagement (0,50 % par an) sur les engagements non décaissés. La durée de remboursement est de cinquante ans pour les prêts de projet, et vingt ans pour les lignes de crédit, avec une possibilité d'un différé d'amortissement de dix ans (pour les prêts de projet) et de cinq ans (pour les lignes de crédit). Le fonds est reconstitué tous les trois ans, et la douzième (FAD-12) l'a été en octobre 2010, pour la période 2011-2013, d'un montant de 9,4 milliards USD.

Les priorités essentielles du FAD-12 étaient axées sur les infrastructures, la gouvernance, les États fragiles et l'intégration régionale. Il s'est aussi intéressé à des problématiques transversales sur l'adaptation et l'atténuation du changement climatique, le genre, la sécurité alimentaire, la productivité agricole et le secteur privé.

- Le Fonds Spécial du Nigéria (FSN)

Il a vu le jour en 1976 à la suite d'un accord entre le Groupe de la BAfD et le gouvernement nigérian, pour une période initiale de trente ans. Mais en 2008, les deux partenaires ont convenu d'une prolongation de dix ans. A fin mars 2010, le capital d'investissement s'élevait à 200 millions USD, les conditionnalités de financement étant les mêmes que celles du FAD. Il a pour objectif de fournir des ressources additionnelles (co-financement), d'un plafond de 10 millions USD par projet. Il cible en particulier les actions émanant de pays à faible revenu, dont la situation et les perspectives économiques et sociales nécessitent des financements à taux concessionnels.

Au cours de la première étape, le FSN a exclusivement appuyé des opérations du secteur public. Dans sa phase actuelle, il va étendre son appui au secteur privé, y inclus le sous-secteur de la microfinance, mais dans une proportion de 80/20 en faveur du public. Pour les opérations du secteur public, l'attention est portée sur les projets d'infrastructure, d'agriculture et d'intégration régionale. Mais aussi, il peut contribuer à l'allégement de la dette, par exemple en 2006 l'intégralité de ses décaissements était destinée à cette rubrique.

- Le Fonds africain pour l'eau (African Water Facility - AWF)

L'AWF a été mis en place en 2006 par l'ACMOW, pour servir de cadre de rassemblement du financement destiné à la mise en œuvre de la Vision africaine de l'eau et des OMD. D'un budget actuel d'environ 170 millions USD, ce fonds est alimenté par la BAfD, les pays africains et d'autres partenaires financiers internationaux. Les soutiens accordés aux porteurs de projets éligibles sont considérés comme des dons non remboursables. Les catégories de bénéficiaires potentiels sont les administrations centrales ou locales, les municipalités, les ONG, les organisations de la société civile et communautaires, de même que les institutions régionales, sous régionales et sectorielles.

Parmi les conditionnalités, on retient trois thématiques intéressant à préciser : (i) la préférence des technologies et approches novatrices de gestion, et surtout pouvant conduire à une large appropriation, (ii) l'amélioration des connaissances sur l'eau, pour un renforcement de la capacité d'une prise de décision éclairée (iii) la prise en considération des besoins liés à l'élaboration de projets et programmes attractifs pour les investissements.

Géré par la BAfD, ce fonds est mobilisable pour financer des projets de 65 milles à 6,5 millions USD, ou 50 milles à 5 millions d'euros, portant sur des problématiques de gestion intégrée et transfrontalière, d'alimentation en eau et d'assainissement. Au 1er janvier 2012, soixante-onze projets ont été approuvés pour un montant de 113 millions USD, ou 86,7 millions d'euros ; ceci, en complément d'un financement de 546 millions USD, ou 420 millions d'euros.

- Le Fonds fiduciaire UE-Afrique pour les infrastructures (FFI)

Il a été lancé conjointement par la Commission européenne et la Banque européenne d'investissement (BEI) en 2007. Le FFI inscrit ses actions dans le cadre d'un partenariat stratégique entre les deux continents dans les domaines du commerce, de l'intégration régionale et des infrastructures. Ainsi, les préoccupations sont de soutenir les efforts de renforcement des infrastructures en Afrique, par une offre combinant des prêts à long terme et des aides non-remboursables. Le résultat attendu est un accroissement de l'interconnectivité à l'intérieur du continent et vers l'UE, et cela dans les secteurs des transports, de l'énergie, des TIC et de l'eau. Ce fonds géré par la BEI offre des soutiens sous forme, entre autres : (i) d'une assistance technique consistant à financer des études de faisabilité sur les projets éligibles, (ii) de subventions directes pour les projets ayant une composante sociale ou environnementale, (iii) de primes d'assurance couvrant les risques associés aux projets d'infrastructures. Pour être éligible, les infrastructures doivent impliquer ou profiter à plusieurs pays, et aussi respecter les principes d'appropriation par les Africains, et être viables sur le long terme.

Le total cumulé des opérations de subvention est passé de 23 millions USD (15,5 millions d'euros) en 2007, à 590 millions USD (395,4 millions d'euros) en 2012 ; pour vingt-cinq projets en cours. Les secteurs de l'énergie et des transports captent environ les quatre cinquième des investissements, les projets régionaux d'approvisionnement en eau recevant près d'un cinquième.

- Le Fonds pour l'accélération du développement agricole (FADA)

Ce fonds de création récente, a été approuvé par le Conseil d'administration de la BAfD le 8 mai 2013. Pour sa constitution, les Etats-Unis se sont engagés à apporter 15 millions USD et la Suède 10 millions USD, d'où un total de 25 millions USD. Il cherche à stimuler les investissements privés dans des projets d'équipements agricoles s'étendant sur toute la filière, de la production jusqu'à la vente dans les marchés. Autrement dit, la gamme des projets ciblés va des routes de desserte rurale, aux unités de transformation agro-alimentaires, en passant par des supports de commercialisation en faveur des petits agriculteurs. Une attention particulière est accordée aux coûts de conception en amont, comme par exemple les études de marché, de développement de plan d'affaires et d'impact environnemental et social, entre autres.

Ce fonds pour l'accélération du développement, par un appui aux politique de transformation de l'agriculture, a pour ambition d'attirer des investissements privés ou institutionnels par un accroissement du nombre de projets et de partenariats publics/privés. Il s'agit du premier mécanisme financier de ce type géré par la BAfD.

Les pays éligibles sont exclusivement les Etats-membres de la 'Nouvelle alliance pour la sécurité alimentaire et la nutrition', une initiative lancée en 2012 lors du Sommet du G8 tenu à Camp David (États-Unis). En effet, les pays industrialisés, les Etats africains et le secteur privé s'étaient mis d'accord pour sortir de la pauvreté 50 millions d'Africains, d'ici à 2022, par le biais de l'activité agricole. Durant la première phase, le groupe de pays éligible est formé par le Burkina Faso, la Côte d'Ivoire, l'Éthiopie, le Ghana, le Mozambique et la Tanzanie.

- Le Fond Afrique50

Dans une déclaration commune publiée en juillet 2013 à Tunis, la Commission de l'Union Africaine et l'UNECA ont accepté la création du 'Fonds Afrique50' de la BAfD. 'Afrique50' est la vision que s'est donné le continent pour les cinquante années à venir, sur les transformations à réaliser dans le domaine des infrastructures.

Ce fonds, en cours de montage, est présenté comme étant le principal outil de mobilisation de ressources financières internationales privées à grande échelle, pour résorber le déficit d'infrastructures dans les secteurs de l'énergie, de l'eau, des transports et de l'assainissement. En effet, il s'agit de l'instrument financier de mise en œuvre du PIDA.

D'un coût global estimé à 68 milliards USD, ce mécanisme se veut d'être innovant dans sa conception et dans sa structuration. Il cible une levée de financements à partir de sources internes diverses, que sont les réserves des Banques centrales, les fonds de pension, les fonds souverains, la diaspora, les grosses fortunes africaines, entre autres.

2 - Concepts et outils internationaux de gestion des contraintes climatiques profitables à l'Afrique

Approche conceptuelle d'adaptation aux contraintes

L'eau virtuelle

Ce concept est souvent invoqué comme une alternative à l'approvisionnement en eau déficient. L'idée est qu'en important des produits agricoles, on solutionne les problèmes de manque d'eau et de déficit de production observés localement. De ce processus est né le concept 'eau virtuelle'. Il cherche à rendre compte du rôle de substitution que joue le commerce international dans un contexte de répartition géographique déséquilibrée des ressources en eau productives. Il a émergé au début des années 90, grâce aux travaux de John Anthony Allan. Constatant qu'aucune des guerres de l'eau annoncées ne s'est réalisée, ses investigations lui ont fait découvrir que les Etats comblent leur déficit en eau douce par le commerce mondial, et non par des conflits pour l'accès à cette ressource vitale inégalement répartie. Par ce processus ou concept, le pays importateur achète en même temps que les denrées et produits, la ressource hydrique productive manquante et nécessaire, notamment ce dont il ne dispose pas. Cette eau, c'est l'eau virtuelle. Autrement dit, il s'agit de l'eau contenue dans les biens et services, ou utilisée lors des *process* de production. Selon les estimations du Programme mondial pour l'évaluation des ressources en eau (WWAP) de l'Unesco, la quantité globale des flux virtuels contenus dans les produits s'élève à environ 1,6 milliard de mètres cubes par an. Approximativement, ce volume représente 40 % de la consommation mondiale d'eau. Une information essentielle : environ 80 % de l'eau virtuelle est associée au commerce des produits agricoles, et le reste concerne les produits industriels.

Par ailleurs, les réflexions issues de ce concept ont donné naissance à des travaux sur l'*empreinte eau*. Pour précision, l'*empreinte eau interne* désigne toute l'eau utilisée directement et indirectement pour la production des biens et services, ou la fabrication de produits destinés à l'exportation. Quant à l'*empreinte eau externe*, elle concerne l'eau importée par le biais de produits destinés à soutenir la consommation.

Trois catégories d'eau composent les ressources comptabilisées : (i) l'eau bleue - volume d'eau prélevé dans les cours d'eau de surface (rivières, lacs, ...) ou dans les eaux souterraines (nappes phréatiques, nappes fossiles, ...) - ; (ii) l'eau verte - volume d'eau consommé ou évaporé par les plantes lors d'évapotranspiration - ; (iii) l'eau grise - volume d'eau dilué pour respecter des valeurs-seuils de référence, comme par exemple les normes d'eau potable -. Une autre précision : l'agriculture est responsable de 92 % de l'empreinte sur les réserves mondiales d'eau (rapport GEO_5).

▶ Le principal enseignement retenu de ce concept 'eau virtuelle' est qu'il privilégie des réponses non-endogènes pour résoudre les problèmes. Au lieu de favoriser une incontournable mutation de l'agriculture africaine, bien au contraire, il contribue au renforcement de sa dépendance extérieure ; devenue pénalisante à cause de l'évolution des cours mondiaux des produits agricoles, qui sont très volatiles et en renchérissement.

La gestion intégrée des ressources en eau (GIRE)

Le concept de GIRE repose sur une approche multi-paramètres (ou holistique), intégrant les aspects techniques, politiques, économiques et sociaux, selon la Vision mondiale de l'eau. Quelques rappels du contexte : en gestion de l'eau, il est souvent observé une prédominance des approches sectorielles - ou fragmentées -, se matérialisant par des interventions et des services fonctionnant de façon autonome, ou se focalisant sur un seul aspect. Aussi, le système décisionnel est aujourd'hui fortement marqué par un schéma descendant, où un nombre limité de personnes décide à la place du plus grand nombre ; ce qui fait que les préoccupations des populations ne sont pas toujours prises en compte convenablement. De même, les limites administratives favorisent une vision locale des problématiques, ignorant de ce fait les impacts dans les zones amont et/ou aval d'un même bassin. Plus que jamais, les questions à long terme et à large échelle, et la participation populaire, sont des gages certains de réussite dans la mise en œuvre d'un projet. D'autant plus qu'un recul dans le temps permet de s'apercevoir que les stratégies de gestion de l'eau ne cessent d'évoluer, pour se conformer aux préoccupations de l'heure.

Au regard de la diversité des enjeux actuels, le concept GIRE est l'outil le mieux à même pour servir de cadre d'approche d'une stratégie de gestion durable de l'eau de pluie. Il permet un élargissement du champ de réflexion et d'action. Dans le monde, cette démarche est devenue la réponse appropriée d'un usage coordonné des ressources en eau. Elle vise une satisfaction équitable des besoins socioéconomiques, tout en respectant l'intégrité des écosystèmes environnementaux. La méthodologie mise sur des échelles adéquates d'intervention, mais aussi sur une information des parties prenantes des conséquences des actions partielles, ou de l'inaction, entre autres. En Afrique, combien de projets n'ont pas obtenu les résultats escomptés, à cause d'un manque d'appropriation, ou d'une rentabilité éphémère, suite à des dysfonctionnements apparaissant brusquement.

Au plan thématique, les options d'adaptation conçues pour garantir un approvisionnement en eau fiable, exigent l'intégration d'une stratégie aussi bien 'côté demande' que 'côté offre'. Sur l'aspect 'offre' - problématique ciblée dans ce projet -, il est généralement recommandé une augmentation de la capacité de stockage, de captage des cours d'eau et de transferts des eaux, comme préconisé par le GIEC. En particulier, étant donné la faible quantité des ressources en eau renouvelables exploitée actuellement au profit de l'activité agricole, des systèmes additionnels de gestion pourraient contribuer au renforcement de la mobilisation de la ressource hydrique, et partant, favoriser une atténuation des manquements provoqués par l'extrême variabilité de la pluviosité.

Approche écosystémique

Les ressources naturelles mondiales - terre et eau - sont pour l'essentiel non renouvelables, ce qui rend pertinentes les pratiques rationnelles d'utilisation. La satisfaction des besoins, en hausse vertigineuse, ne devrait pas se réaliser au détriment de la sauvegarde des ressources productives fragilisées, si l'on veut garantir un service continu. Et aujourd'hui, la prise en compte des questions environnementales est généralement exigée dans les projets de développement. La communauté internationale, à travers la 'Vision mondiale', recommande fortement une stratégie de gestion des ressources en eau, basée sur le respect de l'intégrité des écosystèmes aquatiques.

Précisément, l'approche écosystémique est une stratégie de gestion intégrée des terres, de l'eau et des ressources biologiques. Il s'agit de promouvoir un usage durable basé sur une démarche globale, ou prenant en compte les interactions spatio-temporelles existant entre les différents composants d'un milieu. En considérant les ressources naturelles comme des systèmes dynamiques et intégrés, les perspectives d'actions sont envisagées dans une perception de long terme, et de large échelle. Le résultat final recherché est que les pratiques soient construites à partir de mesures misant sur l'anticipation et la prévention, et non sur la réaction et la correction.

Globalement, l'intégration des questions environnementales dans les projets est surtout subordonnée au respect de deux principes fondamentaux : (i) faire une étude d'évaluation environnementale, pour une clarification de la pertinence et de la cohérence des actions retenues, (ii) respecter les normes d'usage définies par les réglementations nationales et/ou internationales - Codes de l'eau, de l'assainissement et de l'environnement, Conventions, Normes de gestion, Directives, entre autres -, pour des interventions adaptées.

Conservation et utilisation rationnelle des zones humides / Convention de Ramsar

Avec la péjoration des conditions pluviométriques, les zones humides sont dans une situation persistante de fragilité, et de façon irréversible localement, la pression anthropique étant aussi un facteur aggravant non négligeable. Dans un tel contexte de pression déséquilibrée, la mise en œuvre de solutions de préservation des habitats naturels apparait inéluctable et urgente. L'intérêt des zones humides pour un développement durable s'explique par les diverses catégories de services 'positifs' qu'elles assurent. Il est globalement reconnu qu'elles : (i) fournissent des bénéfices écologiques fondamentaux, régulent les régimes hydrologiques, et sont source de biodiversité, (ii) constituent une ressource de grande valeur économique, scientifique, culturelle et récréative, (iii) jouent un rôle vital pour l'adaptation aux changements du climat et leur atténuation. Sur la thématique environnementale, l'Évaluation des Écosystèmes pour le Millénaire - ou Millenium Ecosystem Assessment (MEA) - distingue quatre catégories de fonctionnalité.[89] Elles ralentissent le ruissellement et l'érosion ; rechargent les nappes phréatiques ; interceptent les matières en suspension chargées en nutriments contribuant au vieillissement des

[89] Selon le MEA, les catégories de services écosystémiques les plus fréquemment citées sont : (i) les services d'approvisionnement, par les produits tirés des écosystèmes (nourriture, eau douce, bois combustible, fibre, ressources génétiques, etc.) ; (ii) les services de régulation, par les avantages découlant de la régulation des processus écosystémiques (régulation du climat, des maladies, de l'eau, purification de l'eau, pollinisation, etc.) ; (iii) les services culturels, par les avantages non matériels découlant des écosystèmes (spirituels et religieux, récréation et écotourisme…) ; enfin (iv), les services d'appui sont nécessaires à la production de tous les autres services écosystémiques (formation du sol, cycle des nutriments, production primaire).

plans d'eau ; et favorisent l'élimination du carbone dans l'air par stockage.

L'importance des zones humides, la communauté internationale l'a compris en adoptant un traité international entré en vigueur en 1971, pour la conservation et l'utilisation durable de ces milieux indispensables à l'écosystème-monde. Dénommé « Convention de Ramsar », l'objectif est d'enrayer la dégradation et la perte des zones humides, aux conséquences néfastes au plan local, régional, national et/ou international. Pour précision, les sites relevant de la 'Convention' sont les marais et marécages, les lacs et cours d'eau, les prairies humides et tourbières, les oasis, les estuaires, les deltas et étendues à marée, les zones marines proches du rivage, les mangroves et récifs coralliens, sans oublier les sites artificiels tels que les bassins de pisciculture, les rizières, les réservoirs et les marais salants.

Outils de financement liés au changement climatique

Fonds pour l'environnement mondial (FEM)

Le Fonds pour l'environnement mondial est un mécanisme de la coopération internationale, pour financer des initiatives de lutte contre les principales menaces pesant sur l'environnement de la planète. En particulier, ses thématiques d'intervention s'intéressent à la déperdition de la biodiversité, le changement climatique, la dégradation des eaux internationales, l'appauvrissement de la couche d'ozone, la dégradation des sols et les polluants organiques persistants (POP). Pour les Pays en développement, il accorde des financements d'adaptation aux modifications climatiques, notamment ses impacts sur les écosystèmes, les territoires et les activités productives. A propos des résultats attendus, la préservation des leviers essentiels de développement, notamment l'agriculture, les ressources en eau et la santé, représentent les principales orientations thématiques.

Créé en 1991, ce mécanisme indépendant fonctionne avec le soutien de cent-quatre-vingt-deux gouvernements, en partenariat avec le secteur privé, les ONG et les institutions internationales intéressées par la question environnementale ; au nombre de dix. Il s'agit : du Programme des Nations Unies pour le développement, du Programme des Nations Unies pour l'environnement, de la Banque mondiale, de l'Organisation des Nations Unies pour l'alimentation et l'agriculture, de l'Organisation des Nations Unies pour le développement industriel, de la Banque africaine de développement, de la Banque asiatique de développement, de la Banque européenne pour la reconstruction et le développement, de la Banque interaméricaine de développement et du Fonds international de développement agricole.

Le FEM est considéré aujourd'hui comme la première source de financement des projets d'amélioration de l'état environnemental du globe. Tous les quatre ans, les pays donateurs apportent leur soutien pour la reconstitution du budget. Pour la période 2010-2014, ses ressources ont été renouvelées à hauteur de 3,7 milliards USD. S'agissant du bilan de ses activités, il a accordé des aides, sur fonds propres, d'un total d'environ 8,6 milliards USD, et mobilisé plus de 36 milliards USD de cofinancement ; et cela en appui à plus de 2400 projets. Egalement, son programme de micro financement lui a permis de soutenir directement plus de 10 000 projets pilotés par des ONG, ou des organisations de proximité. Pour le FEM-6, portant sur les quatre prochaines années, trente pays donateurs ont déjà promis une contribution globale de 4,4 milliards USD.

Fonds carbone

Il s'agit d'un outil de financement élaboré dans le cadre du Protocole de Kyoto signé en 1997, le but étant de favoriser la réduction des émissions de gaz à effet de serre au niveau mondial. Avec la globalisation des échanges économiques, la problématique de l'augmentation des gaz à effet de serre est devenue un phénomène mondial très préoccupant. En réponse, des mécanismes de marché ont été mis en place, afin de récompenser les initiatives de mise en place de technologies de réduction des émissions.

Sur son fonctionnement, le mécanisme permet aux projets réalisés dans les Pays en développement d'obtenir une compensation financière, par des 'Réductions d'émissions certifiées' (REC), autrement dit des 'crédits carbone'. Et c'est la tonne de dioxyde de carbone qui sert d'unité de calcul. Le concept traduit la contribution d'un projet à l'atténuation du changement climatique, que ce soit sous forme d'une réduction d'émissions de gaz à effet de serre, ou d'une absorption de carbone. Sur les conditionnalités, d'une part les capitaux publics et/ou privés sont utilisables pour l'achat ou la vente des REC, ou 'crédits carbone'. D'autre part, les projets de réduction des émissions concernés sont ceux en œuvre dans des 'pays de l'Annexe B', via le mécanisme de Mise en Œuvre Conjointe (MOC) ; ou dans des 'pays hors Annexe B', via le Mécanisme pour un Développement Propre (MDP).

Par ailleurs, étant donné les REC sont échangeables, il s'agit d'une alternative *ex situ* offerte aux pays développés et leurs entreprises, d'atteindre les objectifs chiffrés de réduction de gaz à effet de serre (GES) contractés dans le cadre du protocole de Kyoto. Plutôt que de réaliser les réductions sur leur sol, ils peuvent le faire en finançant des projets « propres » dans des pays du Sud, en quête d'émergence. Globalement, le domaine des énergies renouvelables et de la valorisation énergétique des déchets, représentent les thématiques ciblées.

Depuis son premier lancement en 1999, les achats d'actifs carbone ont très fortement augmenté, pour arriver à un montant cumulé de plus de 15 milliards USD, ou 10 milliards d'euros à la fin 2009. Jusqu'en 2005, ce sont les gouvernements qui étaient les principaux acteurs, mais par la suite, les secteurs privé et de la finance ont fini par jouer le rôle le plus décisif dans le dynamisme de ce marché. Toutefois à ce jour, selon la Banque ouest-africaine de développement (BOAD), seulement 1,2 % du financement généré par le protocole de Kyoto, a bénéficié à l'Afrique subsaharienne.

Fonds d'investissement climatique (FIC)

En septembre 2008, les pays du G8 ont approuvé la création de deux Fonds d'investissement pour le climat (FIC). Ils sont administrés par la Banque mondiale, la Banque africaine de développement, la Banque asiatique de développement, la Banque européenne pour la reconstruction et le développement et la Banque interaméricaine de développement. Sa mise en place répond à un besoin d'apporter temporairement aux Pays en développement, des ressources additionnelles pour soutenir, d'une part des projets participant au freinage de l'augmentation des émissions de gaz à effet de serre (GES) ; et d'autre part, d'adaptation au changement climatique. Les Pays développés signataires se sont engagés à verser plus de 6 milliards USD pour le démarrage de deux mécanismes financiers. Les États-Unis ont promis un versement de 2 milliards USD, le Japon et le Royaume-Uni un peu plus d'un milliard chacun.

Plus spécifiquement, le *Fonds pour les Technologies Prop*res (Clean Technology Fund ou CTF) a pour objectif de rassembler des investissements publics et privés, soutenant le déploiement de technologies économes en carbone, de large échelle, ou des projets ou programmes à impact significatif sur la réduction des gaz à effet de serre sur le long terme. Quant au *Fonds Stratégique Climat* (Strategic Climate Fund ou SCF), il cible le financement de programmes visant à expérimenter de nouvelles approches ayant un potentiel de transformation et d'effet d'échelle, dans la lutte contre le changement climatique. Ses trois domaines d'intervention sont : (i) le risque climatique et la résilience, (ii) le développement des énergies renouvelables dans les pays pauvres, (iii) la lutte contre la déforestation et la dégradation des forêts. Par exemple, le 'Programme pilote de renforcement de la capacité d'adaptation au changement climatique' est axé sur une contextualisation des approches de planification, et surtout, de mise en œuvre de programmes de développement à l'épreuve du climat. A cet effet, les interventions se concentrent sur les secteurs très vulnérables que sont l'agriculture et l'eau, et aussi sur le renforcement des structures et des processus institutionnels.

Fonds vert pour le climat

Cet outil de financement de l'Organisation des Nations Unies est rattaché à la CCNUCC. Cette initiative décidée en 2009 à Copenhague est devenue effective en 2010 par les accords de Cancun. Toutefois, c'est en 2011 que son lancement officiel a été décidé, lors de la 17ème Conférence des parties (CdP17) à Durban (Afrique du sud). Ce fonds en cours de constitution, découle d'une forte demande des PVD sur l'opportunité de créer un financement, à grande échelle, pour soutenir la transition vers un modèle de développement sobre en carbone, et résilient au changement climatique.

L'approche vise à encourager un transfert d'investissements des pays les plus avancés, vers les Pays en développement les plus vulnérables. La piste d'action retenue consiste à soutenir des projets contribuant à la diminution des émissions de gaz à effet de serre, à la lutte contre la déforestation et la mise en œuvre de mesures d'adaptation aux conséquences du réchauffement climatique. Pour sa création, les pays riches ont adhéré à l'objectif d'une mobilisation de 100 millions USD par an d'ici 2020, à partir de fonds publics et privés. Ainsi, la somme de 30 millions USD a été arrêtée pour la période 2010-2012, afin de constituer le budget de lancement (*Fast Start Funding*). Durant la phase pilote (2012-2013), la Banque mondiale assurera les fonctions d'administrateur fiduciaire, tandis que le secrétariat intérimaire du fonds sera conjointement assuré par la CCNUCC et le FEM. Pour information, la France a récemment promis une participation globale de 1 milliard USD.

Fonds européens de développement (FED) / 2e Facilité pour l'eau (2008-2013)

Le Fonds Européen de Développement (FED) est l'instrument de base de la coopération entre l'UE et les soixante-dix-neuf pays ACP, dont quarante-huit d'Afrique subsaharienne. Depuis plus de 40 ans, il sert de cadre de financement des différents accords de partenariat de développement conclus - Accords de Yaoundé, Conventions de Lomé, Accord de Cotonou -. Les actions soutenues sont thématiquement variées, en englobant des aspects relevant de questions socioéconomiques, mais aussi de la coopération et de l'intégration régionale. Les catégories de produits financiers disponibles sont des subventions, des capitaux à risque et des prêts au secteur privé, de même que des mécanismes FLEX visant une correction des effets négatifs induits par l'instabilité des recettes d'exportation. Ces fonds sont directement gérés par la BEI (Banque européenne d'investissement), et ils sont alimentés par les différents États-membres, via des contributions nationales fixées par des clés de répartition spécifiques.

Le 10e FED, couvrant la période 2008-2013, a été doté d'une enveloppe budgétaire de 34 milliards USD, ou 22,6 milliards d'euros, pour financer des projets de 7500 à 7,5 millions USD, ou 5000 à 5 millions d'euros. Comparé au 9ème FED, une part plus importante de ce budget a été consacrée aux programmes régionaux ; une façon de souligner l'importance accordée à l'intégration économique dans le processus de développement national et local. Plus spécifiquement dans ce 10ème FED, il a été convenu de reconduire une nouvelle Facilité Eau, dotée d'un budget de 300 millions USD, ou 200 millions d'euros. Ses objectifs spécifiques sont de contribuer significativement à l'atteinte des cibles de l'OMD 7, par une augmentation du taux d'accès à l'eau et aux services d'assainissement de base. La réduction de la mortalité infantile et maternelle, et plus globalement des maladies, constitue le résultat final attendu. Aussi, il s'agit de soutenir les actions contribuant à l'amélioration de la gouvernance des ressources en eau et à la durabilité des infrastructures hydrauliques ; et cela, au plan technique, environnemental et économique.

Pour information, au titre du 11e FED pour la période 2014-2020, l'Union européenne s'est fixée pour objectif d'accorder aux pays ACP un financement de plus de 36 milliards USD, ou environ 28 milliards d'euros. Les thématiques retenues sont, entre autres : paix et sécurité ; démocratie ; bonne gouvernance et droits de l'homme ; développement humain ; développement et croissance durables et inclusifs ; intégration continentale. En ciblant des questions persistantes et émergentes de développement, les actions ciblées devraient favoriser une transformation économique axée sur l'agriculture, la croissance verte, l'industrialisation, les infrastructures économiques et le secteur des services, entre autres.

3 - Enseignements globaux

Une première observation globale est que, malgré une diversité des outils d'intervention, le progrès socioéconomique de masse tant attendu dans le continent n'est pas encore au rendez-vous, faute d'une mobilisation suffisante du financement international, entre autres. Du coup, on observe sur le terrain une persistance, ou même une aggravation et une complexification des contraintes au développement en lien avec le paramètre climatique. Et pour inverser les tendances et multiplier les opportunités, on a l'impression d'une reformulation des approches thématiques, ou d'un redéploiement de fonds déjà promis.

A propos des fonds destinés au changement climatique

En analysant au plus près les statistiques sur le dynamisme et la structuration de l'aide climatique globale, on constate un différentiel assez net entre les fonds promis et les montants réellement disponibles, ou une relative faiblesse des montants réellement mobilisés au final. Comme illustration, les deux engagements pris par les Pays développés lors des accords de Cancun signés en 2010, vont servir d'exemple. En 2011, les promesses de financement du *fast-start finance* budgétisées ne s'élevaient qu'à environ 16 milliards USD. Pourtant au départ, l'objectif était de rassembler 30 milliards USD en investissements nouveaux et additionnels. Sur la deuxième promesse - mobilisation de 100 milliards USD par an d'ici 2020 -, ce montant ne couvre qu'une partie du financement global nécessaire, pour appuyer les Pays en développement à réduire leurs émissions, et à s'adapter au changement climatique.

Pour comprendre la situation, d'après la Banque mondiale et l'OCDE, la part des fonds climatiques publics ne représente qu'entre 6 et 10 % du montant actuel de l'aide publique au développement (cf. rubrique suivante). Par ailleurs, l'OCDE estime que seuls 7 % de l'APD de ses pays membres, ont été principalement ou significativement liées à l'atténuation du changement climatique, entre 2008 et 2009. Toutefois, l'évolution récente présage d'une accélération, puisque cette aide aurait atteint 15 % du montant de l'APD en 2010. Mais malgré cette dynamique favorable, le montant des 100 milliards USD par an n'est pas encore atteint, même en intégrant l'aide privée. Pour information, ce dernier mécanisme représente une source importante de financement des Pays en développement, et cela dans une proportion de 3 contre 1 en défaveur des fonds publics. Mais là aussi, il est estimé que la part « climatique » de ces financements se situait dans une fourchette de 6 à 10 %, voire 15 % selon des estimations plus récentes.

Quant à **l'Afrique, elle n'a reçu entre 2009-2010 qu'environ 435 millions USD de financement multilatéral lié au changement climatique**, ce qui représente 4 % du total de ces flux, contre moins de 1 % jusqu'en 2009, d'après l'UNECA. Cette statistique illustre bien que le continent ne bénéficie pas encore d'investissements suffisants, d'origine externe, pour le financement de ses besoins. Maintenant, est-ce lié aux procédures complexes d'accès à ces fonds et/ou à une capacité de mobilisation limitée des pays africains ? En tout cas, les retours d'expérience renseignent que les aptitudes du continent ne sont pas suffisantes en connaissance du changement climatique, en analyse politique et en formulation de projets. De ce fait, il y a une nécessité avérée de renforcement des capacités locales pour l'accès et la gestion de ce financement spécifique, à moins d'un réajustement des objectifs fixés.

Par ailleurs, le gap existant entre le volume des fonds mobilisés issus de l'aide multilatérale et bilatérale, donne une indication intéressante. Le rapport largement en faveur du financement bilatéral est corrélé au fait que ce mécanisme est plus adapté aux préoccupations actuelles de l'Afrique. Estimés à environ 2,9 milliards USD, les fonds sont plutôt destinés à des actions portant sur l'adaptation. Pour précision et selon une note de la BAfD[90], la répartition globale actuelle du financement promis est de 95 % pour l'atténuation, contre 5 % pour l'adaptation. Pour inverser la tendance, l'Union Européenne a décidé en 2010 de consacrer 63 % de ces interventions à l'atténuation, et 37 % à l'adaptation.

Une part non négligeable des financements du développement assurée par l'Aide Officiel au Développement (ou capitaux publics)

L'aide officielle au développement (AOD) se partage, globalement, entre aide bilatérale (70 % des flux), et multilatérale (30 %). Du coté des pays destinataires, 67 % de ces aides sont allouées aux nations à faible revenus, qui reçoivent 64 % de l'aide bilatérale, et 74 % de l'aide multilatérale. Généralement, les pays développés ont trois modes de financement : (i) la coopération bilatérale, d'État à État ; sous forme de dons ou de prêts, (ii) la coopération multilatérale, passant par des institutions internationales comme l'Union européenne, le PNUD, la Banque mondiale et les autres organismes des Nations Unies, (iii) la coopération décentralisée, c'est-à-dire entre les régions ou les villes, ou par l'intermédiaire d'ONG nationales et internationales.

---

90 BAfD, 2012 – « Le financement du changement climatique : l'accès de l'Afrique aux fonds conventionnels », 7 p.

Comme pour le financement climatique, les sommes allouées sont inférieures aux promesses : en 2009 selon l'OCDE, l'appui réel a été inférieur de pratiquement un quart à l'objectif de départ. De plus, les budgets consacrés à l'AOD sont en diminution depuis plus d'une dizaine d'années, tant en valeur absolue qu'en proportion de PIB. Le taux se situe aux alentours de 0,3 à 0,4 %, au lieu des 0,7 affichés comme objectif il y a dix ans. Enfin, l'utilisation des sommes effectivement allouées laisse aussi apparaître un autre dysfonctionnement. Seuls 41 % des fonds sont réellement versés aux pays destinataires. Comme facteurs explicatifs, les études préalables aux aides absorbent 38 % - le plus souvent au profit des experts des pays donateurs - ; 7 % vont à la gestion des programmes des donateurs ; 11 % à l'allégement des dettes ; enfin 3 % pour le soutien aux réfugiés vivant dans les pays donateurs[91].

De façon générale, on observe que les flux financiers privés - Investissements directs étrangers (IDE), Prêts, Investissements de portefeuille - ont été multipliés par cinq au cours de la période 2000-2009. Ils ont atteint près de 60 milliards USD en 2006, plus que l'AOD. A propos des remises de fonds des travailleurs émigrés à destination du continent, elles étaient estimées à 22 milliards USD en 2006, dont seulement 9 milliards USD pour l'Afrique sub-saharienne. En particulier, dans le secteur agricole, les investissements ne cessent de chuter depuis vingt ans. L'agriculture n'a absorbé que 2 % de l'aide multilatérale en 2002, contre 30 % en 1980. En 2008, on estimait les besoins d'investissement dans le secteur agricole à 8 milliards USD sur 5 ans, alors que seulement 1,5 milliard USD a été finalement mobilisé. Pratiquement aucun crédit nouveau n'est consacré à la lutte contre la sécheresse et la désertification depuis la Conférence de Rio. La tendance est plutôt un redéploiement des fonds déjà promis vers d'autres thématiques. Trois remarques sur les IDE : (i) ils sont principalement concentrés dans dix pays - Nigeria, Égypte, Afrique du Sud, Maroc, Libye, Soudan, Guinée Équatoriale, Algérie, Tunisie et Madagascar - qui absorbent près de 82 % du total, (ii) neuf Etats reçoivent des IDE d'un montant égal ou supérieur à 1 milliard USD, (iii) les trois quarts environ des IDE sont réalisés dans les pays exportateurs de pétrole.

En particulier, **l'Afrique subsaharienne a reçu 48 milliards USD d'AOD entre 2000 et 2009 - surtout grâce à l'allègement de la dette -, ce qui donne une moyenne annuelle de 4,8 milliards USD**. Pourtant, la

---

91 URL : http://anr.typepad.com/anr/2008/12/afrique-sous-d%C3%A9veloppement-les-causes-et-les-rem%C3%A9des-chapitre-trois-les-solutions-.html

conférence de Monterrey sur le financement du développement en 2002 avait recommandé un doublement des flux de l'AOD, pour la réalisation des Objectifs du millénaire pour le développement. Par ailleurs, pour plus d'efficacité et d'efficience des investissements, le NEPAD défend l'idée d'une complémentarité entre le financement privé et l'aide publique dans les programmes de développement.

Faible participation directe africaine dans les fonds d'investissement

En effet, même les fonds initiés ou gérés par la BAfD sont généralement constitués en partenariat avec des institutions localisées hors du continent, excepté le Fonds spécial Nigéria. Alors qu'on sait qu'un tel contexte a tendance à limiter, ou à mutualiser, les capacités de décision. Une première illustration de cette perte d'autonomie - à cause d'une contribution financière insuffisante des Etats africains - est l'ouverture des capitaux de la banque aux pays de l'OCDE depuis 1982. Toutefois, elle a conservé 60 % des parts contributives. Pour démontrer les limites des richesses nationales - ce qui a un impact sur les capacités de la BAfD -, le PIB moyen mondial par habitant (hors Afrique) est de 10 460 USD en 2008, contre une moyenne continentale de 1630 USD.

Mais aujourd'hui, on observe une évolution tendancielle assez favorable de l'investissement endogène, grâce aux nouvelles découvertes de pétrole, de gaz et autres minéraux précieux. Malgré tout, le volume et le rythme n'ont pas encore permis la création d'un potentiel de richesse profitable au plus grand nombre, ou capable de satisfaire la diversité des besoins. Sur le financement public d'origine interne, dans pratiquement tous les pays, les 'dépenses de base' restent toujours largement supérieures aux recettes, ce qui, en particulier, réduit les perspectives d'une multiplication appropriée des transformations socioéconomiques. Dans la zone UEMOA (Union économique et monétaire ouest africaine) par exemple, le déficit budgétaire moyen était officiellement estimé, en 2009, à 3 milliards USD - ou 1467 milliards FCFA -, soit 4,7 % du PIB global. Du coup, les dépenses en capital - investissements en équipements et en renforcement des infrastructures de soutien direct à la croissance - ont reculé entre 2007 et 2008 de -1,1 %. Autrement dit, le taux de participation est passé de 7,5 % à 6,6 %, en partie pour des raisons exogènes certes.

S'agissant du circuit privé, les capacités des marchés financiers africains demeurent très marginales. Les IDE intra-africains - dominés par l'Afrique du Sud, le Maroc, le Nigéria et le Kenya - ne dépassent pas

17 % de l'investissement total existant. A cause d'une épargne nationale faible, ce mécanisme progresse timidement ; ce qui réduit considérablement les possibilités d'autofinancement par un endettement local. Toutefois, la dynamique positive actuelle constitue un point encourageant. Dans tout le continent, entre 2000 et 2013, la capitalisation des bourses africaines est passée de 250 milliards USD, à plus de 1300 milliards USD ; et le nombre de places boursières est passé de huit en 2002, à vingt-neuf en 2012. Par exemple, la zone UEMOA dispose d'une Bourse Régionale des Valeurs Mobilières (BRVM), notamment active dans huit pays.

Vu ce contexte global marqué par une faiblesse des actifs financiers mobilisés et mobilisables pour la résilience climatique, comment consolider au mieux le processus de développement, par une atténuation de la diversité des impacts causées par les aléas climatiques ? Pour ce faire, une orientation des investissements vers des actions productives, ou de création de richesse, ne serait-elle pas une alternative appropriée ?

Dans la troisième partie, la contribution de l'approche défendue dans ce projet sur la l'énigmatique question du développement du continent est déclinée. L'innovation sera surtout de miser sur une méthodologie de résolution locale des problèmes. Auparavant, la conclusion partielle revient sur les principaux faits passés en revue dans ce chapitre, pour appuyer davantage la pertinence de la démarche à adopter.

CONCLUSION PARTIELLE

Cette deuxième partie particulièrement focalisée sur les contraintes socioéconomiques, a permis de mieux cerner, directement ou indirectement, les multiples manquements provoqués par les évolutions actuelles et futures de la pluviométrie. Très nettement, il est apparu que les dysfonctionnements majeurs induits dans des thématiques-clés de développement, pénalisent très fortement la marche continue du continent vers un progrès partagé. Surtout au plan socioéconomique, on constate que la pluviosité très aléatoire influence négativement la productivité par une fragilisation des ressources naturelles productives et du capital humain.

De nos jours, une grande partie de l'Afrique est structurellement confrontée à un problème de pénurie d'eau. En même temps, les précipitations excessives provoquent des dégâts coûteux, et une détérioration du cadre de vie. Et ces deux tendances situationnelles risquent de perdurer, voire de s'aggraver, car les prévisions sur le climat futur sont globalement pessimistes, et annoncent une accentuation des phénomènes extrêmes. Sur ce, comment faire face aux périls climatiques, et cela dans un contexte où les capacités technico-financières de résilience des parties prenantes ne sont pas extensibles à souhait ?

Pour preuve, on a vu que les possibilités nationales d'investissement dans des actions d'adaptation sont insuffisantes, et que les ressources financières d'appoint en provenance de l'extérieur ne sont pas à la hauteur du manque à combler. Vu cet état des faits, les pays africains sont dans l'obligation de trouver une alternative nationale robuste, d'adaptation au risque climatique. La consolidation continue des acquis, ou le maintien du processus d'émergence en bon état de marche, implique une application de mesures en phase avec les situations réelles de terrain. En référence aux problématiques ciblées dans ce projet, l'équation est d'identifier des solutions de gestion contextualisées du paramètre pluvial, qui, nécessairement, devraient tenir compte des enjeux, persistants ou émergents, associés à la variabilité spatio-temporelle des précipitations et sa gestion, et les limites capacitaires des acteurs.

La méthodologie '*développante*' de gestion défendue n'est pas fortuite. Dans cette deuxième partie, on a insisté sur le rôle essentiel joué par la question pluviométrique - récurrence des évènements extrêmes - dans la baisse de l'activité socioéconomique et la dégradation de l'environnement. D'autant plus qu'en se basant sur la présentation des approches organisationnelles et opérationnelles dominantes (Chapitre 4 / Partie 1), on s'aperçoit que les bénéfices économiques en lien avec l'eau de pluie ne sont, généralement, pas pris en considération. De ce deuxième enseignement, on retient qu'il existe des perspectives de maîtrise durable - ou d'atténuation des contraintes - non encore explorées. Par exemple, en lien avec la démarche actuelle, est-il recevable, dans un contexte de pénurie d'eau, que les eaux de drainage recueillies par le réseau continuent d'être évacuées vers des sites non productives, c'est-à-dire ne permettant pas une valorisation multifonctionnelle de cette ressource ? Pourtant, un tel objectif serait atteignable si les pratiques habituelles sont adaptées, notamment en introduisant des techniques dites « alternatives » dans le dispositif global. Dans la troisième partie, on verra l'attention accordée par les techniciens et décideurs à ce type de procédé, aujourd'hui.

En effet, le spectre thématique des solutions actuelles est réduit, car étant particulièrement centré sur la dimension 'risque', ou de protection du cadre de vie. En réponses à la question ci-dessus, sur la thématique de l'agriculture par exemple, une telle approche n'intègre pas les avantages découlant d'un usage des eaux de drainage au profit d'une fiabilisation accrue de l'eau agricole, notamment dans un contexte géographique de déficit hydrique. Surtout qu'avec l'intensification des inondations dans tous les domaines climatiques, un volume important d'eau valorisable est perdu. Sur la base de l'ampleur des impacts découlant des approches partielles actuelles - ou non durables -, il est devenu incontournable de promouvoir une approche appropriée de gestion du ruissellement en milieu urbanisé.

Plus globalement, au regard de l'acuité des problématiques abordées dans cette deuxième partie, le postulat d'une perspective de gestion développante des eaux pluviales, s'appuie, fondamentalement, sur une intégration des questions sociétales de l'heure. Pour un bénéfice pour le plus grand nombre, il s'agit de mettre en œuvre des mesures visant à maintenir, ou à renforcer, la production alimentaire et l'activité économique, et aussi à sécuriser le cadre de vie ; le résultat attendu étant la consolidation d'un progrès socioéconomique partagé. On considère qu'une atténuation, voire une éradication des multiples contraintes associées aux évolutions hydriques et hydrologiques négatives - en lien avec le paramètre climatique - serait d'un apport effectif dans le redressement et la consolidation des performances individuelles et globales.

En revanche, l'hypothèse à clarifier dans la troisième partie porte sur la représentativité des milieux urbanisés à servir de territoire approprié d'intervention. Dans ces zones atypiques, très favorables à une production massive de ruissellement (figure 13), la difficulté à surmonter est d'identifier une méthodologie englobante de résolution d'une diversité de problèmes, le plus souvent émergents. Surtout, les contraintes majeures provoquées par l'architecture de certains quartiers populaires et le manque de moyens, complexifient les possibilités de mise en œuvre de mesures adaptées. L'occurrence accrue des inondations ces dernières années dans les villes africaines, confirme l'urgence d'agir et la nécessité de recourir à des actions appropriées.

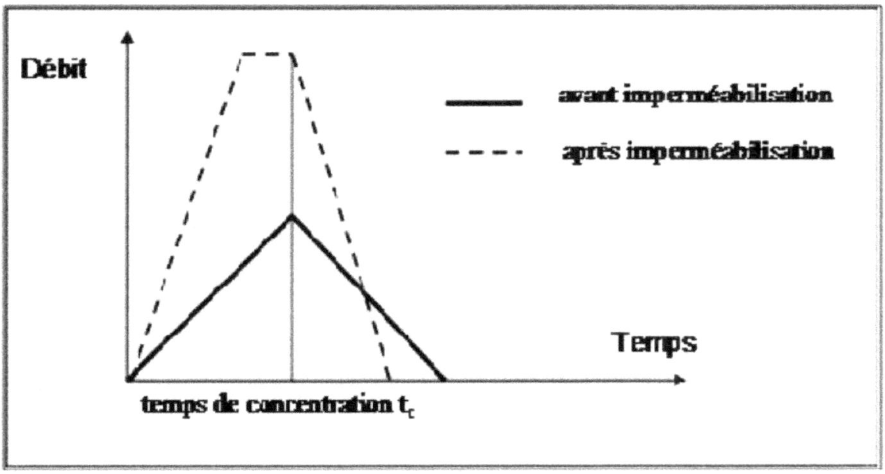

Figure 13 : Impact de l'imperméabilisation sur un hydrogramme de crue (source modifiée : MISE, 2004, in Dasylva, 2009)

◗ Pour un capital humain, un cadre de vie et des ressources naturelles fonctionnelles plus résilients aux risques climatiques, comment rendre les solutions plus englobantes, efficaces, efficientes et collaboratives, mais aussi favoriser particulièrement des actions débouchant sur des investissements productifs et un partage des taches ? Des éléments de réponse vont être apportés dans la troisième et dernière partie de cet ouvrage.

Partie 3

Approche développante de gestion des eaux pluviales en milieu urbanisé : enjeux, modalités et bénéfices

Au regard des faits actuels de terrain, le volume d'eau exceptionnel produit en milieu urbanisé provoque plutôt des contraintes ; mais surtout à cause des mesures inappropriées de gestion, comme on l'a déjà souligné. Ainsi, l'hypothèse de changement, ou d'une évolution des pratiques habituelles, est construite sur la possibilité de mobiliser ce potentiel d'eau exceptionnel au profit d'avancées socioéconomiques réelles. Et c'est qu'on va tenter de démonter dans cette troisième partie.

On partage cette assertion d'Onu-Habitat indiquant que « les villes sont des constructions humaines, que l'humanité façonne et modifie au fil du temps, en fonction des besoins et valeurs supposés dominants » (Onu-Habitat, 2010). Cependant, pour un plan d'actions représentatif, quels sont, d'une part les paramètres supplémentaires d'intervention à prendre en considération, y compris les problématiques spécifiques aux milieux urbanisés ? D'autre part, quels seraient les axes structurants d'une intervention élargie, si l'on veut intégrer la diversité des enjeux actuels d'envergure ? En effet, l'acceptabilité et la pertinence de la démarche innovante de gestion seraient tributaires de son aptitude à satisfaire des préoccupations sociétales de l'heure, objectif final de ce projet.

CHAPITRE 8

QUESTIONS SPÉCIFIQUES LIÉES AUX ASPECTS DÉMOGRAPHIQUES ET URBAINS

Il est reconnu que la croissance de la population du continent évolue exponentiellement, ce qui finit par devenir un frein si les capacités d'intervention ne sont pas en mesure de prendre en charge les mutations. Plus exactement, qu'en est-il du rythme d'augmentation de la démographie, de même que ses répercussions sur le processus d'occupation de l'espace et sur la demande sociale ? En particulier, selon les spécificités des charges humaines sur les territoires, quelles sont les perspectives de contrainte et/ou de bénéfice de mise en œuvre de solutions appropriées ? Avec les réponses obtenues, il s'agit de consolider l'argumentation justifiant la pertinence d'un changement de paradigme de gestion des eaux de pluie dans les villes africaines.

1 - Tendances démographiques générales

Si la question démographique retient l'attention, c'est que les mesures anticipatives et correctives de satisfaction des besoins, dépendent de son évolution quantitative, ou de son étalement dans les territoires. Ces deux phénomènes ont tendance à conditionner, respectivement : (i) l'ampleur et la diversité de la demande sociale, (ii) l'intensité des pressions multiples sur le cadre de vie, pouvant aboutir à une situation déséquilibrée et pénalisante. D'emblée, on sait que derrière l'Asie - 60 % de la population mondiale -, l'Afrique se classe depuis l'année 2000 comme le deuxième continent le plus peuplé de la planète, avec 14 %. Elle est suivie de près par l'Europe (11 %), de l'Amérique latine et des Caraïbes (9 %), de l'Amérique du Nord (5 %), et loin derrière l'Océanie (1 %).

Une augmentation exponentielle

Après deux chocs démographiques historiques majeurs, l'Afrique subsaharienne a connu une récupération exceptionnelle au cours de ce XXe siècle. La population a été multipliée par sept entre 1900 et 2000, et a dépassé celle des Amériques à partir de 2008. De 230 millions habitants en 1950, elle se situe au-dessus du milliard d'habitants en 2013, et arriverait vraisemblablement à 1,9 milliard en 2050, et même 2,4 milliards d'après l'INED-France (Institut national d'études démographiques). En valeur relative, elle représente environ 15 % de la population mondiale en 2013, une proportion qui pourrait atteindre plus de 38 % en 2100, d'après un rapport des Nations Unies (Onu-Habitat, 2010)[92]. Vu ces statiques, on peut affirmer que le rythme actuel de progression est rapide ; tandis qu'une dynamique contraire est actuellement observée en Europe. Alors qu'il a fallu vingt-sept ans pour un doublement de la population - de 500 millions à un milliard -, le prochain demi-milliard serait atteint en dix-sept ans seulement.

Le continent se distingue comme la zone la moins avancée dans le mouvement de 'transition démographique', et même selon un rapport de l'AFD, cette dernière ne sera pas achevée avant 2050 dans la plupart des pays[93]. Cette notion désigne le moment de passage d'une natalité et d'une mortalité élevées, à une natalité et une mortalité faibles. Les pays riches ont déjà effectué leur transition, d'autres pays sont pleinement dans le processus ; mais les PMA - Pays Moins Avancés - ne l'ont pas encore commencé, l'Afrique y compris. Dans une dizaine de pays du continent, la croissance démographique est supérieure à 3 % par an, la moyenne globale étant de 2,5 %. Comme facteur explicatif, l'Afrique possède le taux de fertilité le plus élevé au monde, avec 4,7 enfants ; contre 2,2 en Asie. Le record mondial de la fécondité est détenu par le Niger, avec 7 enfants par femme.

Une dernière particularité est que les jeunes constituent une frange non négligeable de la population. Selon l'INED-France, 41 % de la population globale est âgée de moins de 15 ans, une situation contraire à la tendance au vieillissement observée dans les pays développés. En 2005, l'âge de deux africains sur trois était inférieur à 25 ans, contre 40 % en Chine et 30 % en Europe. L'Ouganda et le Niger forment le duo de pays, où la part représentative des jeunes dans la population globale est la plus élevée de la planète : environ 50 % des habitants y ont moins de 15 ans. L'âge médian du continent s'élève à environ 20 ans. Plus spécialement, on reviendra plus loin sur les problématiques sociales induites dans les villes.

---

92 Onu-Habitat (2010) : L'état des Villes Africaines 2010. Gouvernance, inégalités et marchés fonciers urbains. Nairobi, 279 p.

93 URL : http://www.afd.fr/jahia/webdav/shared/PORTAILS/PUBLICATIONS/COMMUNIQUES/Synthese_LivreDemographie.pdf

Une répartition très déséquilibrée

Malgré ce dynamisme démographique, le continent est paradoxalement sous-habité. Par exemple en 2009, la densité moyenne de peuplement était légèrement supérieure à 30 hab/km^2, alors que celle mondiale se situait aux alentours de 47 hab/km^2. Au plan régional, l'Afrique de l'Est (38 %) et de l'Ouest (35 %), occupent les deux premières places, avec respectivement une démographie de 373 et 331 millions de personnes environ, selon des statistiques des Nations Unies. Il en est de même de la densité de population, estimée à 51 et 49 hab/km^2 dans ces deux ensembles, la plus faible étant détenue par l'Afrique centrale (19 hab/km^2). En rappel, il s'agit de deux secteurs géographiques très fortement marqués par des évènements pluviométriques extrêmes. Par pays, en 2012, le Nigéria arrive en première position du classement démographique, avec ses 170 millions de personnes ; les Seychelles se situant à la dernière place (87 000 habitants). Pour certains, le phénomène démographique se distingue comme l'un des faits marquants de ce XXIe siècle, et partant, un vrai défi à maîtriser.

Localement, ce sont les disparités de l'occupation de l'espace qui posent problème, avec une très forte concentration dans les centres urbains et les zones côtières. Il s'agit de l'une des régions du monde, où la plus grande partie de la population citadine s'est installée près des côtes ; un héritage de la période coloniale. Plus du quart de la démographie vit à moins de 100 km du littoral. Pratiquement toutes les grandes villes s'y localisent, avec près de 12 % des personnes vivant dans des zones côtières de basse altitude ; et qui sont les plus touchées par la montée actuelle du niveau des océans, selon le rapport régional d'évaluation des 15 ans de la Conférence internationale sur la population et le développement (CIPD+15). Néanmoins, globalement, plus de la moitié de la population africaine vit encore en milieu rural ; même si le rapport est en voie rapide de renversement. En 2011, le rapport était d'environ 55 / 45 en défaveur des centres urbains.

A propos du processus de 'basculement urbain', il s'effectue avec une hausse démographique moyenne de 4 % par an, un record mondial une fois de plus. Le nombre d'habitants dans les villes a été multiplié par onze depuis 1950, contre quatre pour l'ensemble du continent (Onu-Habitat, 2010). En 2000, il y'avait 209 millions d'urbains en Afrique subsaharienne, et les estimations annoncent un chiffre de 592 millions en 2030. On dénombre aujourd'hui 38 villes millionnaires, l'urbanisation galopante ayant donné naissance à de très grandes métropoles :

Kinshassa (16,8 millions), Lagos (15,8 millions), Le Caire (11,9 millions). La densité de l'occupation de l'espace varie du simple au double, entre la sous-région la moins urbanisée - l'Afrique de l'Est (27 %) -, et la sous-région la plus urbanisée - l'Afrique australe (55 %) -. L'Afrique de l'Ouest et centrale se situent à des niveaux intermédiaires, avec un taux moyen respectif de 44 et 38 %.

◗ En référence aux rythmes d'évolution, la massification et l'accélération du processus d'urbanisation vont logiquement avoir des répercussions négatives et complexes, au plan technico-financier, économique, environnemental et social. Bien que l'Afrique soit parmi les régions du globe les moins urbanisées, la croissance exponentielle de la démographie dans les plus grandes villes apparaît excessive à l'heure actuelle, et même très préoccupante au regard des réponses apportées. Selon Anna Kajumulo Tibaijuka - Directrice exécutive d'Onu-Habitat -, ces territoires sont tout simplement « dépassés par la vitesse à laquelle s'effectue ce changement ». L'accroissement actuel de la population est largement supérieur aux offres en habitats informels et officiels, de même qu'en programmes de création ou de modernisation des infrastructures. A cause des faibles capacités des services centraux d'État, des institutions locales et des populations, les réponses globales apportées ne sont pas à la hauteur de la demande variée accompagnant le processus de basculement urbain, en marche accélérée. D'autant plus que l'Afrique subsaharienne demeure la seule zone où l'urbanisation s'associe à une dynamique économique défavorable, et on y reviendra plus loin.

Maintenant, on va voir que les problématiques urbaines ne se limitent pas uniquement à une maîtrise quantitative de la démographie globale. S'agissant de la gestion de l'eau de pluie en particulier, elle pourrait se décliner en plusieurs aspects, négatifs comme positifs, pouvant être appréciés en connaissance de certaines situations spécifiques, signalées ci-après.

2 - Particularités des villes africaines : une diversité d'enjeux le plus souvent émergents

Comment mieux comprendre les processus qui contrôlent les causes, le rythme et l'intensité de l'accroissement des centres urbains ; en se focalisant davantage sur le rôle joué par les mouvements migratoires et les bouleversements multiples provoqués dans les zones destinataires ? Les réponses sur les contraintes, mais aussi sur les bénéfices potentiels spécifiquement associés à ces milieux atypiques, font également partie des paramètres de base d'une approche contextualisée de gestion des eaux pluviales ; en complément des problématiques déjà identifiées.

Du processus de développement des villes

Les déterminants historiques de l'accroissement urbain

Même si l'existence des villes en Afrique est un phénomène très ancien, néanmoins, le rôle joué par la colonisation est remarquable, car la création de la plupart d'entre-elles date de la présence des ex-puissances occupantes. Depuis cette époque, des sites comme Alexandrie, Tombouctou et Kumasi, par exemple, ont commencé à perdre de leur rayonnement économique et politique, faisant jadis d'elles les pôles centraux d'empires à rayonnement régional. Dans la configuration actuelle, le choix et le façonnement des sites abritant la majorité des grandes villes ont été faits en fonction des préoccupations du colonisateur, notamment de leurs besoins commerciaux, militaires, miniers et/ou de peuplement. En guise d'exemple, c'est pour des objectifs commerciaux - création de ports maritimes - que des lieux d'établissement comme Dakar, Abidjan, Lagos et Luanda, ont été ciblés.

Au début du processus, la concentration de l'essentiel des investissements et des équipements dans les secteurs considérés comme stratégiques, a fait converger des flux massifs de population vers ces espaces multifonctionnels. Ce monopole historique des fonctions essentielles s'est poursuivi après les indépendances. De nos jours, les meilleurs établissements d'enseignement et de recherche, les services centraux de l'administration, les principales sociétés et équipements modernes, entre autres, sont concentrés dans ces territoires-locomotives.

De plus, les facteurs politiques et écologiques - conflits, sécheresse, désertification - ont localement accéléré les mouvements migratoires internes et externes, d'où la pertinence du focus sur les migrations climatiques. La sécheresse, la dégradation de l'environnement, la pauvreté rurale et les guerres, continuent de contraindre un grand nombre de villageois à opter pour un changement de lieu de vie. L'émancipation sociale espérée est de trouver ailleurs un emploi, ou d'autres perspectives plus avantageuses. Dans les périodes de pic, l'exode rural a représenté jusqu'à 60 à 70 % de la croissance urbaine en Afrique noire : à Douala (Cameroun) par exemple, 80 % des citadins sont nés en dehors de la ville (Antoine, 1997)[94]. Mais actuellement, on ne perd pas de vue que l'impact

[94] Antoine P., 1997 – « L'urbanisation en Afrique et ses perspectives », *Revue « Aliments dans les Villes »*, FAO, 21p.

des migrations rurales est devenu moindre dans la hausse démographique des villes ; l'accroissement naturel étant plus décisif.

Une information plus globale sur les destinations préférentielles des migrants au plan international : les bilans indiquent que les mouvements à l'intérieur du continent sont dominants, ce qui fait que l'Afrique apparaît, globalement, plutôt comme une zone d'accueil, que de départ. Par exemple en 2005, les Nations Unies estimaient le nombre de déplacements internes à près de 15,9 millions. En comparaison, les migrants africains officiellement recensés dans les pays de l'OCDE en 2004 n'étaient que d'environ 7,2 millions.

Rythme d'évolution

En 2009, il y avait 400 millions de citadins, soit près de 45 % de la population totale du continent, selon ONU-Habitat. Plus haut, on a évoqué la relative faiblesse du taux d'urbanisation ; en revanche, on reconnaît que le processus est actuellement en marche accéléré. En valeur relative, le poids des habitants des villes est passé de 11 % en 1950, à 32 % en 1996, vers 2030 il serait plus de la moitié de la population africaine (ONU-Habitat, 2010). Dans ce même rapport, il est aussi précisé que la population urbaine sera multipliée par trois durant la période 2010-2050, pour atteindre 1,2 milliard de personnes. Cette évolution très rapide est corrélée à un taux de croissance annuel estimé actuellement à 3,4 % par ONU-Habitat.

Sur les particularités locales, un des principaux faits retenus des projections 2010-2020 effectuées par cette institution des Nations Unies, est que le taux moyen de croissance dans les villes à fort dynamisme démographique serait de l'ordre de 51 %. Elle pourrait même atteindre 57 % à Dar es Salaam, Kampala et Niamey. A Ouagadougou, le taux ne serait pas inférieur à 81 %. Aussi, à l'exception des plus grands centres urbains d'Afrique du Sud et de Brazzaville, la population des villes de plus d'un million d'habitants devrait augmenter en moyenne de 32 %. Mais plus globalement, ce sont les villes secondaires et celles de moins d'un demi-million d'habitants qui devraient accueillir 70 % de la croissance démographique urbaine.

◗ Au regard des tendances actuelles observées sur le terrain, on veut attirer l'attention sur deux phénomènes. D'une part, le processus du basculement urbain ne se réalise pas dans les mêmes conditions qu'en Asie et en Amérique latine, l'élément distinctif étant qu'il ne s'accompagne pas d'une dynamique d'industrialisation massive. Le plus souvent dans le monde, l'expérience montre que la croissance des villes va de pair avec un meilleur épanouissement humain, notamment avec des revenus en hausse, et de meilleures conditions de vie.
D'autre part, une augmentation démographique rapide ne débouchant que sur une prolifération de l'habitat informel, des inégalités et de la précarité, n'est pas une « bonne » dynamique. A contrario, lorsque cette expansion démographique est mise au service du progrès économique, précisément pour la création d'emplois et la productivité, on peut parler de « bonne » urbanisation. Pour ce faire, il faut des politiques publiques aptes à orienter et à mettre à profit l'augmentation exponentielle du capital démographique, notamment en l'utilisant au service d'un dynamisme socioéconomique de masse. Par exemple, ce potentiel pourrait servir d'appui aux besoins de transformation des ressources, et de multiplication des activités dans les villes ; ce qui constitue un gage de production d'une richesse partagée.

Des questions sociales dans les villes africaines

Des jeunes en surnombre

L'extrême jeunesse de la population africaine est un constat partagé, ou connu de tous. La proportion des personnes âgées entre 18 et 24 ans, s'élève à environ 40 % de la population active globale évaluée à près de 200 millions. Cette surreprésentation classant le continent au premier rang mondial, fait que la pyramide des âges se singularise par une base disproportionnellement élargie, y compris dans les centres urbains. Ainsi en 2007, dans la région de Dakar - abritant plusieurs villes et la capitale du pays -, près de 45,1 % des habitants avaient moins de 20 ans, et près des trois quart moins de 35 ans[95]. La jeunesse des citadins africains apparaît actuellement, sans aucun doute, comme une donne essentielle de la dynamique urbaine ; pour devenir aujourd'hui un enjeu majeur à prendre en considération par les politiques de la ville. Partout, on observe une croissance naturelle rapide, se traduisant par un renouvellement accéléré des générations et une hausse exponentielle et déséquilibrée de la demande sociale, entre autres.

---

[95] Source : Service Régional de Statistique et de Démographie (SRSD) de Dakar, à partir des projections de la population de la région de Dakar de 2002 à 2012, juin 2008

Étant donné le gap existant entre les capacités d'intervention et le rythme élevé des réalisations nécessaires pour faire face aux besoins, l'insertion des jeunes dans le circuit productif se présente comme un véritable casse-tête pour les pouvoirs publics. Leur taux de chômage est estimé à environ 60 % en Afrique subsaharienne. Selon le dernier rapport de l'Organisation internationale du Travail (OIT), en 2013 le monde comptait 75 millions de jeunes au chômage, dont 38 millions localisés en Afrique. Dans sa partie située au sud du Sahara, c'est entre 7 et 10 millions de personnes qui arrivent chaque année sur le marché du travail, avec seulement près de 10 % trouvant un emploi correspondant à sa qualification.

Parmi les conséquences très dommageables, le manque de perspective et l'extrême précarité poussent davantage de jeunes à emprunter des chemins périlleux d'immigration, malgré des mesures de plus en plus restrictives et décourageantes. Parfois, ils sont instrumentalisés, et un fait inquiétant est l'utilisation d'adolescents comme acteurs de première ligne dans des conflits ethnico-politiques violents ; ce qui n'est que la résultante d'un sentiment d'exclusion d'une jeunesse en manque de repère et d'un projet d'avenir sécurisant. Selon une enquête réalisée par la Banque mondiale, environ 40 % des personnes rejoignant les mouvements rebelles et terroristes, seraient motivées par le manque d'emplois. Toutefois, on reconnaît qu'une prise de conscience s'est opérée pour combattre ces tendances contre-productives. Les décideurs internationaux et nationaux se sont accordés sur l'urgence de prendre en charge les préoccupations de cette frange de la population. La Banque mondiale et l'ONU ont consacré à la jeunesse un rapport en 2007 ; et une Charte africaine - élaborée par la Commission de l'Union Africaine - a été adoptée le 2 juillet 2006 à Banjul (Gambie).

▶ Afin d'apporter des réponses à la précarité généralisée, on pense que cette présence en grand nombre des jeunes pourrait constituer un capital humain essentiel sur lequel s'appuyer pour impulser un processus de développement local, ou par la base. Dans un ouvrage déjà paru (Dasylva, 2009), nous avions suggéré d'inclure les ASC (Association Sportive et Culture) des quartiers dans le processus de gestion des inondations au Sénégal, dans un but de valorisation des eaux de drainage à une fin de création de revenus, et de gestion partagée. Pour information, les ASC sont des organisations de quartiers de premier plan dans le paysage associatif. Elles ont pris de nos jours une ampleur considérable, et intéressent toutes les catégories de population. Elles sont l'une des rares structures de base à faire preuve de mobilisation exceptionnelle, avec un fort ancrage local. De ce fait, les ASC représentent indéniablement un atout potentiel de mobilisation de main d'œuvre, surtout que les adhérents sont en grande majorité constitués de jeunes. Étant donné un taux de chômage élevé, une valorisation des eaux de drainage par la création d'activités génératrices de revenus, serait un levier intéressant de résolution du manque d'emploi de masse.

Des fractures territoriales aigues

Socialement, les villes africaines se distinguent par des contrastes territoriaux assez prononcés. Selon le rapport Onu-Habitat cité plus haut, de nombreuses villes sont classées dans la catégorie des inégalités considérées comme étant 'très élevées' et 'extrêmement élevées'. Ici, la 'fracture urbaine' est une réalité visible et multiforme. Des îlots de bien-être apparaissent localement au milieu d'un paysage dominé par des quartiers en croissance continue, manquant de structures de base et s'appauvrissant davantage. Pourtant jusqu'à une date très récente, c'est en Amérique latine et dans les Caraïbes que les inégalités les plus fortes étaient observées.

A l'origine du processus de généralisation de cette fragilisation territoriale, les contraintes budgétaires réduisent considérablement les possibilités d'accélération et de massification des mesures de régularisation de l'habitat informel, de construction de logements bon marché et de renforcement des équipements de base. La Banque mondiale estime à environ 40 milliards USD par an, le montant des investissements nécessaires pour construire des infrastructures et des logements appropriés. Et ce sont ces sommes élevées qui expliquent les difficultés rencontrées par les budgets nationaux africains pour supporter convenablement une telle dépense. L'ampleur de l'exode rural et de la croissance démographique naturelle a tendance à complexifier et à multiplier les défis à relever, et finalement à rendre insuffisants les efforts déployés. De plus, à la suite des chocs causés par la libéralisation du marché et la réduction des subventions gouvernementales dans les années 1980, il s'en est suivi une accentuation du processus de fragilisation des territoires urbains et de ses habitants. La très grande majorité des structures publiques centrales et décentralisées, et les acteurs non étatiques, se sont retrouvés financièrement et matériellement affaiblis.

Aujourd'hui et au-delà des jeunes, c'est un très grand nombre de personnes qui disposent d'un faible pouvoir d'achat, et qui s'adonnent à une activité informelle comme une stratégie de survie. Dans les villes africaines, les bases économiques reposent peu sur le salariat public ou privé. Le secteur informel fournit l'essentiel de l'emploi, le plus souvent temporaire et à faible productivité et aptitude de création de richesse. Il est estimé que près de 40 % des citadins vivent avec moins d'un dollar par jour, et environ 70 % avec moins de deux dollars par jour (Ravallion et al, 2007)[96].

Aussi, dans les centres urbains, une proportion non négligeable de population vit dans un cadre de vie détérioré, ce qui constitue un handicap de productivité socioéconomique. Faute de ressources et de politiques anticipatives appropriées, beaucoup de personnes se retrouvent piégées dans des taudis et des bidonvilles, vivant dans des habitats de fortune (voire plus loin), parfois sans accès à l'eau courante et à l'électricité. C'est le cas de 60 % des citadins subsahariens, et même de plus de 90 % des citadins soudanais, centrafricains ou tchadiens. Entre 2000 et 2010, le nombre de personnes occupant des habitats précaires n'a baissé que de 5 %, c'est-à-dire de 7 millions d'individus. Seuls le Ghana, l'Ouganda et le Sénégal ont réalisé des taux supérieurs à 20 %, selon un rapport 2010 des Nations Unies sur les OMD.

Malgré tout, il ne faut pas perdre de vue que les centres urbains représentent un vecteur essentiel de développement, même si les résultats obtenus actuellement sont insuffisants. Les grandes villes fournissent 60 % du PIB du continent, et leur productivité est largement supérieure à celle des campagnes. D'après la BAfD, une piste de renforcement de la

---

96 Ravallion M., Shaohua C., Sangraula P., 2007 – "New evidence on the urbanization of global poverty". *Policy Research Working paper* n° 4199, Washington, World Bank.

croissance serait d'accroître davantage les liens économiques existant entre zones urbaines et zones rurales. On partage cet avis de Mandela, recommandant un dépassement du clivage entre développement rural et développement urbain, car ils constituent les deux dimensions d'un même problème de nécessité d'une amplification des réalisations socioéconomiques.

◗ Les enseignements en rapport avec les problématiques-cibles de ce projet sont que les villes africaines : (i) apparaissent comme des espaces où les parties prenantes disposent généralement de capacités technico-financières limitées, (ii) se caractérisent par l'existence d'un réservoir d'acteurs potentiels de mise en œuvre d'une gestion participative et productive, que sont les jeunes, (iii) se démarquent par une insuffisance de l'offre socioéconomique. Et ce dernier aspect justifie le besoin de création d'activités génératrices de revenus, pour lutter contre le sous-emploi et l'insécurité alimentaire. Une justification par exemple : les ménages à faible revenu consacrent la quasi-totalité de leurs revenus à l'alimentation, selon la FAO.

Au final, cet état global des faits plaide en faveur de l'instauration d'un modèle de développement urbain davantage centré sur l'homme, un capital pouvant servir à faire valoir de multiples fonctionnalités. La population nombreuse des villes devrait aussi constituer une ressource, et non uniquement être considérée comme un problème.

Une demande alimentaire en hausse constante

Comme partout ailleurs dans le monde, le « basculement urbain » est synonyme d'une explosion de la demande en produits alimentaires, que le monde rural ne pourra pas satisfaire convenablement en Afrique. En effet, la productivité limitée des systèmes agraires traditionnels toujours dominants, ne permet pas une satisfaction appropriée des besoins, comme on l'a démontré. Aussi, il ne faut pas oublié que la dynamique démographique dans ces zones, est également en progression. La population y a doublé entre 1960 et 2000, et devrait continuer d'augmenter, même si c'est à un rythme moins rapide qu'en ville.

Dans les centres urbains, à cause d'une demande alimentaire croissante, l'offre locale est actuellement déficitaire. Même, selon la Banque mondiale, les besoins vont quadrupler d'ici vingt ans. L'accentuation inéluctable de la fracture alimentaire y découlant appelle à la réflexion, car elle serait fortement préjudiciable à l'équilibre social et économique, si rien n'est fait localement. L'alternative actuelle consistant à miser sur les importations - 30 % pour l'Afrique au sud du Sahara, voire plus de 50 % en Afrique septentrionale - et sur la mobilisation de beaucoup de devises, peut-elle être considérée comme une pratique viable, ou supportable sur la durée, pour combler le déficit en produits alimentaires ? Et cela est particulièrement vrai pour le riz et le blé, avec une facture annuelle s'élevant à près de 6,5 milliards USD, mais aussi pour le sucre, le lait et les huiles végétales.

Comme lueur d'espoir, l'agriculture urbaine constitue de nos jours une source non négligeable d'approvisionnement alimentaire. Le maraîchage pratiqué en dedans et en périphérie des zones d'habitation (cf. focus sur l'agriculture urbaine), participe de façon non négligeable dans le ravitaillement des villes. Aussi au plan national, les politiques agricoles de substitution aux produits d'importation apparaissent comme de bonnes mesures à consolider, pour remporter la bataille de l'autosuffisance alimentaire. Pour rappel, elles s'inscrivent dans l'objectif évoqué plus haut de promouvoir la révolution agricole dans le continent. Mais, au regard des résultats actuels, la cadence devrait être amplifiée. Ainsi, en Afrique de l'Ouest, des projets volontaristes d'accroissement de la production du riz - un aliment de base dans l'alimentation urbaine - sont mis en œuvre, afin de satisfaire les besoins des marchés intérieurs, voire régionaux. Un facteur de ralentissement : le coût de mise en œuvre empêche une multiplication de ces initiatives assez coûteuses. D'après Peter Jaeger de "Growing Africa", il faudrait 20 000 hectares et environ 300 millions USD, pour chaque 100 000 tonnes de riz commercialisables. En d'autres termes, si l'objectif est de produire 350 000 tonnes de riz par an, le coût des projets d'irrigation nécessaires pourrait approcher 1 milliard USD.

◗ Sur la base de l'approche ciblée par ce projet, la perspective de 'circuit court' privilégiée est de considérer le contexte urbain comme une grappe d'opportunités à saisir, pour la mise en œuvre de solutions locales multifonctionnelles de résolution des problèmes. Compte tenu du potentiel de main d'œuvre disponible, de l'importance de la demande et du déficit alimentaire, il s'agit là autant d'éléments favorables à la création, *in situ*, d'activités socioéconomiques d'inversion des tendances. En maximisant les capacités des ressources productives, par une gestion partagée appropriée du paramètre pluvial, il est possible d'accroître la production agricole, renforcer la sécurité alimentaire, créer de la richesse et des emplois, et partant lutter contre la précarité. Certes, l'agriculture africaine dispose d'un fort potentiel de terres mobilisables, mais l'accroissement de l'activité avec des capitaux privés, d'origine externe ou interne - une tendance actuelle - ne suffira pas pour résoudre durablement le problème structurel de l'insuffisance de l'offre alimentaire locale, surtout dans le monde rural. Avec ces investissements, les préoccupations sont plus tournées vers des productions de rente, ou d'exportation, et non vers la satisfaction des intérêts des populations autochtones. D'ailleurs il s'agit de la raison pour laquelle des voix s'élèvent de plus en plus contre ce phénomène qualifié 'd'accaparement des terres'.

*• **Focus sur une activité émergente, l'agriculture urbaine** : c'est dans le milieu des années 1990, que le concept de l'agriculture urbaine est officiellement considéré comme un intérêt de premier plan pour la recherche et les politiques publiques. Aujourd'hui dans le monde, presque 800 millions d'individus pratiquent cette activité, assurant 15 à 20 % de la production agricole totale. D'ici 2020, l'alimentation de quelque 40 millions d'Africains proviendra de cultures d'origine urbaine. Selon le PNUD, cette forme d'agriculture se positionne comme un levier majeur d'approvisionnement des villes en produits alimentaires, de création d'emplois et de richesse, et de gestion de l'environnement local. Au Sénégal, l'activité agricole pratiquée dans les environs de Dakar prend considérablement de l'ampleur au fil des années, et participe de nos jours pour près de 60 % à l'approvisionnement de la région en produits maraichers (in Dasylva, 2010).*

Au plan social, elle permet aux personnes les plus défavorisées de s'assurer, à bas coût ou par autoproduction, un approvisionnement diversifié en produits frais, gage d'apport d'éléments nutritionnels - protéines et vitamines -. Principalement, la production s'est spécialisée dans le maraîchage et l'élevage, les spéculations dominantes étant les aliments de base et l'arboriculture. D'ailleurs l'oignon et la tomate font l'objet d'échanges transnationaux. Selon la spécificité géographique, les zones de l'Afrique tropicale et équatoriale se distinguent par une production de légumes-feuilles ; la particularité de l'Afrique sahélienne étant plutôt la culture du gombo, de la courge et du chou.

De plus, pour le cadre de vie, les parcelles agricoles participent à son amélioration, par une introduction d'espaces verts dans des territoires saturés d'habitations. Au profit de l'environnement, certains intrants utilisés contribuent au recyclage des déchets solides et liquides rejetés par l'homme. Par exemple, un usage rationnel des eaux résiduaires domestiques - riches en matière organique - pourrait constituer un excellent moyen d'amendement des sols, et cela en remplacement des engrais chimiques.

Mais, il est important de préciser que n'importe quelle eau usée n'est pas apte à l'irrigation, à cause des risques sanitaires encourus. Via les excréta d'origine humaine, les eaux résiduaires brutes contiennent des virus et des bactéries en quantité disproportionnée, pouvant in fine contaminer les produits alimentaires. Par ailleurs aussi, contrainte à l'intensification, l'agriculture urbaine consomme une grande quantité de fertilisants souvent importés, in fine un facteur de pollution des sols. De plus, l'usage de ressources en eau conjointement exploitées pour l'eau potable, devient une source d'intensification des pressions, et d'exacerbation de la concurrence. Ne serait-ce que pour ces raisons, les principes de précaution et de préservation devraient prévaloir en mobilisant les eaux au service de l'agriculture urbaine, et pourquoi pas en promouvant une approche de récupération propre de ressources en eau additionnelles (cf. chapitre 9).

Des problématiques environnementales territoriales

On a vu que le processus de peuplement des villes est massif et disproportionné, d'où une interrogation sur les effets induits sur le milieu environnant, de même que les conditionnalités de succès des mesures de résolution des problèmes applicables. Sur la base des situations observées, quelles sont les répercussions des pratiques urbaines sur le cadre de vie, les ressources fonctionnelles et les performances du dispositif de gestion des eaux pluviales ?

Un cadre de vie marqué par une multiplication d'habitats spontanés

Le processus de gonflement des villes, non maîtrisé, fait qu'un très grand nombre de citadins occupe un habitat précaire - comme on l'a déjà souligné -, acquis le plus souvent à partir d'un circuit informel (cf. focus ci-dessous). En cause, les marchés fonciers officiels semblent inaccessibles à la très grande majorité des citoyens. Avec récurrence, l'occupation de l'espace s'effectue illégalement ; une forme d'urbanisation représentant environ 40 % de la surface urbaine, et près de 70 % du logement des citadins, selon les Nations Unies.

La prolifération de quartiers irréguliers ou spontanés dans le paysage urbain est une constante en Afrique. Des pays comme le Malawi, le Mozambique et la République Centrafricaine, ont vu ces dernières années, l'habitat insalubre augmenter respectivement de plus de 70 %, et même 96 % pour le dernier pays cité. A Nairobi au Kenya, près de 60 % de la population - soit 1,4 million sur 2,3 millions de personnes - habite dans des bidonvilles, qui dans le continent sont les plus développés, les plus surpeuplés, les plus insalubres, voire les moins sécurisés.

Ces quartiers spontanés, généralement situés en périphérie des villes, ont des points communs que sont les constructions anarchiques et le déficit en équipements collectifs et individuels de base. Etant donné une répartition spatiale inégale des investissements publics, beaucoup de ces quartiers se retrouvent en situation de marginalité, car étant délaissés au profit de ceux du centre.

- ***Focus sur la question foncière / Exemple de Dakar au Sénégal** : la question foncière représente une véritable problématique pour les pouvoirs publics. Au Sénégal, tout comme ailleurs en Afrique, le droit traditionnel demeure encore très présent dans la vie quotidienne. A l'image des pratiques observées dans la région de Dakar, il existe deux circuits d'acquisition d'une parcelle d'habitation (Dasylva, 2001) : (i) un régime foncier moderne fondé sur le droit de propriété organisé par le Code Civil, (ii) une voie traditionnelle. Dans cette zone, au lendemain des indépendances, la loi 64-46 relative au domaine national a été conçue face à l'attitude de la population autochtone, continuant à gérer la terre selon la coutume. Cette politique « d'étatisation du sol » a été confirmée par les dispositions du nouveau Code des Domaines (loi 76.66 du 2 juillet 1976), entrées en application en mai 1981. A propos des résultats, il faut reconnaître que les effets escomptés n'ont pas été totalement obtenus. D'une part, les détenteurs traditionnels des terres ont, dès la période coloniale, accédé au droit de propriété en exploitant à leur profit les dispositifs de la loi. D'autre part, tous les propriétaires traditionnels n'ont pas pu régulariser leur droit de propriété, mais ont continué à se considérer comme des propriétaires légitimes, et par conséquent à vendre les parcelles d'habitation qui leur sont de droit depuis des temps immémoriaux. Mais, l'État considère ces ventes comme étant illégales. Dans les faits, on observe que le droit officiel n'a pas réussi à s'imposer face au droit foncier local, officieux.*

  A cause des nombreuses ventes non officielles, jadis effectuées dans les environs de Dakar, le processus d'occupation de l'espace a rapidement progressé et avec anarchie, notamment sans épargner les sites classés en zones non aedificandi. Des terrains nécessitant des aménagements préalables ont été vendus et occupés, sans une viabilisation appropriée. La possibilité d'acquérir des parcelles à bon prix dans un contexte très difficile d'accès au logement, a entraîné une multiplication des habitations de ce type. Aujourd'hui, ce processus a complètement faussé les plans d'occupation de l'espace. Au final dans la région, les circuits privés de vente ont localement donné naissance à deux types de quartiers : (i) « d'occupations irrégulières », c'est-à-dire que les habitants n'ont pas de permis d'occuper ; juridiquement ces espaces sont considérés comme inexistants, (ii) « d'occupations spontanées » ; signifiant que les habitants ont des permis d'occuper, mais le mode de construction est d'initiative individuelle.

Une insalubrité persistante causée par un système de collecte déficient / Problématique des déchets solides

La défaillance des systèmes de collecte et de traitement des déchets constitue une donne régulièrement observée en Afrique. Les activités de gestion et de ramassage des ordures ne sont pas assurées partout et en tout temps. Assez souvent, elles sont déléguées à de petites entreprises, parfois directement payées par les usagers, comme par exemple à Bamako (Mali). Dans cette ville, des microentreprises collectent les déchets, généralement avec un dispositif à traction animale ; et cela, dans un contexte de rareté de sites de réception des déchets respectueux des normes environnementales. La conséquence de cette prise en charge incomplète ou partielle des déchets, est symbolisée par la multiplication des décharges sauvages. Surtout, on observe une prolifération de divers types de matériaux solides, en particulier les sacs plastiques, dans l'espace public - ou milieu de vie - : la biodégradation d'un sac plastique pouvant durer des siècles. La rue, site aussi d'accueil des équipements collectifs, représente le centre de la vie. Les rejets anthropiques sont des gestes banals, mais aux conséquences très négatives à bien des égards.

Au final, le non-ramassage des déchets et/ou leur stockage dans des décharges sauvages, sont très impactants sur les ressources naturelles, la santé publique et le fonctionnement optimal du réseau d'assainissement pluvial. En plus des maladies liées à l'eau d'origine vectorielle, un lessivage des sites de rassemblement des déchets solides ou liquides peut provoquer une contamination directe des sols et des eaux souterraines. Sur les performances des équipements d'assainissement, les matières solides rejetées directement, ou transportées puis décantées par les écoulements, provoquent des contraintes capacitaires de prise en charge.

Elles ont tendance à réduire le rayon hydraulique et/ou obstruer les dispositifs d'admission d'eau. Comme le souligne justement Radasoa (1991)[97] : « les calculateurs de réseaux oublient parfois que pendant des mois, voire des années, les axes de drainage - naturels et artificiels - restent vides d'eau, ce qui ne veut pas dire vides de sables, de terres ou d'immondices... ». Et plus particulièrement, les ouvrages de petit gabarit sont les plus vulnérables, et n'assurent qu'un transfert partiel, voire nul, des flux d'eau.

▶ Pour optimiser le fonctionnement du réseau de drainage dans un contexte non maîtrisé de production et de ramassage des déchets, le curage des ouvrages avant le démarrage de la saison des pluies constitue une première alternative de limitation des dysfonctionnements. Au plan de la gouvernance, et en tenant compte des capacités d'intervention insuffisantes des acteurs, l'instauration d'un partenariat de gestion effectif apparaît indispensable. Une collaboration entre les parties intéressées - usagers, société civile et autorités institutionnelles centrales ou locales - devient un gage certain pour obtenir des résultats durables. Dans cette perspective, une autre bonne initiative serait que les autorités publiques assurent pleinement un rôle de leadership dans la sensibilisation des populations, sur les agissements à risque. Un comportement citoyen respectueux de l'environnement et des infrastructures, est synonyme d'un cadre de vie sain, de ressources naturelles fonctionnelles en bon état et d'un réseau d'assainissement performant.

Une pression déséquilibrée sur les ressources naturelles locales

Comme on l'a déjà souligné, l'expansion démographique des villes s'accompagne d'une hausse de la demande alimentaire, et partant, des volumes de production. Le risque encouru est d'aboutir à une surexploitation, pouvant déboucher sur un épuisement des ressources naturelles de proximité, si les mesures appliquées ne sont pas durables. Par exemple, notre étude sur l'exploitation de la 'Nappe des sables quaternaires' de la région de Dakar (Sénégal) permet de se rendre compte que les pompages ne sont pas souvent planifiés en fonction des possibilités naturelles de renouvellement (Dasylva, 2005). Logiquement, ce manquement a entraîné un épuisement progressif de cette réserve hydrique, au fil du temps. Après avoir joué un rôle primordial, cette nappe est aujourd'hui la ressource la moins sollicitée pour assurer l'alimentation en eau potable de la ville de Dakar. Le volume des

97 Radasoa R. E., 1991 – « Gestion autonome de l'eau pluviale en habitat spontané : pour des aménagements tenant compte des pratiques de l'espace en Afrique tropicale », CERGRENE / ENPC, Paris, 82 p.

prélèvements est passé de 17 000 m^3 par jour au début des pompages, à moins de 5000 de nos jours (Dasylva, 2005). Or comme initiative de compensation du déficit actuel, ou de satisfaction de la demande croissante en eau potable, les solutions appliquées jusqu'ici ont consisté à trouver de nouvelles ressources à exploiter. Du coup aujourd'hui, près de 70 % de l'eau potable de Dakar provient du lac de Guiers, loin de 250 km. Au lieu de continuer à privilégier l'approvisionnement *ex-situ*, ou allochtone, l'approche défendue dans ce projet est de miser localement sur la création de ressources additionnelles de proximité, par une gestion plus rationnelle du ruissellement pluvial.

Des interventions humaines très impactantes sur les conditions hydrodynamiques

Sur la base des préoccupations ciblées, deux perturbations du cycle de l'eau retiennent l'attention. Il s'agit des bouleversements provoqués par les occupations anarchiques de l'espace, et les actions d'auto-défense des populations pour se protéger des inondations. Pour ce faire, nos recherches menées dans la région de Dakar vont servir de référence (Dasylva, 2009).

Sur le premier aspect, l'une des caractéristiques principales des quartiers spontanés est la structuration irrégulière des parcelles habitées. La conséquence, au plan hydrologique, est que le processus de circulation des eaux devient complètement désorganisé, d'où une tendance favorable à un piégeage local des eaux, en particulier dans les concessions et les rues. De ce fait, les quartiers d'occupation spontanée et irrégulière se retrouvent souvent très vulnérables à l'aléa pluvial. Surtout, la difficulté d'accès, lors d'interventions de tous ordres, constitue un facteur aggravant de vulnérabilité. C'est ainsi que la Cible 7-D des OMD est « d'améliorer sensiblement la vie d'au moins 100 millions d'habitants de taudis », par, entre autres : (i) une restructuration des bidonvilles existants et une amélioration de l'accès aux services de base, (ii) une planification du contenant et du contenu des extensions urbaines, (iii) une application d'une politique d'offre de logements adéquats et abordables, (iv) des programmes intégrés de développement urbain et d'habitat, gérés à l'échelle locale et soutenus par des dispositifs d'appui nationaux, (v) un renforcement des capacités des collectivités locales, et une gouvernance participative. Une remarque à propos des mesures d'amélioration ou d'éradication des bidonvilles préférées de la communauté internationale : elles sont difficiles à généraliser, vu le coût exorbitant des actions de 'déconstructions/reconstruction'.

Par ailleurs (second aspect), le manque cruel en équipement de base dans ces établissements humains pousse les populations à entreprendre des initiatives individuelles, généralement sur la base de l'imitation et sans cohérence. Pour se protéger des inondations, les habitants des quartiers populaires de la banlieue dakaroise ont pour habitude de construire des murets ou des remblais ; le but étant d'empêcher une pénétration de l'eau dans les maisons. Mais, face à la généralisation de l'aléa et des dégâts au fil du temps, nos observations de terrain ont permis de découvrir que ces actions spontanées, menées sans étude préalable et sans coordination, ont fait surgir d'autres contraintes. D'abord, il s'est produit une modification du modelé des zones régulièrement soumises à des inondations, avec une tendance au nivellement de la topographie. La conséquence est que la nappe d'inondation déborde au-delà de la limite des bas-fonds. Ensuite, les remblais et les murets édifiés devant les maisons, bloquent, dans les deux sens, les possibilités de communication avec le domaine public - site des équipements collectifs -. Ainsi, l'eau qui s'accumule dans les concessions ne peut plus s'écouler vers la rue, d'où un travail supplémentaire pour la faire évacuer. Enfin, la structuration verticale des sols est aussi localement bouleversée. La fossilisation des formations argileuses rend possible la création d'une seconde nappe superficielle, qui de nos jours affleure ou sub-affleure localement. *In fine*, au lieu de résoudre le problème, ces différentes actions spontanées ont contribué à l'aggravation du fléau, voire même sa complexification. Ainsi, le principal enseignement est qu'il existe un besoin avéré de création d'un cadre globalisé des interventions, et intégrant rationnellement les actions d'auto-défense des populations.

◗ Au final, comment corriger les multiples dysfonctionnements, et faire du basculement urbain actuel un processus porteur de progrès, comme c'est le cas ailleurs dans le monde ? Dans son rapport annuel de 2009, la Banque mondiale a défendu l'hypothèse que les grandes concentrations urbaines sont la condition première du développement dans les pays du Sud. Comme justification, elle invoque que les retours d'expérience font ressortir qu'aucun pays ne s'est hissé dans la catégorie des pays à revenu intermédiaire sans s'industrialiser et s'urbaniser. La ruée vers les villes que connaissent les pays en développement semble chaotique, mais elle est nécessaire. Pour instaurer un processus vertueux, ONU-Habitat a identifié quatre priorités fondamentales de rectification des tendances négatives actuelles : (i) le développement des infrastructures, (ii) le renforcement des services de base dans les domaines des soins de santé, de l'éducation primaire, de l'accès à l'eau potable, de l'assainissement, des transports publics et de la sécurité, (iii) la définition de stratégies réalistes de développement urbain, (iv) l'assistance aux plus pauvres pour l'obtention d'un logement décent. Aujourd'hui, il est d'un constat partagé que la ville n'est pas cet ascenseur social qui permet d'accéder avec succès à des conditions de vie meilleures. Dans la plupart des pays, le dynamisme socioéconomique reste encore très fortement pénalisé par des manquements multiples, généralement associés, directement ou indirectement, au paramètre hydrique. S'agissant du futur, les conditions d'évolution dans ces espaces-locomotives ne présagent guère d'une inversion des tendances, à moins qu'une pratique alternante de gestion ne soit trouvée. Sur la base des enseignements tirés des analyses précédentes, on sait que le volume des investissements ne sera toujours pas apte à couvrir les immenses besoins, et les impacts du changement climatique vont s'intensifier et complexifier les problématiques au fil du temps.

Dans l'analyse suivante, il est question de préciser l'approche de gouvernance rationnelle prônée dans ce projet. Une volonté est que les centres urbains puissent assurer une contribution déterminante dans la croissance économique et la création d'emplois, à l'image des Pays émergents. Sur la base des insuffisances mises en lumière, comment impulser un processus d'émergence endogène, axé sur une amélioration des performances et des conditions d'existence, et cela pour un bénéfice effectif pour le plus grand nombre ?

CHAPITRE 9

PRATIQUES-CIBLES DE GOUVERNANCE D'INVERSION DES TENDANCES

Pour en finir avec la réflexion sur les multiples paramètres à prendre en considération par une planification contextualisée, deux types d'informations complémentaires vont être signifiés. Les premières portent sur les limites des approches opérationnelles et organisationnelles actuelles de gestion des eaux pluviales, et les secondes sur les possibilités supplémentaires offertes par les techniques « alternatives ». Un enjeu incontournable du processus de conception et de mise en œuvre de solutions multifonctionnelles adaptées, repose sur l'intégration d'une diversité représentative de problématiques.

1 - Informations complémentaires sur les limites techniques et institutionnelles actuelles de gestion & Concepts innovants de gestion

Cette volonté de s'appuyer sur une liste actualisée d'enjeux est dictée par le fait qu'une inadéquation des paramètres de conception et de mise en œuvre, peut rendre inefficace un plan d'actions, ou contribuer à son rejet par les destinataires. Ainsi, le diagnostic des éléments d'information à intégrer s'est voulu d'être le plus global possible.

Limites techniques des approches classiques / Enjeux spécifiques 3

Les dysfonctionnements liés à l'architecture du réseau

Dans les villes africaines, la densité du réseau d'assainissement pluvial est souvent incomplète, car des sous-axes de drainage sont rarement mis en place. Généralement, les solutions préconisées se limitent à l'installation d'émissaires primaires, certes parfois à cause d'une structuration inadaptée des espaces bâtis. Étant donné une maîtrise incomplète de l'aléa, les contraintes ont tendance à se maintenir dans les poches d'inondation non connectées au réseau. Et les résultats obtenus après la mise en place du plan d'assainissement de Grand Yoff (Dakar), décrit plus haut, sont confirmatifs. La persistance des inondations dans ce quartier, pourtant disposant d'équipements, est corrélée, en partie, avec la faible densité des dispositifs de drainage. Ce déficit d'infrastructures - dans un contexte de bassin versant marqué par la présence de plusieurs axes de drainage et cuvettes, mais masqués par les habitations -, ne peut que favoriser le maintien de l'aléa hydrologique dans certains secteurs.

L'idéal serait de mettre en place un réseau bien ramifié, ce qui a un double avantage dans le bon fonctionnement des ouvrages. D'abord, le nombre de secteurs traités serait au maximum. De plus, le drainage des eaux de ruissellement par des canaux secondaires apparaît plus efficace que les admissions directes d'eaux dans des axes linéaires non couverts. Sur ce deuxième point, on observe que les grilles-avaloirs sont souvent obstruées par du sable, d'où une prise en charge partielle des écoulements. C'est pourquoi il est nécessaire, le cas échéant, de prévoir des solutions adaptées de renforcement du dispositif global.

◗ Pour faire face à la persistance des dégâts, tout en tenant compte des limites des capacités technico-financières des acteurs, une alternative durable serait d'inclure dans le mix d'infrastructures, des ouvrages compensatoires à faible coût et d'appropriation facile, pour un renforcement du réseau et une maximisation des performances. Surtout que dans le cas particulier des quartiers spontanés, on sait qu'il est très contraignant d'installer des infrastructures de grand gabarit, à cause de la densité et du lotissement irrégulier des habitations. D'ailleurs dans les quartiers populaires des PVD, on a régulièrement recours à des déplacements de population lors de la mise en œuvre de projets d'assainissement pluvial à grande échelle ; ce qui constitue un facteur d'aggravation des coûts de réalisation.

Les dysfonctionnements liés au gabarit des dispositifs

Une autre caractéristique majeure du réseau : les axes linéaires et les dispositifs de stockage sont souvent de petit gabarit. De ce fait et comme on l'a déjà souligné, ils se remplissent facilement de charges solides déposées par l'homme et/ou transportées par les eaux de ruissellement et/ou le vent, et généralement non enlevées par la suite. Les explications sont que, d'une part on est dans des milieux très sensibles à l'activité érosive, car les surfaces d'écoulement sont généralement à nu. D'autre part, les pratiques humaines se distinguent par des rejets massifs de déchets sur le domaine public. Ainsi, ces matériaux d'encombrement du réseau deviennent une contrainte capacitaire déterminante, partiellement à l'origine des résultats mitigés obtenus. En effet, les axes linéaires de petit gabarit n'assurent pas assez efficacement leur rôle dans le processus d'évacuation des eaux pluviales. Pour limiter la charge solide et corriger ses impacts, un rapport du Service Technique Urbain (STU)[98] donne quelques pistes d'approches préventives et correctives. Comme actions préventives, il suggère un nettoyage des rues, une limitation des apports de matières solides en provenance des chantiers et un entretien régulier du réseau, et son réhabilitation le cas échéant. A propos des mesures techniques correctives, une possibilité repose sur le renforcement du réseau global par des bassins de stockage jouant un rôle de décanteur, ou des réservoirs transitoires permettant d'accueillir les eaux trop chargées. Une autre pourrait consister à équiper les infrastructures existantes de dispositifs techniques additionnels de décantation de la charge solide.

Enseignements globaux sur la pertinence de l'approche opérationnelle de gestion des eaux pluviales

Sur la base de l'ensemble des dysfonctionnements soulignés jusqu'ici à propos des solutions préférées de gestion, la pertinence à toute épreuve de ces stratégies - drainage des eaux par canaux et station de pompage - dans les villes africaines, est posée, pour plusieurs raisons. Dans la conception technique des ouvrages, une limite de la démarche découle du fait que ce sont les paramètres hydrauliques - volume et vitesse des flux d'eau - qui conditionnent le plus le calibrage des mesures. Il n'est pas pris à sa juste valeur la spécificité du contexte d'intervention africain, le plus souvent très favorable à une modification rapide des conditions hydrodynamiques, notamment le parcours spatial et la circulation verticale des eaux. En réalité, le coefficient de ruissellement est très difficile à appréhender, car il augmente souvent avec l'anthropisation, ou l'artificialisation des milieux qui se fait à grande vitesse et sans maîtrise. Par exemple, la tendance actuelle de pavage des rues est un exemple de pratiques contribuant à une hausse exponentielle du volume des écoulements, une donne à prendre en compte dans le dimensionnement des équipements.
Aussi, un fonctionnement non perturbé du réseau de drainage implique que les flux en transit ne contiennent pas une charge solide massive. Mais on a attiré l'attention sur le fait que ce n'est pas le cas le plus souvent. Vu l'acuité des contraintes, il faut que cette question soit intégrée dans le choix et la conception des ouvrages. A défaut des mesures préventives et correctives signalées ci-dessus, une alternative est de disposer de surfaces « naturelles » ou artificielles non ou peu pourvoyeuses de matériaux solides. Et c'est le cas dans les Pays développés où les routes et surfaces revêtues constituent généralement le substrat sur lequel se déroulent les écoulements. Comme bémol, on a déjà souligné l'inconvénient y découlant, notamment une augmentation du coefficient de ruissellement.

[98] Service Technique de l'Urbanisme, 1989 - Mémento sur l'évacuation des eaux pluviales, *La Documentation Française*, Paris, 349 p.

En conclusion, le questionnement de fond est de savoir si les Pays en développement sont suffisamment outillés pour supporter le coût économique de la mise en œuvre d'un réseau performant à toute épreuve. Un constat partagé est que les infrastructures actuelles ne présentent pas souvent des conditions optimum, en termes de longueur et de gabarit, pour assurer une gestion efficace. Afin d'intégrer l'ensemble des problèmes, on revient sur l'urgence de préconiser, en plus des solutions classiques, des dispositifs d'appoint agissant sur la charge solide et le volume élevé des écoulements. Cet état des faits, les chercheurs et les techniciens l'ont compris, eux qui parlent de plus en plus de l'introduction de solutions « alternatives » ou « intégrées » dans le dispositif global. Cela, d'autant plus qu'elles ont l'avantage d'être moins coûteuses et d'appropriation plus facile, et nous y reviendrons plus loin.

Pour en finir avec cette revue des problématiques à prendre en considération par le nouveau paradigme de gestion, les limites des pratiques institutionnelles méritent aussi d'être approfondies.

Limites de la gouvernance institutionnelle

En complément des analyses effectuées dans le chapitre 4, et à propos de l'*approche par le haut*, ou « *top-down* », par exemple au Sénégal, l'Office national de l'assainissement du Sénégal (ONAS) est le service central d'État en charge de la gestion du secteur de l'assainissement. Avec une démarche exclusive le plus souvent, il assure : (i) la maîtrise d'ouvrage et la maîtrise d'œuvre, (ii) la conception et le contrôle des études et des travaux des infrastructures, (ii) l'entretien des ouvrages existants. Sur la base des ratages techniques évoqués et de l'accentuation des problèmes, il apparaît indéniablement que l'État ne peut à lui seul tout faire. Pour preuve, la densité du réseau laisse à désirer, et l'entretien de la totalité des équipements n'est pas régulier. Dès lors, une bonne gouvernance nécessite une adaptation du système actuel. Pour répondre en temps, en nombre et en performance d'actions, une alternative ne serait-elle pas de promouvoir une gestion participative, ou inclusive effective ? La maîtrise durable de l'eau de pluie doit être une affaire de tous, y compris celle de la société civile et des destinataires.

S'agissant de la gestion sectorielle - verticale ou fragmentée -, et toujours au Sénégal, les acteurs institutionnels intervenant dans la gestion des inondations, en faisant abstraction des actions spontanées des populations locales, étaient au nombre de douze en 2011[99]. Dans une telle

[99] (i) l'ONAS, (ii) l'Agence Nationale de lutte contre les inondations et les Bidonvilles - créée par décret N°2005-958 du 20 octobre 2005, pour préparer, concevoir et exécuter le PLAN JAXAAY -, (iii) l'Agence Nationale pour l'Organisation de la

configuration, on déplore que les acteurs non étatiques - organisations de la société civile et populations locales - ne soient pas intégrés officiellement dans le *corpus* des parties prenantes. Par ailleurs, l'inexistence d'un référentiel utilisable par la diversité des acteurs, et aussi prenant en considération les actions spontanées des populations, entraîne une dispersion des interventions, et partant, un manque de cohérence dans les différentes initiatives. Surtout que les limites administratives ont tendance à favoriser une vision locale des problématiques, ignorant de ce fait les impacts sur les zones amont et/ou aval des bassins. Plus que jamais, les questions de long terme et de large échelle, de même que la participation des populations, représentent des gages certains de mise en œuvre de mesures durables. Et les accords de gouvernance concertée et partagée des ressources transfrontalières, mentionnés dans le troisième chapitre, s'affirment comme de bonnes pratiques. Les risques de conflit liés à l'eau sont réels, généralement à cause d'une planification unilatérale et non concertée. Il devient donc nécessaire de recourir à des plans d'action partagés et multifonctionnels.

Retour réflexif sur la diversité et la complexité des enjeux

Dans les domaines de l'eau et de l'assainissement, on retient que les résultats obtenus sont en deçà des attentes, malgré le volontarisme affiché. Contrairement aux pays riches, les possibilités d'intervention ne permettent pas, quelles que soit les contraintes technico-financières, de mettre en œuvre des actions d'envergure capables de surmonter les contraintes, y compris sur les questions hydrauliques et hydrologiques. C'est la raison pour laquelle ce projet mise sur une 'approche élargie et intégrante' de résolution des problèmes, en s'appuyant sur les liens existant entre 'Assainissement / Eau / Agriculture'.

Conférence Islamique (ANOCI), (iv) l'Agence Autonome des Travaux Routiers (AATR), (v) les Collectivités Locales (Communes, Communautés rurales, Conseils régionaux), (vi) le PLAN JAXXAY, (vii) le Projet de Construction et de Réhabilitation du Patrimoine de l'État (PCRPE), (viii) l'Agence Nationale chargée de la Promotion de l'Investissement des Grands Travaux (APIX), (ix) la Direction de la Protection Civile (DPC), (x) le Groupement National des Sapeurs-Pompiers, (xi) le Ministère de l'Hydraulique, (xii) la Fondation Droit à la Ville avec son programme de restructuration foncière (DIACK Aliou, 2012).

Aliou DIACK, 2012 - Réflexions sur une solution technique pour l'éradication des inondations dans la Région de Dakar.

URL: http://www.leral.net/Reflexions-sur-une-solution-technique-pour-l-eradication-des-inondations-dans-la-Region-de-Dakar_a57316.html

Comme méthodologie de justification, les analyses menées jusqu'ici se sont focalisées à mettre en lumière la multiplicité et la complexité multidimensionnelle des problématiques pouvant être associées au concept GDEPMU ; les processus et les manquements à corriger étant signifiés sur la figure 14, mais les principes sont précisés plus loin. On veut juste rappeler que **l'approche à promouvoir ne signifie pas que les préoccupations sont uniquement calibrées sur des questions de moyen et long terme, ou des enjeux purement écologiques ; mais surtout aussi sur la prise en compte d'une diversité de problématiques socioéconomiques, techniques et institutionnelles actuelles**. Le cap, centré sur l'homme, vise une maximisation des effets bénéfiques sur les ressources productives et le cadre de vie, de même qu'une mise en cohérence de la gouvernance. Un postulat fondamental est que de l'intégration représentative des problématiques rencontrées dans les territoires, dépend la pertinence d'un plan d'actions à satisfaire convenablement les attentes prioritaires des parties intéressées. Le concept GDEPMU se veut surtout d'être un réel catalyseur de développement national et local.

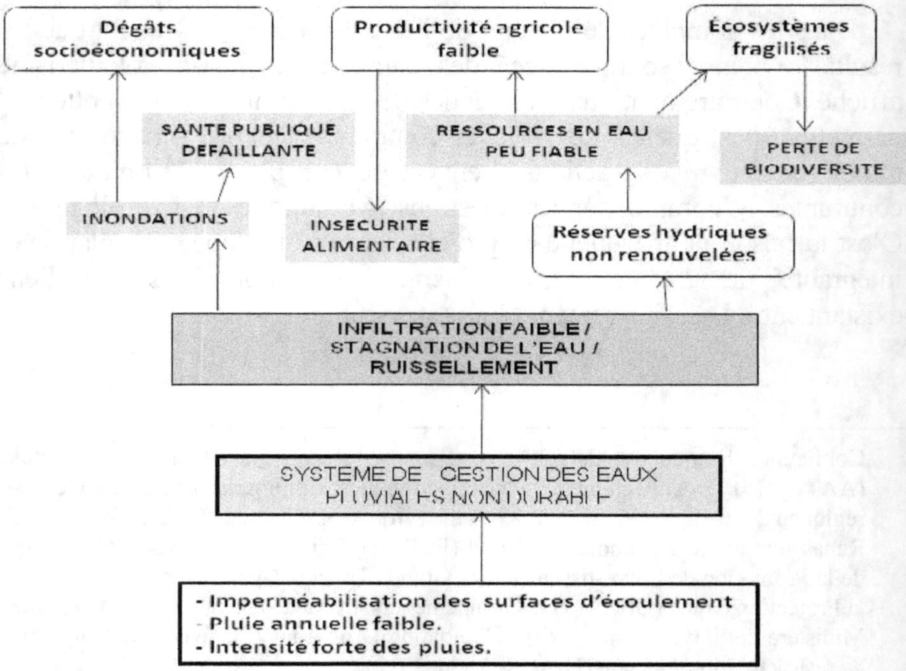

Figure 14 : Les impacts associés à une approche de gestion non durable des écoulements par temps de pluie

Globalement, les problématiques passées en revue sont classifiables en trois dimensions, ou catégories : 'ressource', 'risque' et 'gouvernance'. On a vu que la fragilisation croissante des ressources naturelles dans le continent est un défi majeur, vu le nombre de personnes et de milieux concernés, de même que les services rendus. Dès lors, on considère qu'une gestion contextualisée du ruissellement pluvial doit, lorsque la situation l'exige, s'intéresser prioritairement au maintien des actifs naturels fonctionnels. Il s'agit de la dimension 'ressource' en rapport avec l'eau de pluie. Dans sa politique de sauvegarde, la Banque mondiale reconnaît que « la conservation des habitats naturels, comme toute autre mesure de préservation et d'amélioration de l'environnement, est essentielle au développement durable à long terme » (BM, *Politique Opérationnelle 4.04 / Habitats naturels*). Une illustration : dans la région de Dakar (Sénégal), les activités agricoles menées grâce à l'écosystème des *niayes* abritant des nappes superficielles, assurent une part essentielle dans l'approvisionnement de Dakar en produits maraichers, et on l'a déjà souligné. Or, nous avons vu que ces sites sont très fortement menacés par des pressions climatiques et anthropiques déséquilibrées. Dès lors, la protection des ressources naturelles fragilisées doit être l'objet d'une attention prioritaire. Et dans cet objectif, les possibilités d'action offertes par les eaux pluviales devraient être placées « at the first place » dans l'échelle des leviers d'intervention.

Pour autant, cela ne signifie pas que la dimension 'risque' doit être sous-estimée ou occultée. Comme éléments de preuve, on a donné des informations mettant en évidence la prégnance des maladies liées à l'eau, de même que les impacts des sécheresses et des inondations, et surtout leur aggravation au fil du temps. Ainsi, la sécurisation des conditions de vie et des activités dans les territoires, par des actions durables agissant contre ces contraintes majeures au progrès socioéconomique, constitue aussi un point essentiel de préoccupation.

S'agissant de la stratégie de gouvernance (3e dimension) préférée actuellement, d'une part, sa portée semble limitée car elle ne prend pas en compte simultanément la pluralité des enjeux. Les manquements et la persistance des nuisances sont des indications appropriées. D'autre part, la démarche de gestion basée sur une approche par le haut et multisectorielle, avec des procédés relativement étanches ou cloisonnés, montre des limites en cas d'absence d'un cadre unifié des interventions. Dans un tel contexte, le processus est marqué par un enchevêtrement complexe des responsabilités et des compétences, entre les différents niveaux de pouvoir. En matière d'adaptation au changement climatique, il est aujourd'hui reconnu la nécessité « de disposer d'un cadre englobant les multiples dimensions d'un projet d'adaptation, qui sont à la fois environnementale, socioculturelle, économique et politique. Ne tenir compte que de l'une d'entre elles peut générer des maladaptations au sein des autres »[100].

> ◗ Au final, les thématiques pertinentes associées aux trois dimensions identifiées, sont : (i) la préservation des ressources naturelles, (ii) la résilience des territoires, (iii) une gouvernance inclusive et durable. Effectivement, il s'agit d'un ensemble de problématiques de société actualisées, que les réalisations d'un plan d'actions de maîtrise élargie et territorialisée du ruissellement pluvial, devraient prendre en considération. Mais au regard de la plupart des solutions techniques en application, ces objectifs sont difficilement atteignables ; d'où l'intérêt de compléter le processus de conception de l'approche opérationnelle par les perspectives offertes par les concepts innovants et englobant de gestion de l'eau de pluie.

Les approches innovantes de gestion des eaux pluviales en milieu urbanisé

Au plan conceptuel, les nouvelles approches de gestion ont commencé à émerger dans les pays occidentaux vers les années 1990, à la suite de préoccupations surtout d'ordre écologique. Dans certaines situations, il s'agit d'un retour à des techniques déjà utilisées par des civilisations anciennes, le but étant de promouvoir la notion de gestion « intégrée ». S'agissant des eaux pluviales, l'émergence des techniques dites « alternatives » s'explique, au départ, par un souci de maîtrise qualitative du cadre de vie. À ce stade de l'évolution de la pensée, les préoccupations étaient de privilégier des équipements s'intégrant mieux dans le paysage territorial. La demande sociale était pressante sur l'application de mesures douces, respectueuses de l'environnement, occupant un moindre espace, ou retenant l'eau le plus en amont possible des sites vulnérables, pour une réduction du volume des écoulements.

---

[100] Alexandre Magnan, « Évaluer ex ante la pertinence de projets locaux d'adaptation au changement climatique », VertigO - la revue électronique en sciences de l'environnement [En ligne], Volume 12 numéro 3 | décembre 2012, mis en ligne le 09 novembre 2012, consulté le 10 janvier 2013. URL :http://vertigo.revues.org/13000 ; DOI : 10.4000/vertigo.13000

Le concept de *solution intégrée* se veut d'une approche cherchant fondamentalement à retenir l'eau dans son lieu de production ; en d'autres termes, « aucune goutte de pluie tombée sur ces sites ne doit en franchir les limites » (Chaïb, 1997)[101]. Sur ce, toutes les techniques « douces » existantes sur place, et pouvant servir à la rétention des eaux de ruissellement, sont utilisables. De plus, il s'agit de solutions favorables à la mise en œuvre du slogan « Raisonner globalement, agir localement », mais aussi à la participation de chaque citoyen pour l'amélioration de son cadre de vie.

Quant aux *solutions alternatives*, elles se composent de mesures de substitution ou de compensation au réseau classique d'assainissement, que sont les axes linéaires, les bassins de rétention et les stations de pompage. Généralement, leur usage obéit à une logique de favoriser des équipements moins coûteux, ou de gabarit moindre, notamment plus adaptés au manque d'espace, et aux capacités limitées des acteurs locaux.

Au plan fonctionnel, ces deux catégories de solution regroupent « toutes les techniques qui permettent de compenser les effets que le ruissellement ferait subir à l'environnement existant » (MISE, 2004)[102]. Selon Morel A l'Huissier (1996)[103], et par opposition à la conception « tout tuyau », ces technologies émergentes visent à maîtriser quantitativement et qualitativement les écoulements. En les mettant en place, il est possible de recréer les conditions hydrologiques se rapprochant, le plus possible, du cycle de l'eau précédant le développement de l'urbanisation. Aussi, une autre perspective consiste à les utiliser pour pallier la faible densité du réseau ou son manque, d'où le nom de 'technologie compensatoire' (Dasylva, 2001). Pour précision, l'émergence de ces techniques dans le continent est surtout conditionnée par un besoin en équipements d'assainissement, semi collectifs ou autonomes, des quartiers urbains et péri urbain.

S'agissant du dispositif, deux catégories d'infrastructures sont applicables, ou composent ces nouvelles approches d'assainissement pluvial. Il s'agit d'ouvrages d'infiltration, ou de stockage. Toutefois dans la réalité, ces équipements multifonctionnels pourraient servir, en même

---

[101] Chaïb J., 1997 - Les eaux pluviales : gestion intégrée, Sang de la Terre, Paris, 173 p.

[102] MISE (Mission Inter Services de l'Eau), 2004 - Guide méthodologique pour la prise en compte des eaux pluviales dans les projets d'assainissement, Fasci 1. *CETE Sud-Ouest*, 68 p.

[103] Morel A l'Huissier A., 1996 - L'assainissement des eaux pluviales en milieu urbain tropical Subsaharien. *ENPC*, Paris, 167 p.

temps, à infiltrer et/ou stocker l'eau. Au plan hydrologique, leur utilisation répond à un besoin de diminuer considérablement le volume des écoulements. Selon leur positionnement dans l'espace, certaines de ces techniques agiront avant la formation du ruissellement, d'autres seront interposées dans le réseau pour intervenir pendant et après le processus de formation des eaux en surface. Mais dans ce projet, deux objectifs supplémentaires sont visés, notamment la valorisation économique et la gestion participative.

Concrètement, les *ouvrages d'infiltration* servent plus particulièrement à diminuer le volume des écoulements, par une rétention dans des réservoirs naturels souterrains in-situ. Ce procédé est utilisable dans les sites où milieu à fonctionnement hydrodynamique perturbé par des actions humaines, ou à sols naturellement faiblement filtrants. Techniquement, l'action consiste à édifier des ouvrages absorbants constitués de matériaux très perméables, pour provoquer une infiltration facile de l'eau dans le sol. On sait qu'un matériel grossier favorise une meilleure circulation, la perméabilité étant plus forte. De plus, la très grande porosité des matériaux permet à ces dispositifs de jouer secondairement un rôle de stockage. Et c'est ce qui se passe avec les unités de grand gabarit tels que les bassins d'infiltration, emmagasinant une quantité importante d'eau avant leur infiltration.

Cependant, l'édification de dispositifs absorbants dépend de la position du toit des nappes superficielles existantes, par rapport à la surface du sol. Une localisation de plus en plus en profondeur des niveaux piézométriques est synonyme d'une possibilité accrue d'infiltration. En d'autres termes, leur proximité de la surface du sol complexifie l'édification d'un tel dispositif. C'est pour cette raison, dans le domaine des sables dunaires de la région de Dakar, que ce procédé n'est pas suggéré dans les sites où le toit de la nappe est aux abords de la surface du sol ; à moins d'une baisse préalable des niveaux piézométriques, ou d'une dessaturation des sols.

Les *ouvrages de stockage* sont des réservoirs artificiels ayant une fonctionnalité de contenir partiellement les écoulements, surtout pour les écrêter ou pour un usage de valorisation. Ce stockage peut être temporaire ou définitif, selon le type de dispositif en application, ou l'objectif recherché. Si le but est de ralentir la propagation du ruissellement, il est souhaitable de proposer des techniques composées d'unités non filtrantes, servant de réservoirs transitoires et pouvant restituer le même débit reçu. Autrement, s'il s'agit de diminuer la production des eaux de ruissellement, les infrastructures d'appoint doivent assurer une conservation locale des eaux. Mais, une sédimentation massive de la charge solide pourrait compromettre sérieusement la capacité fonctionnelle ; un phénomène constituant une menace réelle, vu la nature des milieux supportant les écoulements dans les PVD.

> ◗ Afin d'obtenir de plus amples informations sur ces nouvelles formes de gestion des eaux pluviales en milieu urbanisé, une revue du dispositif a été réalisée dans deux études (Dasylva 2011 et 2009), et sera complétée dans le tome 2 à publier plus tard. La remarque finale sur ces technologies « alternatives », est que leurs bénéfices multifonctionnels sont actuellement insuffisamment mis à profit. Pourtant, des retours d'expérience ont démontré qu'elles sont adaptées aux quartiers populaires des PVD, et offrent aussi des possibilités de création de ressources hydriques additionnelles et de facilitation de la gestion participative ; un second avantage étant leur coût très abordable.
>
> Sur ce, on trouve vraiment paradoxal que ces réponses de proximité faciles d'appropriation, ne soient que très peu utilisées en Afrique. Maintenant, est-ce pour des raisons technico-financières et/ou parce qu'elles n'ont pas encore vaincu les barrières psychologiques accompagnant, au départ, tout changement ? En tout cas plus que jamais, on soutient la pertinence et l'urgence d'une mise en place de dispositifs de récupération des eaux de pluie en milieu urbanisé. On a vu qu'ils représentent, concrètement, une opportunité crédible de renforcement des actifs productifs, et de création d'activités pouvant générer des emplois de masse. C'est ce qu'on va tenter de démontrer dans la troisième partie, l'analyse suivante se voulant d'abord une précision des modalités d'intervention.

2 - Modalités d'une gestion développante des eaux pluviales & Principes de précaution

Par exemple, face à l'épuisement des réserves hydriques fonctionnelles, la recherche continue de nouvelles ressources est-elle une stratégie reproductible à l'infini ? En santé publique, les politiques centrées sur l'homme et l'anophèle et qui tiennent le haut du pavé actuellement, constituent-elles une démarche sans risque, et de long terme ? Sinon, quelle alternative de gestion préventive et efficace des écosystèmes et des territoires il faudrait appliquer, pour empêcher la création de conditions favorables aux maladies liées à l'eau ? Que faire de l'eau des villes, une ressource naturelle nationale et de proximité, et en augmentation croissante avec le développement exponentiel de l'urbanisation ? Cette dernière peut-elle être considérée comme une perspective de substitution appropriée au dessalement, entre autres questionnements ?

Les modalités d'une 'gestion développante des eaux pluviales en milieu urbanisé' / Approche GDEPMU

Comme on s'en aperçoit, les stratégies de gestion de l'eau dans le monde ne cessent d'évoluer dans le temps, pour se conformer aux préoccupations de l'heure, même si la dynamique est encore timide dans le continent. Pour prendre en considération à sa juste valeur le rôle multifonctionnel ou multidimensionnel de l'eau, quelle méthodologie d'intervention rationnelle devrait être privilégiée ? En d'autres termes, quels sont, concrètement, les modes novateurs de gestion à adopter, pour maîtriser davantage les contraintes, et promouvoir la vocation productive des eaux pluviales, et *in fine* le développement ?

Axes structurants d'une démarche appropriée

Sur la base des enjeux passés en revue, trois principes directeurs innovants sont identifiés pour former les axes de la stratégie de résolution durable des problèmes prônée par l'approche GDEPMU. Il s'agit de : (i) la récupération de l'eau de pluie à des fins de valorisation, (ii) la gestion participative, (iii) l'usage d'un dispositif mixte, c'est-à-dire multi-paramètre ou multifonctionnel. Ces trois aspects englobent les réponses appropriées applicables, en vue d'apporter des réponses à ces multiples questions d'actualité associées aux impacts socioéconomiques de la variabilité spatio-temporelle de l'eau de pluie et sa gestion, en misant beaucoup sur des activités partagées créatrices de richesse.

- **Principe 1 : récupération de l'eau de pluie pour sa valorisation**

Conformément aux indications des évolutions climatiques actuelles et futures, marquées par une occurrence accrue de phénomènes pluviométriques extrêmes, une approche de gestion incluant cette nouvelle donne s'impose. Précisément, dans un contexte de répétition des catastrophe de type sécheresse, le principe de valorisation du ruissellement pluvial doit être inscrit dans les lignes directrices des politiques nationales et locales, pour combattre la pénurie d'eau, l'épuisement progressif des réserves hydriques et la dégradation des écosystèmes associés. Un postulat est qu'une mobilisation du volume élevé de ruissellement généré par l'imperméabilisation des surfaces en milieu urbanisé, pourrait contribuer à la création de ressources supplémentaires fonctionnelles au profit d'une atténuation ou d'une inversion de l'incertitude hydrique. A cause des pressions climatiques aigues, et de plus en plus pesantes sur les systèmes productifs, les services socioéconomiques et environnementaux sont tirés vers le bas, et à une très grande échelle localement.

A propos de la pluviosité en Afrique de l'Ouest, malgré la « reprise » actuelle, on n'observe qu'une atténuation modérée des séquences pluvieuses sèches, en comparaison à la grande période de sécheresse des années 1970 (Panthou, 2013). Et comme cet auteur, on considère que ce vocable souvent utilisé pour caractériser la pluviosité au Sahel dans les deux dernières décennies, est à manipuler avec précaution. Si le terme de « reprise » est représentatif des cumuls annuels, tel n'est pas le cas de l'évolution du régime des précipitations à un pas de temps plus fin. Effectivement, cette échelle temporelle met en évidence une prédominance des pluies moyennes, et d'intensité plus forte, ou une concentration des évènements pluvieux ; ce qui peut être défavorable au bon déroulement des activités agricoles. Même si les totaux de précipitations extrêmes ont retrouvé des valeurs semblables à la période humide 1950-69, le nombre de jours pluvieux est resté, par contre, plus faible (Panthou, 2013).

Sur la base des arguments climatiques et écologiques avancés, l'opportunité de sécuriser davantage le paramètre hydrique se justifie, le cas échéant par un transfert zonal des eaux localement excédentaires vers les secteurs en manque. D'ailleurs c'est le cas en Afrique du sud, où cette démarche est retenue pour assurer la disponibilité de l'eau productive dans les zones de pénurie. De plus, cet objectif de récupération est réalisable *in situ*, par un stockage de l'eau dans des réservoirs naturels ou artificiels, en vue d'une réutilisation lors des moments de manque d'eau.

Dans le cas particulier des ressources en eaux souterraines, le déficit de recharge peut être comblé ou atténué en forçant la recharge pluviale avec un dispositif d'infiltration. En tout cas, c'est l'approche suggérée pour préserver la nappe des Sables Quaternaires dans la région de Dakar, une ressource intensément exploitée pour des besoins agricoles et d'alimentation en eau potable (Dasylva, 2011).

Pour résumer, le principe consiste à utiliser le surplus exceptionnel d'eau pour restaurer ou renforcer, *in situ* ou *ex situ*, les ressources et écosystèmes hydriques assurant des services économiques, environnementaux et sociaux essentiels. Au lieu d'une sollicitation de nouvelles ressources, l'alternative retenue est basée sur un usage optimal de la ressource pluviale existante. Le rejet des eaux de drainage en mer ou dans des bassins d'évaporation, constitue une perte déplorable de ressource hydrique valorisable. **En référence au PDDAA (cf. chapitre 7 / Partie 2), une cible particulière des ressources hydriques additionnelles mobilisées est de contribuer à assurer une *sécurité alimentaire endogène*, pour un impact sur le plus grand nombre**.

• **Principe 2 :** ***gestion participative***

Dans les PVD, l'essoufflement de l'État-providence est symbolisé par une difficulté croissante à mobiliser des moyens matériels et humains adéquats, ou proportionnels à l'ampleur des défis à relever. Globalement, le contexte institutionnel de gouvernance se distingue par une situation marquée par une limitation de l'exercice du pouvoir, d'où la nécessité et l'urgence d'un partage négocié. L'élargissement des acteurs est devenu indispensable, pour promouvoir un système décisionnel partant du terrain (ou « bottom-up »), comme recommandé dans le rapport Camdessus publié en 2003[104]. En particulier dans les villes, il est souligné à juste raison dans la résolution finale de la 6ème Conférence des OING/OSC de la Francophonie organisée à Caraquet (Canada) en 2008, que les actions à mener ne pourront aboutir sans l'implication de la société civile, mais aussi des usagers et populations locales. La gestion du ruissellement ne doit pas être qu'une affaire de techniciens et de l'État, la participation de tous est indispensable. La résolution avec efficacité des problèmes de pénurie d'eau, d'inondation et de maladies hydriques, doit s'appuyer sur une implication à la base ; pour répondre en temps, en nombre et en performance d'action.

Face à la généralisation des insécurités hydriques et hydrologiques, et leur complexification, accompagnées d'une augmentation exponentielle de dégâts, les services d'État semblent de plus en plus insuffisamment outillés pour assurer, seuls, la protection des territoires et des actifs naturels productifs. Surtout que dans ce contexte de niveau élevé de risque, le degré d'acceptabilité sociale est plutôt faible aujourd'hui. La demande sociale est tellement variée et massive dans les PVD, qu'il n'est pas approprié de laisser les initiatives aux seuls services publics. C'est dans les zones destinataires que s'exercent, le mieux, les responsabilités, pour impulser un processus participatif effectif et vertueux d'auto-développement.

---

[104] Camdessus et al, 2003 - Financer l'eau pour tous. Rapport d'un panel mondial sur le financement des infrastructures de l'eau. *GWP, CME, 3FME*, 62 p.

A cet effet, la démarche adaptée - ou la régulation du système territorial - suggérée repose fondamentalement sur une structuration des décisions et des mesures autour de deux objectifs. Le premier devrait viser la recherche d'un compromis concerté, débouchant sur un partage effectif et équitable des taches ; et cela, après connaissance d'informations pertinentes sur la réalité des problématiques et des pistes durables de leur résolution. L'appropriation de connaissances technico-scientifiques représentatives et actualisées, rend possible la codécision, la co-construction et *in fine*, la co-responsabilité. Le résultat attendu est de parvenir à faire de la question de la gestion des eaux de pluie, une affaire de tous. La seconde orientation devrait privilégier l'usage d'un dispositif technique de proximité, notamment en phase avec les capacités distinctes des parties prenantes. Et indéniablement, ce sont les technologies dites « alternatives » qui sont les mieux à même d'assurer ce rôle complémentaire. Concrètement, elles sont plus en adéquation avec les aptitudes financières et techniques des institutions et populations locales, qui pourraient participer à la réalisation, ou assurer l'entretien.

En misant globalement sur des mesures organisationnelles et opérationnelles adaptées, efficaces et efficientes, plusieurs avancées sont attendues au plan de la gouvernance sociale. Il s'agit de promouvoir l'application de solutions s'appuyant sur le capital sociétal local, afin de favoriser la création de conditions de renforcement des liens sociaux à travers des travaux collectifs. En Afrique, la participation communautaire est une pratique assez ancienne, en milieu rural surtout, mais qu'il faut développer dans les villes. Le challenge repose, non pas sur une participation spontanée et éphémère, mais sur une implication de masse coordonnée, complémentaire et pérenne, basée sur la conviction et l'appropriation. En guise d'illustration, l'approche et le modèle de gestion des eaux pluviales suggérés dans le domaine des sables dunaires de la région de Dakar (Dasylva, 2009) sont respectivement rappelés dans l'encadré ci-dessous et sur la figure 15.

Approche de gestion

Les populations (individuellement ou collectivement) en voisinage direct avec les ouvrages s'occupent principalement du suivi (ou entretien), et si possible de la réalisation ; les services publics n'intervenant que pour des ouvrages nécessitant une compétence technique ou un financement élevé.

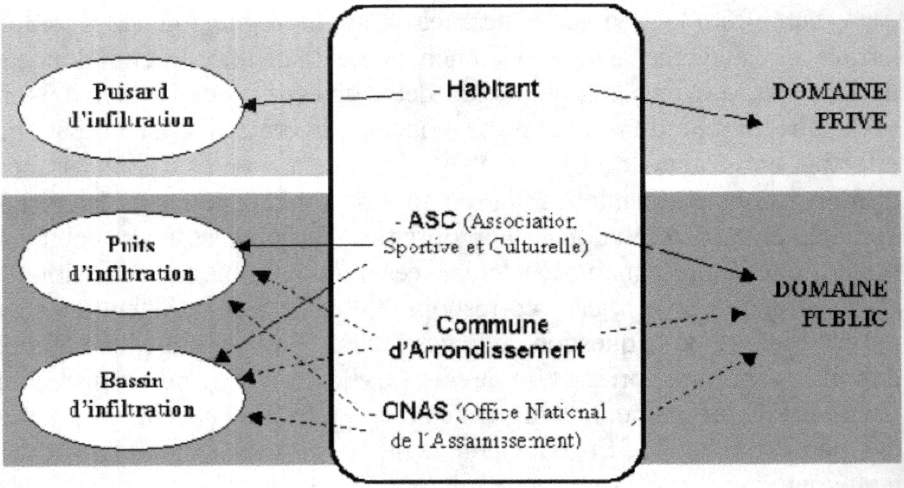

Figure 15 : Modèle de gestion participative des eaux pluviales suggéré dans la région de Dakar (source : Dasylva, 2009)

- **Principe 3 :** ***usage d'un dispositif mixte, multi-paramètre et multifonctionnel***

Les multiples questions soulevées ci-dessus impliquent la mise en place d'un dispositif technologique pouvant les prendre en charge, simultanément. Or, on a déjà évoqué que la seule édification de solutions dites « classiques » ne saurait résoudre avec satisfaction les problématiques émergentes, en tout cas en l'état actuel des approches opérationnelles. Ainsi, l'usage d'un système mixte d'ouvrages, ou multifonctionnel, apparaît inéluctable si l'on veut résoudre la diversité des problèmes. Le challenge est d'**associer de façon efficiente et complémentaire les solutions classiques et « alternatives », y compris les actions spontanées des populations**. On considère qu'il s'agit de l'approche technique englobante le mieux à même d'apporter des réponses aux besoins de valorisation du ruissellement pluvial (Principe 1) et de gestion participative effective (Principe 2). De plus, les contraintes de mise en œuvre et de performance des solutions « classiques » requièrent de recourir à des dispositifs compensatoires, plus adaptés aux aptitudes des acteurs et à la structuration des quartiers populaires.

Au plan des résultats attendus, les eaux prises en charge par les infrastructures globales pourraient contribuer au renforcement des activités socioéconomiques et à la sauvegarde des habitats naturels assurant une fonctionnalité environnementale - les zones humides -, de même qu'au façonnement d'un cadre de vie sain et récréatif -

développement d'espaces verts ou ludiques -. Sur la résilience des territoires, et face aux risques hydrologiques aggravés par le changement climatique, les perspectives de maîtrise efficace et efficiente des paramètres hydrodynamiques seraient accrues. Enfin, la gouvernance collaborative et coordonnée, tant souhaitée par les parties prenantes, pourrait devenir une réalité de terrain ; en rationnalisant, par exemple, les actions spontanées des populations. Pour précision, **en s'inscrivant sur la trajectoire du PIDA (cf. chapitre 7 / Partie 2) et en référence à l'état actuel de développement du continent, l'accent est plutôt mis plus sur les équipements facteurs de création directe de richesse, et non les infrastructures de service**.

A propos des solutions préférées actuellement, ce constat sur le Sénégal est assez révélateur. La récurrence et l'amplification des inondations dans la banlieue dakaroise donnent un signal sur l'efficacité partielle du dispositif technique actuel ; rappelons-le, dominé par des mesures conjecturelles de réaction 'après coup'. Le réseau structurant de drainage et les pompages d'urgence ont tendance à produire des résultats limités, dans le temps requis et dans l'espace. Selon les secteurs d'intervention, des solutions agissantes nécessitent l'intégration de quatre contraintes que sont : l'infiltrabilité faible des sols ; le drainage gravitaire naturel déficient ; la présence de nappes sub-affleurantes ; et les discontinuités hydrauliques. Une prise en compte partielle de ces paramètres clés ne fait que favoriser une temporalité d'efficacité inappropriée, n'empêchant pas un maintien des dégâts, comme c'est le cas actuellement dans plusieurs localités. Pour des interventions efficaces et durables au plan technique, nos investigations de terrain ont permis de trouver qu'il faudrait combiner plusieurs types de mesures. Certaines, à vocation préventive, devraient viser à diminuer la production de ruissellement. Aussi des actions correctives seraient nécessaires pour pallier les dysfonctionnements des infrastructures dites « classiques ». Enfin, une application de mesures curatives de réduction du temps de stagnation des eaux en surface, permettrait de prendre en charge les eaux résiduaires. Le modèle ci-dessous (figure 16), décrit l'approche spatio-technologique de gestion durable des écoulements par temps de pluie, suggérée dans la région de Dakar.

MESURES SPATIO-TECHNOLOGIQUES	SOLUTIONS ALTERNATIVES			SOLUTIONS CLASSIQUES DE TRANSFERT
	PARCELLES HABITES ➡ Puisards d'infiltration	RUES ➡ Puits d'infiltration	EXUTOIRES ➡ Bassins d'infiltration	➡ Axes linéaires ; Stations refoulement
Enjeux cibles / Contraintes à lever	IMPACT DU DISPOSITIF SUR LES ENJEUX			
Augmenter la recharge efficace vers la nappe	OUI	OUI	OUI	NON
Agir sur la baisse du toit de la nappe près de a surface du sol	OUI	OUI	OUI	NON
Préserver les écosystèmes agricoles dépendant des nappes	OUI	OUI	OUI	NON
Optimiser la performance du réseau d'évacuation	OUI	OUI	NON	NON
Réduire le volume du ruissellement	OUI	OUI	NON	NON
Empêcher une stagnation prolongée de l'eau au niveau des exutoires	NON (car positionnés en amont)	NON (car positionnés en amont)	OUI	NON
Prendre en charge l'eau bloquée dans les espaces bâtis	OUI	NON	NON	NON
Promouvoir des technologies adaptées au milieu socio-culturel	OUI	OUI	OUI	NON
Promouvoir technologies à faible coût	OUI	OUI	NON	NON
Développer la gestion participative	OUI	OUI	OUI	NON
Evacuer le surplus d'eau non pris en charge par le dispositif compensatoire	NON	NON	NON	OUI

Figure 16 : Modèle de gestion technique des eaux pluviales suggéré dans la région de Dakar (source : Dasylva, 2009)

Pour information, et au-delà de l'impact sur la baisse des volumes d'eau en provenance des habitations, la mise en place des puisards d'infiltration permet de résoudre le problème du blocage des eaux à l'intérieur de ces dernières. Comme on l'a déjà souligné, l'édification de remblais ou de murets devant les maisons entraîne un piégeage de l'eau. Et pour son évacuation, les solutions spontanées appliquées actuellement par les populations consistent à utiliser généralement des moyens rudimentaires, comme par exemple du matériel à usage domestique. De ce fait, l'installation d'un dispositif absorbant à l'intérieur des concessions ne peut être que bénéfique et salutaire, pour des populations en quête d'un espace de vie sécurisé lors des pluies.

Cependant, les conditionnalités de l'acceptabilité des mesures préconisées sont d'obtenir des eaux en bon état d'usage, pour des raisons et par une approche qu'on va préciser.

Principes de précaution : *obtenir des eaux en bon état fonctionnel comme pari*

Rien qu'avec la prévalence des maladies liées à l'eau abordée dans la première partie, la précaution de disposer de ressource en eau non polluée se trouve largement justifiée. En rappel, une eau est dite polluée lorsque sa qualité est dégradée, et rendant de ce fait son utilisation dangereuse pour l'homme et les animaux. Dans le cas particulier des écosystèmes environnementaux, la pollution est source d'impacts négatifs sur les habitats, donc de perturbation de la vie aquatique. Comme ultime conséquence, il peut se produire une perte de biodiversité par une extinction d'espèces en masse. Parmi les phénomènes à l'origine de la fragilisation, l'eutrophisation représente une menace réelle de dégradation des milieux aquatiques. En effet, elle se manifeste par une détérioration des eaux de surface provoquée par une prolifération de végétaux. Sur le processus, les matières organiques sont des substances oxydables nécessitant pour leur décomposition une certaine quantité d'oxygène, et cela au détriment des espèces animales vivant dans l'eau, entre autres phénomènes. Et c'est pourquoi elles sont considérées comme des matières polluantes en cas de présence déséquilibrée. En guise d'illustration, en Afrique de l'Ouest, les cours d'eau subissent un processus de dégradation écologique et chimique découlant d'une prolifération des espèces *Salvinia molesta* et *Typha,* entre autres. A propos des impacts socioéconomiques, l'invasion des cours d'eau par la jacinthe d'eau en Afrique orientale et australe - pollution physique -, entraîne des perturbations majeures de circulation dans ces principaux axes de communication. De plus, les épidémies de choléra provoquées par des blooms d'algues - jadis récurrentes dans les environs des lacs Victoria et Kariba et certains grands cours d'eau - sont à associer à la dégradation qualitative des eaux de surface.

Sinon, pour apprécier la qualité d'eau requise, quelques normes OMS sont mentionnées sur le tableau 25, qui donne des indications sur les objectifs-seuils non dommageables à l'homme, aux espèces animales et/ou à l'environnement.

Types de pollution	Paramètres	Seuil / Normes à respecter
Chimique	chlore total	> 0,25 mg/l
	chlore libre	> 0,2 mg/l
	nitrates	< 50 mg/l
	nitrites	< 3 mg/l
	sulfate	< 250 mg/l
	phosphate	< 5 mg/l
Microbiologique	Coliformes totaux	< 10/100 ml
	Coliformes fécaux	< 0/100 ml
	Streptocoques fécaux	< 0/100 ml

Tableau 25 : Quelques normes OMS de qualité des eaux

En effet, selon l'état qualitatif des eaux de récupération, la perspective de valorisation des eaux pluviales peut être compromise, d'où la nécessité d'obtenir des eaux en bon état chimique et écologique d'usage. Au plan conceptuel, un objectif de 'bon état chimique' vise à respecter des valeurs seuils de concentration de certaines substances-cibles. Le plus souvent, il se réfère aux normes de qualité environnementale (NQE), définies dans des législations de protection des ressources naturelles fonctionnelles. Quant au 'bon état écologique' d'une masse d'eau de surface, il résulte de l'appréciation de la structure et du fonctionnement des écosystèmes aquatiques associés à cette masse d'eau. Il est mesuré par des indicateurs de qualité d'ordre : (i) biologique - diversité représentative en algues, invertébrés (insectes, mollusques, crustacés …) et poissons -, (ii) hydromorphologique et physico-chimique - acidité de l'eau, quantité d'oxygène dissous, salinité et concentration en nutriments (azote et phosphore) -. En plus, dans le cas spécifique des eaux souterraines, il existe aussi une notion de 'bon état quantitatif'. Le principe cherche à ce que les prélèvements ne dépassent pas la capacité de renouvellement de la ressource disponible, cela en tenant compte des besoins des écosystèmes aquatiques.

Dans l'évolution des approches, ces différentes notions de « bon état » sont apparues dans les années 1990 lors du Sommet de la Terre de Rio. L'Europe est le continent pionnier dans l'application des pratiques défendues par ces concepts, d'abord en les utilisant pour la préservation des milieux aquatiques et grandes « masses d'eau », puis des milieux naturels. En guise d'information, une masse d'eau signifie « unité hydrographique (eau de surface) ou hydrogéologique (eau souterraine) cohérente, présentant des caractéristiques assez homogènes ; et pour laquelle il est possible de définir un même objectif ».

L'intérêt de ces précisions découle du fait que les eaux de ruissellement sont aujourd'hui fortement chargées en éléments polluants, provenant de sources diffuses, comme indiqué sur le tableau 26. Ces substances nocives variables, peuvent apparaître sous forme organique, de toxiques métalliques, de traces d'hydrocarbure ou de matières en suspension, entre autres.

Polluants	Source	Impact Environnemental
Matériaux demandeurs d'oxygène	➪ Végétation, excrétas et autre matières organiques	• Diminution de l'O2 dissous = destruction de la flore et de la faune, odeurs, gaz toxiques
Composants inorganiques azotés et phosphorés	➪ Fertilisants, détergents, végétation, urine, fosses septiques, fuites et trop-plein du réseau d'assainissement	• Toxicité en concentration élevée, apport de nutriments (eutrophisation) = développement d'algues et d'herbes ; diminution de l'O2 dissous
Huiles, graisses et essence	➪ Routes, parkings, stations-services et industries	• Contamination de l'eau potable, des bases de loisir ; Diminution de l'O2 dissous ; Mutations et tumeurs de certains poissons
Métaux lourds, pesticides, herbicides et hydrocarbures	➪ Déchets industriels et des commerces	• Toxicité au niveau des organismes aquatiques ; Accumulation dans la chaîne alimentaire (risque pour la santé humaine)
Solides en suspension, sédiments et solides dissous	➪ Erosion provenant de sites de construction, sols exposés, ruissellement	• Transport d'autres polluants en surface ; Interférences avec la faune et la flore (photosynthèse, respiration, croissance et reproduction)
Température élevée de l'eau	➪ Passage des eaux de ruissellement sur des surfaces imperméables (asphalte, béton, etc.)	• Réduction de la capacité de l'eau à stocker l'O2 dissous ; Impacts sur les espèces aquatiques thermosensibles
Ordures et débris solides	➪ Déchets solides domestiques, industriels ou commerciaux, sable, déchets de construction, végétation	• Blocage et encombrement des caniveaux et tuyaux de collecte des eaux pluviales

Tableau 26 : Processus de contamination du ruissellement pluvial et ses impacts environnementaux (Source : Urban Stormwater Management in Developing Countries, 2005, modifiée)

En s'appuyant sur les informations de ce tableau, les sources diffuses des matières polluantes se composent des surfaces de drainage, des activités humaines et/ou de l'atmosphère pour les hydrocarbures et les métaux lourds. Globalement, ce sont les rejets domestiques qui sont à l'origine, directement ou indirectement, de la plupart des substances indésirables. Par exemple, la décomposition des matières organiques produit méthane ; et dans les décharges, sa part peut représenter 40 à 60 % du biogaz formé, le reste étant composé de gaz carbonique, d'azote, de gaz sulfhydrique et divers acides plus ou moins volatils et soufrés. De plus, l'incinération de ces déchets provoque une émanation d'acide chlorhydrique, la combustion d'une tonne de déchets ménagers produisant une émission de plus de 7 kg. Par ailleurs dans la région de Dakar, des études - Tandia et al, (1997)[105] ; Tandia (1993)[106] ; Collin & Salem (1989)[107] ; Unesco (1977)[108] - ont mis en évidence une pollution de la nappe phréatique, par les eaux d'infiltration lessivant les décharges d'ordures et les parcelles agricoles. Aussi, nos descentes sur le terrain ont permis de constater que les canaux de drainage des eaux de pluie servent de lieu de vidange des eaux usées domestiques.

Dans le cas des eaux de ruissellement, l'utilisation croissante et massive par l'agriculture urbaine d'intrants non naturels - fertilisants et produits phytosanitaires - a tendance à favoriser un processus de contamination diffuse. D'autant plus que les mauvaises conditions de stockage des produits usagers, provoquent des fuites dans le sol ; ce qui devient un facteur aggravant de contamination des formations et ressources en eau superficielles.

Conformément à ces risques avérés de pollution, la décision de récupération des eaux de pluie devrait être conditionnée par un respect de la réglementation et des normes en vigueur. De toutes les façons, cette démarche est de plus en plus exigée par les bailleurs. La Banque mondiale réclame des évaluations environnementales pour les projets qu'elle finance, le but étant de déterminer l'étendue et le type d'impact, et le cas échéant la mise en œuvre de politiques complémentaires de résolution. Ainsi, les projets sont classifiables en quatre catégories, en fonction de la nature et de l'importance des contraintes. Cette politique de sauvegarde cherche à promouvoir des approches de développement socialement et écologiquement viables, en veillant à ce que les opérations ne portent pas préjudice aux populations et à l'environnement. La conformité selon les législations locales, nationales et/ou internationales, est la norme attendue. Pour précision, c'est le gouvernement destinataire qui est responsable des évaluations à effectuer, la Banque veillant au respect des recommandations.

---

[105] Tandia A. A., Gaye C. B., Faye A., 1997 - Origine des teneurs élevées en nitrates dans la nappe phréatique des sables quaternaires de la région de Dakar, Sénégal. *Sécheresse*, Vol. 8, numéro 4, p. 291-294

[106] Tandia A. A., 1993 - Origine, évolution et migration des formes de l'azote minéral dans les aquifères du Sénégal: cas de Thiaroye (banlieue non assainie). Contrat de Recherche AIEA n°7272/RB.

[107] Colin J. J., Salem G., 1989 - Pollution des eaux souterraines par les nitrates dans les banlieues non assainies des pays en développement. Le cas de Pikine (Sénégal), Symposium SISSIPA-Lisbonne.

[108] UNESCO, 1997 - Qualité de l'eau de la nappe phréatique à Yeumbeul Sénégal. Études sur le terrain. CSI info n° 3, *Unesco*, Paris, 27 p.

Également, la Banque africaine de développement dispose de Procédures d'évaluation environnementale et sociale (PEES) pour les opérations concernant le secteur public. Elles décrivent les différentes étapes à suivre, pour prendre en considération les questions environnementales tout le long d'un cycle de projet. Selon la gravité des préoccupations, les projets sont classifiés en quatre catégories. Les projets de 'Catégorie 1' sont ceux provoquant les plus graves impacts environnementaux et sociaux, et le plus souvent irréversibles ; d'où la nécessité d'une étude détaillée d'impacts. Les projets de 'Catégorie 2' impliquent une possibilité d'effets environnementaux et sociaux sur le site du projet, mais pouvant être minimisés par l'application de mesures d'atténuation précisées dans un plan de gestion environnementale et sociale. Les projets de 'Catégorie 3' ne causent pas d'impacts environnementaux et sociaux négatifs, et ne nécessitent aucune activité d'évaluation environnementale et sociale. Enfin, les projets de 'Catégorie 4' concernent les sous-projets pouvant entraîner des effets environnementaux ou impacts sociaux négatifs, et pour lesquels des investissements de la BAD sont gérées par un 'intermédiaire financier' ; mais un souci fondamental étant d'évaluer la capacité de l'intermédiaire à apporter des réponses appropriées aux problématiques environnementales et sociales.

Au plan national, les pays ont aussi mis en place leur propre législation d'exigence environnementale. C'est le cas au Sénégal, où « tout projet susceptible de porter atteinte à l'environnement, de même que les politiques, les plans, les programmes, les études régionales et sectorielles, devront faire l'objet d'une évaluation environnementale » / Code de l'environnement / Article L 48. Aussi, « aucun déversement, écoulement, rejet, dépôt direct ou indirect dans une nappe souterraine ou un cours d'eau susceptible d'en modifier les caractéristiques physiques, y compris thermiques et radioatomiques, chimiques, biologiques ou bactériologiques, ne peut être fait sans autorisation accordée, après enquête, par les autorités en charge de l'Hydraulique et de l'Assainissement » / Code l'eau / Article 49. Dans l'encadré ci-dessous, il est rappelé quelques normes sénégalaises de qualité des eaux rejetées.

Teneurs maximum autorisées des rejets d'eau
(*selon* NS 05-061) (*in* Dasylva, 2009)

- Matières en suspension totales (MES_T) : 50 mg/l
- DBO5 (sur effluent non décanté) : 80 mg/l, si le flux journalier maximal autorisé n'excède pas 30 kg/j ; 40 mg/l au-delà.
- DCO (sur effluent non décanté) : 200 mg/l, si le flux journalier maximal autorisé n'excède pas 100 kg/j ; 100 mg/l au-delà.
- Azote (azote organique, azote ammoniacal, azote oxydé) : < 30 mg/l en concentration moyenne mensuelle, lorsque le flux journalier maximal est égal ou supérieur à 50 kg/jour.
- Phosphore (phosphore total) : 10 mg/l en concentration moyenne mensuelle, lorsque le flux journalier maximal autorisé est égal ou supérieur à 15 kg/jour.

Pour les autres substances, les rejets doivent respecter les valeurs limites suivantes :
- phénols : 0,5 mg/l, si le rejet dépasse 5g/j
- chrome hexa valent : 0,2 mg/l, si le rejet dépasse 5 g/j
- cyanures : 0,2 mg/l, si le rejet dépasse 3 g/j
- arsenic et composés : 0,3 mg/l, si le rejet dépasse 3 g/j
- chrome : 1 mg/l, si le rejet dépasse 10 g/j
- hydrocarbures totaux : 15 mg/l, si le rejet dépasse 150 g/j
- fluor et composés : 25 mg/l, si le rejet dépasse 250 g/j

NB :
DCO = ensemble des matières oxydables.
DBO5 = part des matières organiques biodégradables.
La différence DCO et DBO5 = charge en matières organiques peu ou pas dégradables.

Techniquement, afin d'obtenir des eaux de récupération en bon état d'usage ou en conformité avec les normes requises, quelques précautions de mise en place d'ouvrages absorbants vont être rappelées. Premièrement, l'existence d'une zone de filtrage suffisante est nécessaire pour permettre une rétention des micropolluants contenus dans les eaux d'infiltration. Autrement dit, il est possible d'éviter une pollution des ressources souterraines par les eaux d'infiltration, en respectant l'existence dans le réservoir d'une zone de transit à matériaux perméables, capable de filtrer avec succès les particules indésirables. D'après le GRET (2012)[109], la contamination de la nappe phréatique est évitable, si sa profondeur se situe à plus de trois mètres de la base de

[109] GRET, 2012 - Guide SMC n°4 : Choisir des solutions techniques pour l'assainissement. PSEAU, PDM, 140 p.

l'ouvrage. Bien entendu, ce seuil est variable en fonction de la texture des sols.

Sinon dans les maisons (deuxième possibilité), l'édification d'une cour en dalle dure peut palier la nécessité de respecter l'existence d'une zone de filtrage efficace, en cas de recours à des ouvrages absorbants (Dasylva, 2011). Dans un tel contexte, le risque de pollution se limite au début de l'action, notamment pendant le moment que dure le lessivage du sol situé dans l'emprise du dispositif. De plus, le risque de colmatage est pratiquement inexistant sur des impluviums constitués de surfaces artificialisées, car l'eau de pluie est directement prise en charge, et cela avant tout contact avec des sites pourvoyeurs de matières solides. Enfin (troisième possibilité), un autre moyen préventif d'éviter la contamination des eaux souterraines, consiste à positionner les ouvrages d'infiltration très en amont des sites de rejet des déchets solides et liquides.

Au final, pour une application avec succès de ces approches alternatives de maîtrise qualitative des eaux, la parcelle habitée apparaît, potentiellement, comme étant le niveau approprié d'intervention (Dasylva, 2001). A cette échelle spatiale d'action, il est possible de prendre immédiatement en charge une quantité d'eau non négligeable, et cela avant qu'elle ne soit en contact avec des surfaces contaminées.

Après cette précision des conditionnalités d'une gestion contextualisée, quels sont les bénéfices attendus de l'application des trois recommandations ? En quoi elles sont réellement facteurs d'impulsion d'un processus de progrès vertueux de masse ?

CHAPITRE 10

LES BÉNÉFICES MULTIDIMENSIONNELS D'UNE GESTION DÉVELOPPANTE EAUX PLUVIALES

Les précisions apportées dans ce chapitre passent en revue les progrès multithématiques escomptés de la vision d'émergence socioéconomique préconisée. En appliquant la méthode GDEPMU, le résultat final attendu mise sur une optimisation des conditions productives ; cela, pour la création de richesse et l'emploi de masse. Au regard des pratiques actuelles, la dimension 'ressource' du ruissellement pluvial est souvent occultée, et c'est sa prise en compte qui fonde l'originalité de l'approche conceptuelle défendue dans ce projet. On constate que les stratégies opérationnelles continuent toujours d'être centrées sur la protection des personnes et des biens ; mais, on a vu les limites dans le contexte urbain et pluviométrique actuel, à évolution très rapide. D'ailleurs, il devient inéluctable d'ajuster et de s'approprier continuellement les mesures appliquées ; et pour une durabilité des acquis, la notion de « ville éducatrice » évoquée par certains spécialistes, se positionne comme un levier pertinent.

1 – L'émergence par la base - ou endogène - comme cap

Face à l'insuffisance des investissements internes et externes mobilisables, le nouveau paradigme de gestion suggéré vise, particulièrement, à favoriser un processus d'émergence basé sur les potentialités locales, à partir d'une démarche explicitée sur la figure 17. L'innovation est de miser sur des objectifs pluriels réalistes. Il s'agit de rendre possible la multiplication des opportunités d'action à vocation développante, notamment définies en fonction de paramètres endogènes. Plus globalement, l'*intelligence de développement* contextualisée suggérée consiste à mettre en œuvre une piste de progrès socioéconomique élargie et maîtrisée, tout en intégrant des préoccupations environnementales et sociales.

Mais, on ne perd pas de vue que la promotion de mesures polyvalentes d'aménagement est plus qu'un défi à relever. Il faudra promouvoir simultanément des activités génératrices de revenus, avec des mesures à moindre impact sur les territoires, les équilibres environnementaux, la santé humaine et impliquant des acteurs variés. Sur le moyen et le long terme, il s'agit d'envisager une vision pragmatique de résolution des problèmes reposant sur une intervention intelligente. La conditionnalité de l'acceptabilité sera d'assurer un avenir moins compromettant aux générations futures, ce qui signifie de miser sur des solutions « praticables » conciliant 'environnement' et 'progrès humains'. De plus, au plan de la gouvernance sociale, un pari serait que le processus soit une affaire de tous et pour tous, surtout, en ayant une attention particulière sur la frange de la population la plus vulnérable, ou les laissés-pour-compte. Comme le préconise la FAO (FAO *et al*, (2012)[110], **la croissance doit mobiliser les pauvres et parvenir jusqu'à eux, avec une perspective de création d'emplois et de revenus qui soient réellement à leur portée**.

Concrètement, le progrès multidimensionnel attendu est axé sur la protection ou la sauvegarde des actifs naturels fonctionnels ; le renforcement ou l'amélioration des performances de l'agriculture, au profit de l'économie et des moyens de subsistance des populations ; et enfin le façonnement de milieux et territoires résilients aux extrêmes pluviométriques. Au-delà des sites d'intervention, un autre projet de société pourrait découler d'une démarche de valorisation des eaux de drainage, en transférant géographiquement les eaux. Avec une telle démarche, il est possible de créer des espaces-économiques-locomotives *ex-situ*, ou de revitaliser l'activité agricole en milieu rural. Sur ce dernier aspect, on a réalisé un focus mettant en exergue le rôle joué par la sécheresse (manque de pluie) dans le déclin de l'agriculture dans les villages, favorisant ainsi l'accentuation de l'exode rural. De cette corrélation, on considère qu'une sécurisation des moyens de production, par une fiabilisation de l'approvisionnement en eau dans les zones de pénurie, serait un facteur approprié d'atténuation ou d'inversion de ce phénomène.

[110] FAO, FIDA, WFP, 2012 - L'état de l'insécurité alimentaire dans le monde 2012. La croissance économique est nécessaire mais elle n'est pas suffisante pour accélérer la réduction de la faim et de la malnutrition. Rome, *FAO*, 73 p.
URL : http://www.fao.org/docrep/017/i3027f/i3027f.pdf

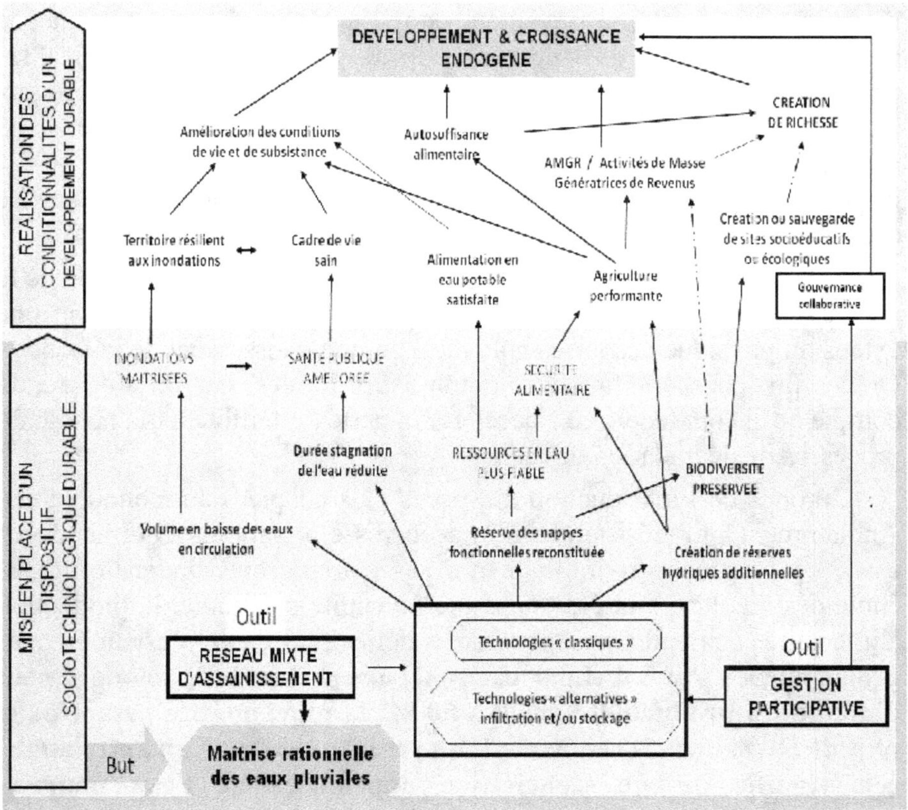

Figure 17 : Concept de 'gestion développante des eaux pluviales en milieu urbanisé' / GDEPMU

Par ailleurs, et en renforcement des interventions classiques de gestion technique du risque, il est aussi nécessaire de promouvoir une culture de vigilance, pour minimiser les impacts. Et selon Duval, « être vigilant c'est se tenir prêt à réagir vis-à-vis d'un événement dont on ne sait quand il se produira, sous quelle forme il surviendra, ou même s'il arrivera »[111].

2 - Les avancées thématiques concrètes attendues

Un accroissement des performances et revenus agricoles

Pertinence de l'approche de récupération des eaux pluviales

Un fait démontré dans la première partie est l'existence d'un besoin prégnant pour le continent d'augmenter sa production alimentaire de façon massive, afin de réduire significativement la fracture existante entre l'offre et la demande. Un bref rappel, plus de 65 % des habitants de

[111] Duval, R., 1990, Temps et vigilance, Paris, Vrin, 224 p.

l'Afrique subsaharienne travaillent dans l'agriculture, qui contribue de plus du quart dans le PIB de beaucoup de pays. Au plan financier, les produits agricoles représentent environ 20 % des échanges commerciaux internationaux. Vu ces statistiques, un renforcement des outils de production - ressources hydriques et/ou superficies agricoles -, est indispensable pour la vie au quotidien des populations, et l'activité économique.

Rappelons aussi que les solutions de maintien ou d'augmentation de la production agricole ont jusqu'ici essentiellement reposé sur une extension physique des terres cultivées, ou un délaissement de la jachère. Or ces procédés ont fini de montrer leurs limites, car on s'est rendu compte qu'ils ont tendance à accélérer la perte de fertilité, et la hausse du processus de dégradation des sols.

À propos de l'introduction d'espèces plus adaptées au manque d'eau - notamment plus résistantes à la sécheresse, ou moins gourmande en eau -, ce progrès agronomique n'a pas entrainé une éradication de la chute des récoltes. Faute d'une eau en quantité suffisante, la production alimentaire demeure chroniquement déficitaire dans plusieurs zones géographiques. **Au Sahel par exemple, une sécheresse prolongée peut diminuer la productivité de 20 à 50 %, la pluviométrie pesant pour plus de 50 % dans le rendement des céréales. Vu sous un autre angle, cela signifie qu'une sécurisation appropriée de l'eau pourrait empêcher une perte de cette dimension**.

Du coup, le fait que la récupération des eaux de pluie ne soit pas une pratique répandue est paradoxal et anachronique. En référence aux indications ci-dessus, une sécurisation quantitative et qualitative de l'eau agricole est incontournable, si l'on veut sauvegarder ou améliorer les performances. En tout cas actuellement, on est très loin d'une telle situation.

L'eau assure une fonction essentielle dans la croissance des plantes : (i) en leur donnant leur forme, (ii) en apportant via le sol, l'humidité nécessaire à la germination des graines, (iii) en faisant parvenir les sels minéraux et tous autres produits chimiques jusqu'aux feuilles pour les nourrir, (iv) en assurant un rôle fondamental dans le processus de photosynthèse, (v) en faisant évacuer les déchets sous forme de vapeur par les stomates. Sur la base de ces différentes fonctionnalités essentielles, et sur la lancée la figure 1 (Partie 1), il ressort que les plantes ont indispensablement besoin de disposer d'une eau en quantité suffisante, notamment apte à compenser les pertes par évaporation associées à une météorologie très changeante. D'après Doorenbos et Pruitt (1976)[112], le besoin en eau d'une culture représente la hauteur d'eau nécessaire pour compenser l'évapotranspiration d'une plante en bon état sanitaire - dans des conditions de sol non limitantes en disponibilité hydrique et en fertilité - et capable d'assurer un rendement optimal selon le contexte climatique.

Afin de contribuer à la sécurisation de l'eau agricole et des supports productifs, la valorisation des pluies et l'usage rationnel des ressources mobilisées, sont des leviers à appliquer ensemble. De plus en plus, les systèmes d'irrigation à petite échelle - associant des techniques nouvelles et autochtones - font l'objet d'un plaidoyer actif dans le continent. Et on a démontré qu'il s'agit de pratiques appropriées d'atténuation des effets du changement climatique, et de la désertification, surtout en milieu rural. Pour preuve, il est admis que, potentiellement, l'irrigation à petite échelle est dix fois plus rentable que l'irrigation à grande échelle. Comme argumentation simple, le premier système est généralisable et ne dépend pas de la proximité d'un ouvrage de grand gabarit.

Étude de cas sur des pistes concrètes de mobilisation fonctionnelle des eaux de drainage pour l'agriculture & Bénéfices attendus / Perspectives de valorisation des eaux d'inondation au Sénégal

En guise de démonstration des avancées réalisables avec les eaux de drainage, les pistes possibles de valorisation des volumes d'eau pompés lors des opérations du plan ORSEC - Organisation des Secours -, vont principalement servir d'exemple. Il faut savoir que ce plan est déclenché pour autoriser et faciliter l'engagement de moyens exceptionnels, lorsque les dispositifs classiques des services publics de secours ne permettent plus une maîtrise appropriée de l'évènement.

Approche opérationnelle suggérée

Contrairement aux pratiques dominantes, on suggère une correction de la destination finale des eaux pompées. A condition d'une mise en place de dispositifs de collecte propre - un gage pour obtenir des eaux en bon état d'usage -, et c'est possible, le volume d'eau valorisable obtenus serait considérable, comme on va le voir.

[112] Doorennbros J., Pruitt, W.O., 1976 - Las necesidades de agua de los cultivos. Roma, FAO, 193 p.

Volume d'eau potentiel récupérable sur une année

A la suite du déclenchement du plan ORSEC dans tout le territoire national (201 000 km^2 de superficie), **le volume global d'eau pompé jusqu'au mois d'octobre 2012, s'élevait à environ 10 866 000 m^3**, selon la Protection civile du ministère de l'intérieur. Pour des informations complémentaires, on s'est intéressé au potentiel d'eau récupérable selon plusieurs échelles spatiales. Sur l'ensemble de la région de Dakar (550 km^2), les résultats de l'évaluation du bilan hydrologique dans des conditions de précipitations moyennes, indiquent que la quantité moyenne d'eau ruisselée chaque année est d'environ 61 millions m^3. En comparaison, ce volume correspond à peu près à la consommation d'eau potable dans la capitale pendant huit (8) mois. Localement en 2005, cinq jours de pluies exceptionnelles au mois d'août dans le bassin versant de *Grand Yoff* - banlieue de la région de Dakar -, ont produit une quantité d'écoulement de près de 426 700 m^3 (ou 426 700 000 litres d'eau) ; pour une superficie d'environ 9 km^2 [113]. Globalement en Afrique subsaharienne, et selon des données 2004 de la FAO, les ressources en eau renouvelables annuelles étaient évaluées à environ 3541 km^3, les précipitations brutes moyennes étant d'environ 18 911 km^3 (cf. chapitre 3).

Bénéfices en termes de superficie agricole

En mobilisant ce potentiel hydrique au profit de l'agriculture, il est possible de contribuer à la préservation des superficies cultivées, pour un double bénéfice. En effet, les ressources additionnelles pourraient constituer un moyen d'éviter une extension physique des terres agricoles ; et aussi, d'atténuation de la tendance actuelle de baisse des surfaces utiles et de la taille des exploitations. En rappel, dans le continent, quatre exploitations agricoles sur cinq ont aujourd'hui une taille inférieure à deux hectares. D'ailleurs comme piste de solution, un rapport de 2005 de la Commission pour l'Afrique initié par Tony Blair, suggère un doublement des surfaces irriguées de la région d'ici à 2015.

Dans cette perspective, on considère que les ressources hydriques nouvellement créées pourraient particulièrement servir, entre autres, à la sécurisation de la production agricole en zone rurale, ou à la multiplication du nombre de cultures dans l'année. Et ces questions ont

[113] Rapport sur l'hivernage 2005, présenté par la Commission Nationale de Gestion Prévisionnelle des Inondations (Sous-commission Infrastructures et ouvrages hydrauliques du Ministère de l'Urbanisme et de l'Aménagement du Territoire MUAT).

été abordées dans l'analyse thématique portant sur l'hydraulique agricole (chapitre 3). À défaut, ou si la perspective de l'irrigation est retenue, le NEPAD estime à 37 milliards USD par exemple, le coût des investissements initiaux nécessaires à l'irrigation de 20 millions hectares de terres supplémentaires.

Précisément, afin d'apprécier les ordres de grandeur des superficies agricoles réalisables avec les 11 millions m^3 pompés par le plan ORSEC, c'est-à-dire sur une année, des indications sont données sur le tableau 27 ci-dessous. En particulier, on a ciblé les cultures les plus consommatrices d'eau, et d'usage courant. A titre comparatif, le potentiel de terres irrigables au Sénégal s'élève à environ 350 000 ha, avec seulement 130 000 ha de superficies agricoles aménagées, et 18 000 ha réellement mises en valeur.

Cultures	Besoins en eau en mm (10 m^3) / hectare (source FAO)	Projection (en ha)	Equivalence par rapport au total des terres irriguées actuelles
Canne à sucre	1250	880	1,5 %
Bananes	1200	916	1,53 %
Dattes	1100	1000	1,66 %
Pamplemousses	825	1333	2,2 %
Riz	770	1428	2,38 %
Coton	750	1466	2,41 %
Betterave à sucre	650	1692	2,82 %
Soja	637	1726	2,87 %
Arachide	600	1833	3 %
Maïs	575	1913	3,18 %
Blé	550	2000	3,33 %
Patate douce	537	2048	3,41 %
Pommes de terre	487	2258	3,76 %
Sorgho	475	2315	3,85 %
Oignons	475	2315	3,85 %
Tomate	450	2444	4 %
Tabac	400	2750	4,58 %
Haricots	375	2933	4,88 %

Tableau 27 : Estimations des superficies agricoles réalisables avec les volumes d'eau pompés lors du plan ORSEC de 2012 au Sénégal

Bénéfices en termes de fiabilisation de l'approvisionnement en eau des espèces très gourmandes en eau

Une autre possibilité de valorisation pourrait consister à utiliser le potentiel d'eau pompée pour assurer les besoins hydriques des cultures très gourmandes en eau, comme le riz et les biocarburants, entre autres. Le contexte international se démarque actuellement par une montée en puissance de la demande de biocarburant. Et le plus souvent, l'offre est assurée avec des plantes nécessitant beaucoup d'eau, et en concurrence avec les cultures alimentaires.

Au niveau mondial, l'eau d'irrigation allouée à ces variétés culturales est estimée à 44 km^3, soit 2 % de l'ensemble de l'eau consommée par l'agriculture irriguée, selon le 3e Rapport mondial des Nations Unies sur la mise en valeur des ressources en eau. Aussi, ce même rapport renseigne qu'il faut en moyenne, environ 2500 litres d'eau, pour produire 1 litre de biocarburant, sur la base des conditions actuelles de production. En comparaison, il s'agit de la quantité moyenne nécessaire pour produire la nourriture d'une personne pendant une journée. Une dernière précision apportée est que la mise en œuvre de toutes les politiques et des plans nationaux actuels en matière de biocarburants, nécessiterait 30 millions hectares de terres cultivées, et 180 km^3 d'eau d'irrigation supplémentaires. Concrètement, si l'on se base sur les 11 millions de m^3 d'eau du plan ORSEC, nos estimations indiquent qu'il serait possible de créer des surfaces agricoles capables de produire environ 4,4 millions de litres de biocarburant.

Bénéfices en termes de création de richesse par une amplification de l'irrigation moderne

En augmentant les superficies agricoles, ou en fiabilisant davantage l'approvisionnement en eau, c'est une amplification, à grande échelle, de l'irrigation qui est favorisée. Au final, le résultat attendu de la consolidation des ressources productives, serait une hausse des recettes financières d'origine agricole, tant au plan local que national. En guise d'illustration, deux exemples pris au Sénégal, donnent des éléments appropriés d'information sur les gains potentiels procurés par des activités de maraîchage ou de riziculture, si les conditions de production sont sécurisées.

Premièrement, dans la zones des *niayes* - le littoral entre Dakar et Saint Louis -, la présence d'une puissante nappe superficielle, localement en affleurement, a rendu possible la pratique d'une irrigation à grande échelle. Les terres mises en valeur s'étendent sur une superficie d'environ

13 000 ha au moins. L'importance du maraîchage au Sénégal est attestée par son intégration dans la Stratégie de croissance accélérée, notamment dans la rubrique 'Agriculture et agro-industries'. En rappel, plus de la moitié de la production de légumes alimentant les marchés de Dakar et l'intérieur du pays provient de cette zone ; et cela, malgré la dimension assez réduite des parcelles cultivées qui est souvent inférieure à 1 ha. Les principales cultures sont l'oignon (7 500 tonnes / 33,4 % de la production maraîchère de la région de Dakar en 2011) ; la tomate (50 000 tonnes / 19,2 %) et le chou (35 000 tonnes / 13,4 %). Ces données sont fournies par l'ANSD (Agence nationale de la statistique et de la démographie). Exceptionnellement en 2011, les maraîchers des niayes ont produit 750 000 tonnes de fruits et légumes, ayant généré un chiffre d'affaires d'environ 430 millions USD - ou 215 milliards de FCFA, selon l'ANSD. Comparées à 2010 (578 000 tonnes), les recettes ont exceptionnellement augmenté de 55 millions USD (27,5 milliards FCFA) en 2011. Globalement, les produits horticoles assurent plus de revenus que les céréales et l'arachide. Sur le marché dakarois, l'oignon se vend à des prix variant entre 0,20 USD (ou 100 FCFA) le kilogramme, à 0,80 USD (ou 400 FCFA). Même si l'essentiel de la production sert à l'approvisionnement des marchés locaux, une partie est aussi destinée au commerce international. Pour la campagne 1998-1999, le volume des exportations de légumes vers l'Union Européenne n'a été que de 6500 tonnes. Ce volume très faible, mais en augmentation au fil du temps, justifie l'intérêt d'une valorisation du ruissellement pluvial au profit d'un renforcement de l'activité. Plus globalement, les exportations de produits maraîchers étaient estimées à 50 000 tonnes environ en 2007.

Deuxièmement dans la vallée du fleuve Sénégal, l'irrigation a rendu possible la pratique d'une riziculture locale moderne, à partir de périmètres irrigués villageois (PIV). Pour apprécier la richesse générée, ce bilan du Président de la fédération des agriculteurs de *Ross-Béthio* (région de Saint Louis), est révélateur. Après un remboursement des dépenses, il reste au producteur un bénéfice net de 800 USD environ - 400 000 FCFA -. Pour cinq mois de travail, cela correspond à un revenu mensuel moyen d'environ 160 USD (ou 78 700 FCFA). A titre comparatif, le SMIC officiel du Sénégal s'élève à 95 USD (ou 47 700 F CFA). Généralement, pour un rendement de sept tonnes par hectare, la ventes de la production rapporte approximativement 1400 USD (ou 700 000 FCFA), pour un kilo de riz vendu à 0,2 USD (ou 100 FCFA).

Étant donné les rendements et les recettes sont variables d'un endroit à un autre, le tableau 28 ci-dessous fournit des indications sur différentes zones géographiques en Afrique. Il s'agit d'informations contextualisées sur le potentiel de production réalisable en développant l'irrigation, et aussi les gains financiers escomptés.

		Zone	géographique		
		Afrique centrale	Afrique orientale	Afrique occidentale	Afrique Australe
Manioc	T/ha	**7,8**	-	**10,3** (Pays côtiers)	-
	USD/ha	**744**	-	**978** (Pays côtiers)	-
Arachides	T/ha	**0,7**	-	**0,8** (Sahel)	-
	USD/ha	**491**	-	**720** (Sahel)	-
Maïs	T/ha	-	**1,5**	-	**1,8**
	USD/ha	-	**188**	-	**230**
Riz	T/ha	-	-	**2,1** (Sahel)	-
	USD/ha	-	-	**227** (Sahel)	-
Coton	T/ha	**0,7** (Tchad)	-	-	-
	USD/ha	**150** (Tchad)	-	-	-
Igname	T/ha	-	-	**10,1** (Pays côtiers)	-
	USD/ha	-	-	**8217** (Pays côtiers)	-
Sorgho	T/ha	**0,6** (Tchad)	-	**0,5** (Sahel)	-
	USD/ha	**74** (Tchad)	-	**116** (Sahel)	-
Tabac	T/ha	-	-	-	**2,2**
	USD/ha	-	-	-	**6 686**
Légumes	T/ha	**7,0**	**6,5**	**5,5** (Pays côtiers) ; **10,5** (Sahel)	**10,4**
	USD/ha	**4347**	**4 057**	**3402** (Pays côtiers) ; **622** (Sahel)	**6465**

Tableau 28 : Rendements annuels (t/ha) et revenus bruts à l'hectare (moyenne mondiale 1996-2000) dans différentes zones géographiques en Afrique (source : FAO, modifiée)

Par ailleurs, dans un contexte de balance commerciale déficitaire (cf. chapitre 1), une augmentation de la production nationale serait synonyme de réduction de la facture financière consacrée aux dépenses d'importation, et par conséquent d'économie en devises étrangères et de redistribution de richesse au profit d'acteurs locaux. Surtout que **la hausse moyenne de la productivité agricole dans le continent est estimée entre 3 et 1,8 % selon la pluviosité**. Vu autrement, cette performance limitée est aussi un reflet de l'étendue des perspectives réelles de progrès existantes. En cause, la reproduction des pratiques habituelles sert de levier principal dans l'expansion agricole. Elle contribue à une proportion d'environ 90 % dans les améliorations observées. Cela signifie que les gains de productivité dus aux évolutions techniques ne représentent que 10 %, d'où la pertinence d'une piste de diversification du procédé organisationnel et opérationnel d'approvisionnement en eau.

Le développement social, par une lutte contre la pauvreté, la sécurité alimentaire et une sécurisation des besoins hydriques domestiques

Avec la nouvelle démarche de gestion suggérée, il est possible de promouvoir un développement social partagé. Les actions et mesures proactives de l'approche GDEPMU pourraient logiquement déboucher sur une amélioration des moyens d'existence dans les quartiers populaires et en milieu rural. La notion de *'moyens d'existence'* se définit comme la combinaison de toutes les activités développées en lien avec les ressources qui permettent aux ménages de subvenir à leurs besoins, afin de continuer d'exister et de se développer.

Lutte contre la précarité...

Le concept GDEPMU mise beaucoup sur la constitution de ressources hydriques additionnelles, pour diversifier ou fiabiliser davantage l'eau agricole au niveau local. En mettant en œuvre une politique partagée et volontariste de valorisation à grande échelle du ruissellement pluvial, le résultat attendu serait de corriger les tendances, lourdes, de précarité sociale et de migration associées, avec deux leviers précisés ci-après. Par ailleurs, un premier postulat est qu'une réduction des flux migratoires à la source, présage d'une charge anthropique moindre sur les territoires urbains, et partant, une satisfaction plus aisée de la demande sociale.

...Par des activités de masse génératrices de revenus (AMGR) / Une agriculture créatrice de revenus et d'emplois dans les centres urbains

La création d'activités de masse génératrices de revenus dans les zones urbaines constitue une mesure appropriée de lutte contre la précarité. Le premier OMD n'est-il pas de réduire de moitié, d'ici 2015, le nombre de personnes disposant d'un revenu journalier inférieur à 1,25 USD. A cet effet, l'action suggérée mise sur des activités monétarisées fixes et durables, notamment basées sur la commercialisation de produits agricoles pour renforcer la capacité de résilience des familles. Par définition, une AGR est une activité de production et/ou de commercialisation menée par une personne ou par un groupe de personnes, dans le but de générer des ressources financières devant déboucher sur une amélioration des conditions de vie au plan socio-économique.

Selon l'objectif de valorisation du ruissellement fixé, on considère, par exemple, qu'une intensification de l'agriculture urbaine constitue une piste potentielle de création d'emplois de masse, et partant de lutte à très large échelle contre le sous-emploi et le déficit d'activités. Pour un *local empowerment* axé sur une satisfaction partagée des besoins, il est pertinent de s'appuyer sur des activités généralisables dans l'espace, et menées en continue dans le temps. Dans les quartiers populaires, étant donné les jeunes sont les plus touchés par le manque d'emploi, ils pourraient constituer le capital humain de mise en œuvre des AGR. Comme bénéfice, une telle piste serait synonyme de perspective positive pour cette frange de la population, en quête d'une situation meilleure.
En guise d'illustration du nombre d'emplois pouvant être créé, le barrage de Ponty réalisé en 1937 dans un village situé près de Dakar, mais rénové en 2007 par l'État du Sénégal, est pris en exemple. Aujourd'hui, l'édification d'une digue de blocage des eaux de ruissellement a permis la création d'un bassin en eau d'un volume de 160 000 m^3. Pour précision, ses dimensions sont les suivantes : 500 mètres de longueur, 400 mètres de largeur et une profondeur d'environ 4 mètres. La pisciculture constitue l'activité dominante dans ce projet, l'étang étant empoissonné d'alevins de l'espèce tilapia. Aujourd'hui, l'exploitation de ce bassin est devenue la principale occupation des jeunes de la localité. Avec une productivité de 50 kilogrammes de poissons par jour, elle permet à 300 d'entre-eux, regroupés en coopérative, de s'adonner à une activité lucrative. Une bonne campagne peut assurer un revenu individuel mensuel de plus de 270 USD, ou environ 130 000 francs CFA. De plus, ce bassin assure une fonctionnalité pastorale, une seconde dimension du projet.
Sur la base de cette avancée concrète, un questionnement pertinent serait de connaître le nombre de bassins, de ce type, et de créations d'emploi, potentiellement réalisables avec les eaux pompées par le plan ORSEC. D'après nos estimations, une valorisation en pisciculture pourrait entraîner la création de plus de 18 000 emplois, à partir d'une édification de plus de 60 bassins, si la qualité des eaux est maîtrisée.

◗ Sur cette lancée de promouvoir la création d'emplois, il est suggéré dans la banlieue de Dakar par exemple, où des bas-fonds de type « niaye » ont été remplacés par des bassins de 'rétention' occupés en permanence par une eau, de passer à l'étape suivante. Notamment, il s'agit de mettre en œuvre les conditions d'émergence d'activités économiques et/ou socioéducatives non favorables à un maintien des inondations. Dans cet objectif, une précaution essentielle sera d'avoir une attention particulière sur la position du toit de la nappe (Dasylva, 2009). A défaut et comme c'est le cas actuellement sur le terrain, on observe une persistance de l'aléa 'inondation' et ses contraintes. De plus, il y a non seulement une perte de ressource hydrique par évaporation, mais un autre risque constaté est la transformation de ces sites en zones insalubres favorables au développement des moustiques. Et même parfois, ils servent de lieu de déversement d'eaux usées, et d'ordures ménagères. Également, l'urgence d'agir est justifiée par le fait que ces sites de concentration élevée de contaminants, sont des sources de chocs de pollution des ressources hydriques souterraines et de surface.

...Par la sécurité alimentaire / Une agriculture sécurisée en milieu rural

La notion de *'sécurité alimentaire'* se définit comme étant l'accès en permanence de tous aux denrées alimentaires, en quantité et qualité suffisante, pour mener une vie saine et active. Pour les populations, elle comprend deux dimensions essentielles que sont la disponibilité et l'accès aux produits alimentaires. Et cette quête peut être satisfaite par une combinaison **d'offres intérieures**, d'importations et d'aides.

Le plus souvent, il est constaté que les populations se retrouvant en situation d'insécurité alimentaire chronique, ne disposent pas de moyens d'existence sûrs, leur permettant de subvenir aux besoins de base. Or, on considère qu'en agissant par des actions d'urgence d'assistance aux populations, on ne s'attaque pas à la racine du mal, contrairement au renforcement des outils locaux de production. Sur le fond, **on partage cette position des Nations Unis indiquant que dans les deux prochaines décennies, l'agriculture demeurera le secteur majeur de réalisation de la sécurité alimentaire et nutritionnelle, dans la grande majorité des pays africains**.

En référence à la persistance des périodes de soudure et cycles de famine, et des cas récurrents de sous-alimentation, la réalisation de la sécurité alimentaire est une urgence et un défi. Cela, d'autant plus que la situation actuelle et les perspectives futures montrent un écart croissant entre les besoins et les disponibilités locales en produits alimentaires, tant au plan national, des ménages et des individus. Du coup, face à la multiplication des crises climatiques, la création de conditions hydriques favorables au renforcement de la production des aliments de subsistance dans les villages, revêt une importance cruciale aujourd'hui. Voilà pourquoi, plusieurs projets sont actuellement mis en œuvre dans ces zones pour réhabiliter, ou renforcer les ressources naturelles productives. Le but poursuivi est la mise en œuvre de conditions de réduction de la pauvreté par la sécurité alimentaire, mais aussi par la création de revenus d'appoint. Et le plus souvent, on constate que les réalisations s'appuient sur la maîtrise de l'eau agricole, un des objectifs du concept GDEPMU. En guise de démonstration des bénéfices réalisables, deux exemples de projet multifonctionnel vont être présentés, notamment le PAGER (au Bénin) et le PAPIL (au Sénégal).

Le PAGER - Projet d'Activités Génératrices de Revenus - est un programme qui a été financé par le FIDA au profit du Bénin, sur huit ans (1997-2004) et d'un montant de 8 050 000 USD. L'objectif était : (i) d'augmenter les revenus des petits exploitants, (ii) de renforcer la sécurité alimentaire, (iii) de protéger l'environnement, (iv) d'améliorer les conditions de vie des populations bénéficiaires. Dans le domaine de la production agricole, y compris de la pisciculture et de l'élevage non conventionnel, il s'agissait particulièrement de soutenir, au moyen de crédit, la création d'unités génératrices de revenus. Au plan des réalisations, 92 ha de bas-fonds ont été aménagés sur les 150 prévus, 10 citernes d'eau construites et 20 puits maraîchers forés. A la fin du projet, l'évaluation effectuée indique que la sécurité alimentaire, de même que les revenus des populations, l'accès à l'eau potable et l'acquisition des biens de consommation, ont été améliorés.

S'agissant du PAPIL - Projet d'appui à la petite irrigation locale -, un de ses objectifs est de contribuer à la réduction de la pauvreté et à la sécurité alimentaire en milieu rural. Le levier d'action ciblé consiste à promouvoir des infrastructures de maîtrise de l'eau et des mesures d'adaptation au changement climatique, mais aussi à préserver et à valoriser durablement le capital productif et écologique. Ce projet, en cours d'exécution au Sénégal, intervient dans huit départements localisés dans les régions de Fatick, Kolda, Tambacounda et Kédougou.

Pour un coût total au départ d'environ 40 millions USD, ou 20 milliards de FCFA, il s'agit concrètement de réaliser, entre autres, des hydro-aménagements à vocation agricole et pastorale, et des activités de renforcement des capacités par des actions d'animation, de sensibilisation et d'appui conseil. A partir d'une démarche de planification participative, le résultat attendu est l'aménagement et l'exploitation de plus de 120 petits ouvrages de maîtrise des eaux de ruissellement, entre autres. Pour ce faire, les principales activités ont consisté à construire des micro-barrages et des seuils, à réhabiliter des mares et des bas-fonds, et à créer des micro-périmètres irrigables. En réalisation additionnelle, des activités de régénération de terres dégradées - sur une superficie de plus de 2000 ha -, ou d'amélioration des conditions de vie des populations, sont entreprises dans quatre-vingt-sept communautés rurales.

Au plan des résultats à mi-parcours, la fiabilisation de l'eau agricole et la récupération de terres salées ont généré, pour la campagne agricole 2008, une production supplémentaire d'environ 1000 tonnes (riz), et 400 tonnes (cultures maraichères). Enfin sur la question 'genre', la Présidente du Groupement féminin de Boly Sérère (région de Fatick), apporte ce témoignage : « le projet nous a appuyé avec des moulins, des batteuses et des décortiqueuses. Ce matériel a permis l'allégement du travail des femmes de notre village, qui trouvent ainsi plus de temps pour mieux s'occuper des enfants, et de s'adonner à d'autres tâches ménagères ou à des activités agricoles, tels que le maraîchage et la riziculture, entre autres ».

Création de réserves hydriques additionnelles pour les besoins domestiques

La récupération « informelle » de l'eau de pluie - surtout dans des récipients à usage domestique - est une pratique quasiment universelle. Elle existe depuis des siècles dans les sociétés les plus pauvres, comme les plus riches, mais aussi dans les régions les plus humides et les plus sèches. Selon les lieux et les problématiques, l'objectif de récupérer et de conserver les eaux pluviales dans des réservoirs artificiels, et même naturels parfois, repose sur la satisfaction des besoins du quotidien en eau lavage, de loisir, de cuisine et/ou de boisson.

De nos jours, à cause de la raréfaction des ressources, des coûts de traitement parfois élevés et de la récurrence des périodes de sécheresse, la collecte de l'eau de pluie (CEP) est devenue une alternative de plus en plus utilisée. Dans plusieurs communautés et zones géographiques du monde, les limites des capacités des ressources traditionnelles semblent actuellement atteintes. Et il est largement reconnu que l'un des plus grands défis du 21e siècle sera de maîtriser le manque d'eau croissant. En particulier, la prégnance de la problématique hydrique dans le continent rend incontournable la généralisation de ce procédé, notamment dans les zones de pénurie d'eau chronique, ou de tarissent temporaire des sources locales. Dans la première partie, des informations ont été données sur la nécessité d'assurer un meilleur accès à l'eau à un très grand nombre.

Parmi les nations pionnières, l'État fédéral indien est un exemple à citer, car il mise aujourd'hui localement sur la CEP pour résoudre ses problèmes d'accès à l'eau potable. Ici, une politique volontariste, s'appuyant sur des initiatives d'édification de dispositifs de création de ressources supplémentaires, est appliquée. Les mesures incitatives visent à couvrir la moitié des besoins journaliers dans les bidonvilles. Face au problème d'approvisionnement en eau, le gouvernement a adopté une nouvelle réglementation pour encourager la récupération de l'eau de pluie, par l'instauration d'un système de taxes et d'amendes. Par exemple, **la loi oblige l'installation d'un système de collecte pour les nouveaux bâtiments dans dix-huit des vingt-huit États, et dans quatre des sept territoires de l'Union fédérale**.

Dans le continent africain, et surtout en référence aux contraintes capacitaires, la collecte des eaux pluviales peut être considérée comme une alternative de proximité appropriée. Non seulement les techniques utilisées sont à faible coût, mais aussi l'eau recueillie est source d'allègement et d'optimisation des conditions de travail et de vie en milieu rural, le cas échéant de baisse de la facture d'eau en ville.

En guise d'appréciation des bénéfices réels procurés, un projet de CEP pour l'alimentation en eau potable des populations du village de Sibirala au Mali, mené par la 'Fondation Rain', en partenariat avec l'ONG Helvetas-Mali, constitue un premier exemple, les commentaires étant tirés de « La lettre du pS-Eau n° 59 » de juin 2009[114]. Comme données de base, ce village de la commune rurale de Faragouaran/Cercle de Bougouni, région de Sikasso - situé à 200 km de Bamako, compte 1200 personnes - réparties en 37 familles et 110 ménages - ; la pluviométrie annuelle étant d'environ 1000 mm. Ici, le manque d'eau s'explique par la nature géologique des formations, et l'existence d'un dôme ; deux paramètres défavorables à la constitution d'une réserve hydrique locale importante. Comme contribution à l'amélioration de l'approvisionnement en eau potable des populations, un programme de construction

[114] URL: http://www.pseau.org/outils/ouvrages/pseau_lettre_59.pdf

d'impluvium a été mis en œuvre afin d'alimenter des réservoirs de stockage de 10 m^3. Installés dans les concessions, ils assurent l'approvisionnement de dix à quinze personnes, pendant six à sept mois, à raison de trois litres par personne et par jour. Pour précision, ces hypothèses requièrent que l'eau soit utilisée uniquement pour les besoins en consommation humaine, et pour la préparation de la nourriture. Au total, trente-deux ouvrages ont été construits, d'une capacité globale de stockage de 350 m^3, et d'un coût total moyen par mètre cube d'environ 130 USD, ou 65 000 à 70 000 FCFA, et cela pour environ 685 personnes. Afin de garantir la qualité de l'eau, l'utilisation d'une toiture en tôle galvanisée est suggérée, de même qu'un enlèvement, en début de saison des pluies, des détritus accumulés dans les gouttières. Au plan des résultats, les destinataires affirment, globalement, que l'eau des citernes est meilleure que celle utilisée jusque-là dans le village.

Un autre exemple dans les îles du Saloum au Sénégal : un projet soutenu par CARITAS et l'Ong RAIN assure aux familles, la fourniture d'une eau de boisson non contaminée durant la saison sèche, dans un contexte où les eaux souterraines sont salines et chargées en fluor. Le procédé est basé sur le captage et le stockage de l'eau de pluie dans des réservoirs de 10-15 m^3, pour une réserve utilisable sur une durée d'environ six mois. Avant cette intervention, les familles avaient l'habitude de collecter ponctuellement l'eau de pluie de façon « informelle », notamment dans des bassines et des seaux placés sous les gouttières. Faute d'une quantité suffisante, elles étaient obligées de se rendre sur le continent pour s'approvisionner en eau de boisson durant la saison sèche.

Enfin au Bénin, dans la ville d'Abomey, près de 50 % des concessions sont équipées de citernes enterrées, construites par des artisans locaux ou les familles elles-mêmes. L'eau recueillie est mobilisée comme une réserve d'appoint durant la saison sèche, lorsque les puits sont à sec, et/ou en remplacement du réseau de distribution d'eau potable en cas de dysfonctionnement. Ainsi, elle est parfois revendue comme eau de boisson au même titre que l'eau potable officielle, pour se procurer des revenus complémentaires.

En rappel et d'après l'OMS, il est possible d'obtenir une eau de boisson « sûre », avec les précautions suivantes : (i) nettoyer régulièrement le système de captage et de stockage, (ii) mettre en place des grilles pour retenir les détritus à l'entrée des gouttières, (ii) utiliser un système de déviation des premières pluies, (iii) couvrir le réservoir et protéger les ouvertures par du tissu moustiquaire, ou un matériau filtrant

(iv) équiper le réservoir d'un robinet, pour éviter l'introduction d'éléments polluants dans le réservoir, (v) filtrer l'eau ou la purifier avant de la boire, par chloration.

Façonnement d'un cadre de vie sain et socioéducatif

La promiscuité des conditions de vie prévalant dans les bidonvilles africains (cf. chapitre 8) est un argument solide pour justifier la nécessité d'une maîtrise efficace des eaux pluviales, et le cas échéant s'en servir pour façonner des territoires récréatifs systémiques. Assez souvent, la charge en habitation dans les quartiers populaires est disproportionnée, avec parfois un taux d'urbanisation atteignant 100 % dans certaines localités. Et on a attiré l'attention sur le fait que le processus d'installation anarchique n'épargne ni les sites inondables ou insalubres. Aussi, on observe une disparition progressive des rares espaces verts ou ludiques existants. Une tendance partagée inquiétante dans les quartiers populaires est l'accentuation de la dégradation qualitative du cadre de vie au fil du temps. Par exemple aujourd'hui, trouver une relique d'espaces verts à Dakar et ses environs immédiats, relève d'un parcours du combattant. Mais, c'est vrai qu'en plus de l'urbanisation, le facteur climatique joue aussi un rôle déterminant dans cette disparition. Les zones humides multifonctionnelles participant jadis à la respiration de l'espace, et qui dominaient le paysage régional, n'existent plus pratiquement. Près de la capitale, le parc zoologique et forestier de Hann - d'une superficie de 60 hectares - est de nos jours le seul espace vert naturel fonctionnel existant. Il renferme : (i) un petit étang artificiel servant de lieu de repos aux oiseaux migrateurs, (ii) un parcours pour les sportifs, (ii) des sous-bois spacieux où sont organisées des activités de loisirs.

Sur la nécessité et l'urgence de disposer d'un cadre de vie sain, selon un rapport du PNUD, près d'un dixième de la morbidité mondiale pourrait être évitée si les conditions d'approvisionnement en eau, d'assainissement et d'hygiène sont améliorées, et aussi la gestion des ressources en eau maîtrisée. Dans le cas du paludisme, le taux de prévalence mondiale que l'on pourrait éliminer - par une suppression des masses d'eau stagnante, une modification des contours des réservoirs, une introduction de systèmes de drainage et/ou une amélioration de la gestion de l'irrigation - serait en moyenne de 42 %.

Précisément, dans le but de rendre les établissements humains plus agréables à vivre, la communauté internationale compte surtout sur des actions de 'restructuration/requalification', pour la création d'espaces récréatifs, *in fine* favorables à une meilleure aération des centres urbains et des bidonvilles. Par exemple, les Nations Unies ont lancé le programme 'ONU-Habitat', qui s'est fixé comme objectif de réduire les effets négatifs de l'urbanisation anarchique dans le monde. Les mesures suggérées cherchent à combattre la pauvreté urbaine ; à transformer les villes en des lieux plus sûrs, plus sains et plus verts ; et à offrir plus d'opportunités et de dignité aux habitants des bidonvilles. Au Sénégal, la volonté politique de lutter contre l'habitat spontanée est confirmée par la création de la 'Fondation Droit à la Ville' (FDV), issue d'un accord entre l'État, les collectivités locales et des acteurs du secteur privé. Il s'agit d'un opérateur autonome de droit privé, qui s'est positionné en prestataire de services en matière de restructuration et de régularisation foncière dans les quartiers spontanés, ou de lotissement anarchique. Ses activités principales consistent, à partir d'une approche participative, à réaliser des objectifs de restructuration et de régularisation foncière, par des actions de réaménagement, mais aussi par la mise en place d'infrastructures de base (voirie, eau, électricité et assainissement).

Dans le cas particulier des prescriptions de ce projet, c'est aussi dans une démarche de création d'espaces socioéducatifs et sains, que s'inscrit partiellement le principe de valorisation des eaux de pluie suggéré. Voilà pourquoi dans la gestion multifonctionnelle des inondations dans la banlieue de Dakar, on a proposé une approche participative de protection de l'environnement et/ou des lieux de vie, par une accélération de l'infiltration des eaux pluviales vers les réservoirs souterrains (Dasylva, 2004). En incluant des ouvrages d'appoint, le résultat escompté est une réduction du temps de stagnation en surface des eaux.

A propos de certaines recommandations du PROGEP (Projet de gestion des eaux pluviales) en banlieue dakaroise[115], notre avis partiel est le suivant. On juge appropriée l'approche opérationnelle et organisationnelle visant à valoriser les berges ; à combiner des mesures assurant des fonctionnalités hydrodynamique, hydrologique et sociale ; et finalement à instaurer des cadres de concertation entre des acteurs aux préoccupations et capacités différentes. Au plan technologique, il en est de même des recommandations ciblant en priorité les réalisations douces : on considère qu'elles sont plus aptes au respect de l'équilibre fonctionnel des milieux. Par contre, le maintien des plans d'eau pour favoriser la sauvegarde de la faune (oiseaux) et de la flore, ou pour

[115] SGI Consulting et al, 2012 - Étude du plan directeur de drainage (PDD) des eaux pluviales de la région périurbaine de Dakar, Rapport final, vol. 1, Agence de Développement Municipal, 320 p

promouvoir l'activité touristique, est discutable. La principale raison est que cette solution est appliquée dans un contexte où les territoires sont massivement chargés d'habitations. Et on a vu que les bassins en eau actuels ont des impacts avérés sur la santé publique, en favorisant le paludisme par exemple. De plus, l'existence de nappes en affleurement ou proches de la surface du sol, empêche une infiltration des eaux de pluie ; ce qui devient un paramètre d'aggravation des inondations actuelles.

◗ En référence à la précarité sociale et les difficultés d'accès à l'eau dans le continent, on préconise que l'option de création d'espaces récréatifs avec les eaux pluviales récupérées, ne soit retenue que si des contraintes hydrauliques socioéconomiques ou environnementales ne sont pas observées. En d'autres termes, cet objectif est conseillé lorsque les disponibilités en eau sont localement à suffisance, ou ne nécessitent pas la création de ressources hydriques additionnelles productives, de même qu'aussi les conditions sanitaires maîtrisées.

Sauvegarde ou création de milieux aquatiques

L'intérêt des milieux aquatiques - ou zones humides - dans le processus de développement et de gestion du changement climatique, n'est plus à démontrer (cf. chapitre 7 / § sur la *Convention de Ramsar*). C'est ainsi que pour traduire sa volonté de consolidation du processus de sauvegarde de ces écosystèmes atypiques, des conférences des parties (CdP) sont régulièrement organisées par la communauté internationale. La onzième (CdP 11) s'est tenue du 6 au 13 juillet 2012 à Bucarest (Roumanie). Parmi les vingt-deux résolutions finales adoptées, celle contenue dans l'annexe (COP11 DR.11 Rev.1) a particulièrement retenu notre attention, car elle est en phase avec les objectifs de notre approche conceptuelle. D'une part, elle porte sur les « principes régissant la planification et la gestion durable des zones humides urbaines et périurbaines ». D'autre part, elle précise les lignes directrices des politiques structurantes devant orienter la formulation d'un cadre programmatique, et les opportunités et priorités des interventions et des directives de référence. En effet, les thématiques ciblées sont la restauration des zones humides et les loisirs, la compréhension de la valeur des zones humides, l'engagement des parties prenantes et la planification intégrée. De plus, la CdP a demandé au GEST - Comité d'examen scientifique et technique - d'élaborer de nouvelles orientations, intégrant la question des zones humides dans la planification urbaine. Au final, il s'agit là autant d'éléments justifiant l'actualité du principe de valorisation des eaux pluviales en milieu urbanisé défendu dans ce projet - pour promouvoir la sauvegarde des zones humides -, et surtout aussi, la pertinence de formuler un référentiel programmatique unifié (objet du deuxième volume).

En guise d'exemple, les mesures de gestion durable des inondations recommandées dans le domaine des sables dunaires de la région de Dakar (cf. chapitre 9) s'inscrivent dans cette démarche. Les mesures d'infiltration forcée suggérées visent à atténuer la dynamique d'assèchement des zones humides de type 'niaye', en déphasage avec le contexte climatique actuel (Dasylva, 2001). A propos de la quantité d'eau nécessaire, nos calculs ont trouvé qu'il faudrait un taux de récupération des eaux pluviales d'au moins 50 % environ, en année de précipitation moyenne (Dasylva, 2002)[116] ; ce qui semble réalisable. Comme argument : un constat est que le taux d'infiltration - ou le volume efficace de recharge pluviale des nappes à l'origine de ces zones humides - varie beaucoup selon la quantité d'eau précipitée annuellement. Les moyennes sont estimées à 9 ; 22,5 et 30,5 %, respectivement pour une année de pluviométrie sèche, moyenne et excédentaire ; l'enseignement principal étant un calage de l'augmentation du taux avec une évolution positive de la pluviosité, précisément sa hausse. Autrement dit, cela signifie que plus le potentiel d'eau à infiltrer est élevé, plus la recharge augmente ; ce qui constitue l'indicateur stratégique de gestion « alternative » des eaux pluviales visant une infiltration forcée vers les nappes. Sur la mise en œuvre avec succès d'une telle perspective, un retour d'expérience d'utilisation de technologies « alternatives » de gestion des eaux pluviales pilotée par l'Institut international d'ingénierie de l'eau et de l'environnement (2IE), sert de repère intéressant. Des tranchées filtrantes construites dans un quartier de Ouagadougou - Burkina Faso - ont permis une rétention d'environ 50 % des eaux de ruissellement (Kerspern et Ouédraogo, 2002)[117].

Outre la sauvegarde des milieux aquatiques existants, les eaux de drainage récupérées pourraient aussi être destinées à compenser, ailleurs,

---

[116] Dasylva S., Cosandey C., Orange D., 2002 - Proposition de gestion « intégrée « des eaux pluviales pour lutter contre les problèmes liés à l'eau dans la banlieue de Dakar. Colloque Envirowater 2002. Ouagadougou, Burkina Faso.

[117] Kerspern Y., Ouédraogo B., 2002 - Les tranchées d'infiltration, une technique alternative pour la collecte et l'infiltration des eaux pluviales : cas d'étude de Tanghin au Burkina Faso. *Sud Sciences et Technologies*, 8, 16-27

les pertes de zones humides découlant de l'urbanisation exponentielle, ou de la péjoration des conditions climatiques. En rappel, le but de l'Étude d'Impact Environnemental et Social est d'évaluer et de documenter les capacités, les fonctions et les contraintes des systèmes naturels. Le résultat attendu est une facilitation de la prise de décision concernant les prévisions et la gestion des impacts négatifs des propositions d'aménagement. Concrètement, la compensation d'atteinte au milieu naturel envisageable avec les eaux pluviales de drainage, vise à créer, *ex situ* ou *in situ*, les zones humides perdues. Par exemple, c'est le cas du lac ORYX (figure 18). Il s'agit d'un étang d'eau pérenne d'une superficie de 463 ha, correspondant à l'exutoire du réseau d'assainissement pluvial du bassin versant de Grand Yoff, un quartier de Dakar. Ce lac artificiel reconstitué sur le site d'une ancienne « niaye » - ou zone marécageuse - avait recueilli au mois d'août 2005, 426 700 m^3 d'eau, en cinq jours de pluies exceptionnelles. Toutefois comme on l'a déjà souligné, les impacts de cette masse d'eau pérenne sur la santé des populations riveraines sont devenus actuellement une préoccupation avérée, et non négligeable.

Figure 18 : Le lac Oryx à Grand Yoff, en banlieue de la région de Dakar

Dans le continent, de telles initiatives, ayant cette fois-ci une vocation productive, font légion, surtout en Afrique du nord. Ici, des projets à grande échelle de récupération des eaux pluviales par des barrages et des lacs collinaires ont été exécutés, en réponse à la sécheresse des années

1980. C'est exactement le cas en Tunisie, où entre1990 et 2000, six-cent-quarante lacs collinaires ont été édifiés dans les zones semi-arides du pays, et cela dans le cadre du programme « Aménagement des terres en pente, mobilisation des ressources en eau, entretien et sauvegarde des aménagements ». Parmi les objectifs hydrauliques, le résultat escompté était : (i) d'augmenter la recharge des nappes, (ii) de mobiliser le plus possible les pertes d'eau vers la mer, le cas échéant par une infiltration dans les sebkhas, (iii) de créer des points de développement des cultures irriguées, d'abreuvement pour le bétail ou de pisciculture. Les barrages et lacs collinaires sont des aménagements de moyenne et petite hydraulique, souvent édifiés dans les parties amont de grands bassins versants. Généralement, le dispositif est composé d'une digue en terre compactée, munie d'un déversoir latéral alimentant des retenues d'eau d'une étendue de quelques dizaines d'ha, et d'un volume de quelques millions de m^3. Également au Maroc, la période de sécheresse du début des années 1980 a été le point de départ d'une politique d'adaptation à ce fléau. Ici aussi, les mesures ont reposé sur la construction de ces petits aménagements hydrauliques destinés à l'irrigation, à l'abreuvement du bétail, à la protection contre les crues ou à l'alimentation en eau potable des zones rurales menacées de pénurie d'eau.

Un levier de mise en œuvre du concept d'adaptation au changement climatique en contexte urbain v/s pluviométries extrêmes

Pour faire face au changement climatique, la communauté internationale préconise une démarche structurée autour de trois axes : (i) des lois et règlements appropriés et des structures institutionnelles agissantes, (ii) des mécanismes de marché et technologies efficaces, (iii) l'**adaptation** et la **restauration**[118]. Actuellement, les actions d'adaptation privilégient une approche intégrée de la vulnérabilité écologique et socioéconomique. Les préoccupations sont centrées sur la définition de stratégies prenant simultanément en compte des besoins de progrès social, et de prospérité économique. Pour le GIEC, l'adaptation aux évolutions climatiques représente une option fondamentale de renforcement des capacités de résilience, la cible étant ici les mesures en œuvre dans les territoires.

Dans le domaine de l'eau, l'adaptation se réfère à tout ajustement dans les systèmes naturels ou humains, pour répondre aux impacts réels ou prévus du changement climatique. Selon l'échelle d'intervention dans le

[118] PNUE, (2007) - Rapport GEO4 : l'environnement pour le développement.

temps et dans l'espace, elle est dite : (i) anticipative, c'est-à-dire que des mesures sont prises avant que les impacts initiaux aient lieu, (ii) réactive, avec des solutions conçues et mises en œuvre en réponse aux impacts initiaux, (iii) planifiée, ou résultant d'une décision politique basée sur une prise de conscience des changements en cours et à venir - rapport du GIEC (2007) -.

Tout comme cette déclaration de Kobé, on est d'avis que « les sociétés humaines doivent apprendre à vivre avec le risque que font peser les aléas naturels ». Même, on pense que lorsqu'un accident se présente deux fois de suite, il ne devrait plus être considéré comme un phénomène imprévisible.

En milieu urbain, le principal objectif de nos recommandations d'adaptation au changement climatique, consiste à façonner des territoires résilients et agréables à vivre. La préoccupation-cible repose sur une minoration forte des nuisances socio-économiques provoquées par les catastrophes naturelles - inondations et sécheresses -. Pour ce faire, on soutient que la mise en place d'un dispositif technique multifonctionnel permet de solutionner les contraintes de mise en œuvre et de performance des solutions « classiques » habituelles, mais aussi rend possible une valorisation des eaux de drainage.

En particulier, s'agissant des ressources hydrauliques, la sollicitation de nouvelles réserves, le recyclage et le dessalement d'eau sont aujourd'hui préférées ; dans le but de faire face au manque d'eau croissant dans les villes africaines. Des solutions que l'on juge gourmandes en investissement et/ou d'un impact environnemental très dommageable. Bien au contraire, le système technique de récupération d'eau de pluie prôné dans ce projet, fait partie de ces approches d'adaptation douces, de proximité et à faible coût ; le plus souvent non retenues par les techniciens et les décideurs. Le résultat attendu dans les territoires urbains est de promouvoir un processus de développement local partagé, et cela dans un espace plus résilient aux aléas climatiques.

Afin de prendre en compte simultanément les aspects 'risque' et 'ressource' associés à la variabilité brusque de la pluviométrie, et on l'a déjà dit, les technologies « alternatives » et « savoirs locaux » présentent des avantages socioéconomiques certains et multiples, dans le contexte africain. Par exemple à Dogondoutchi - une ville du Niger de 60 000 habitants -, l'ONG RAIL-Niger a mis en œuvre un projet basé sur des systèmes de rétention et d'infiltration - digues filtrantes et terrasses en demi-lunes (rétention collinaire) -. Édifiés en amont pour minimiser les problèmes d'eau stagnante de la ville, ce dispositif a permis une récupération de terres destinées à l'agriculture et à la reforestation, de même qu'une réduction de l'ensablement d'un étang ayant rendu possible l'aquaculture et l'irrigation. Mais globalement, il faut reconnaître que le recours à ces solutions alternatives de maîtrise du ruissellement reste rare dans les PED. D'ailleurs, il s'agit de l'un des justificatifs de ce plaidoyer sur la nécessité d'accélérer leur généralisation, si les modalités d'un succès durable sont remplies.

Bonne gouvernance : ***conceptualisation & référentiel d'intervention***

Partout dans le monde, on assiste de plus en plus à une évolution stratégique des politiques de l'eau, passant d'une gestion verticale et technocratique à une gestion se voulant plus concertée, locale et collaborative. L'association des aptitudes à partir d'une démarche de complémentarité ou de solidarité - principe de subsidiarité ou de suppléance -, s'est positionnée comme une alternative pertinente de maximisation des capacités d'intervention et de performance. Dans la situation particulière des PVD, et au regard des limites en capacité, une gouvernance appropriée nécessite une gestion par tous et pour tous. Selon Basim Ahmed Dudeen (Land Research Center, Palestine Authority), la *bonne gouvernance* s'apprécie, entre autres, par : la participation de tous les citoyens ; la responsabilisation des différents groupes à l'égard de la population ou des intérêts qu'ils représentent ; la cohérence des politiques et des initiatives ; la réactivité face à l'évolution des besoins et des préférences ; l'intégration ; et des approches holistiques, entre autres.

Toutefois au plan de la mise en œuvre opérationnelle, une difficulté majeure à surmonter est la définition d'un cadre d'action inclusif, basé sur une répartition juste ou équitable des tâches entre des acteurs aux aptitudes inégales. Et c'est l'objectif principal du deuxième tome de ce projet, en s'appuyant sur les recommandations de l'approche de gestion participative formulée plus haut. Il devrait fournir des recommandations sur les acteurs potentiels de maîtrise d'ouvrage, de maîtrise d'œuvre et/ou d'entretien ; et cela, selon le coût de réalisation, la technicité des ouvrages, la nature ou l'échelle des sites d'intervention. Lors de la Conférence de Yokohama au Japon (1994) sur la prévention des catastrophes naturelles, l'attention a été attirée sur le fait que les catastrophes compromettent gravement les efforts entrepris pour instaurer un développement durable en Afrique. Les retours d'expérience renseignent que le continent ne dispose pas de moyens suffisants pour les prévoir, y faire face et atténuer les effets induits. Dès lors, l'objectif de formulation d'un instrument d'action rassemblant des informations sur des pistes d'investigation, d'enjeux persistants et émergents et de mesures multifonctionnelles, apparaît approprié et pertinent. D'autant plus que les mesures ne sont pas uniquement centrées sur les aléas climatiques extrêmes, mais aussi sur une dynamique de développement partagé. Cette dimension innovante met en évidence le lien existant entre 'création de ressources fonctionnelles additionnelles / phénomènes climatiques extrêmes'.

Comme on l'a déjà souligné, l'existence d'un seul acteur officiel disposant d'une capacité limitée d'action, a tendance à réduire les délais de réaction, ou la réactivité, si les évènements se déclenchent quasi simultanément. Pour preuve, les expressions de mécontentement sont fréquentes. D'ailleurs vu la sensibilité de la question des inondations dans le continent, **il manque des structures spécialisées de première ligne dans les institutions décentralisées, plus appropriées pour une réflexion et une prise de décision de proximité et au quotidien, ou en continuité**. Les services centraux d'État devraient constituer l'ultime recours, car ne pouvant pas intervenir simultanément partout. Pour répondre en temps, en nombre et en performance d'actions, l'approche technique suggérée rend possible la formulation d'un cadre performant de mesures complémentaires et partagées.

Certes, certaines collectivités africaines ont commencé à se doter de structures locales de gestion, comme c'est le cas à Dogondoutchi (Niger), où une cellule « Maîtrise des Eaux de Ruissellement » est créée. Elle est composée du personnel des services de l'environnement, du foncier et du génie rural, pour une approche collaborative visant une rationalisation des interventions sectorielles. Mais, force est de reconnaître que les pratiques demeurent toujours dominées par des interventions spontanées, et des activités d'éducation et de sensibilisation à destination des usagers.

Au final, les bénéfices en gouvernance attendus de l'approche inclusive suggérée sont : (i) une gestion globale plus efficace et efficiente, et une meilleure maîtrise par les ménages des dégâts des pluies dans les domaines privatifs, (ii) une mutualisation et une coordination des différentes initiatives, (iii) un débat raisonné entre les parties intéressés, pour co-décider, co-construire, co-produire, et d'être *in fine* co-responsable, (iv) la création de structures locales, d'initiatives collectives ou individuelles, intervenant dans la conception, la mise en œuvre et/ou l'entretien des ouvrages.

Par ailleurs au plan sociétal, en plus d'une participation technique agissante des parties prenantes locales, la nouvelle gouvernance prônée vise à promouvoir un changement des mentalités et des comportements. Une volonté sera de modifier la perception et la représentation du processus de gestion des eaux pluviales, pour une participation anticipée rationnelle.

Dans cette troisième partie, on a voulu démontrer que **l'économie de l'assainissement pluviale ne devrait pas s'apprécier uniquement en fonction des pertes ou des dépenses associées au processus de conception, de construction et d'entretien des équipements. Les bénéfices procurés par une approche de valorisation représentent aussi une dimension indispensable à prendre en considération**. Ils sont facteurs de création d'emplois, de richesse et de bien-être social. Ainsi, on a cherché à fournir aux parties intéressées, des éléments de connaissance appropriés sur la diversité thématique du progrès réalisable, en appliquant un dispositif sociotechnique élargi. Déjà dans la première partie, des informations multiples ont été fournies sur le rôle décisif joué par l'excès et/ou le manque de pluie dans les résultats de quatre secteurs clés de développement. Au regard de l'ensemble des indications apportées, toute démarche voulant promouvoir des solutions s'attaquant à la vulnérabilité des territoires et ressources productives, et/ou de gestion participative, est pertinente et d'actualité.

Avec des chiffres à l'appui, il a été pointé l'étendue des avancées associées à une démarche de gestion contextualisée, ou inclusive, des écoulements par temps de pluie, ou au concept GDEPMU. En particulier, on retient deux centres d'intérêt nouveaux associés aux pratiques d'assainissement durables préconisées, à savoir un progrès socioéconomique local partagé, et la production de ressources financières d'autofinancement des actions en application. Sur ce deuxième point, les réalisations physiques sectorielles sont, à l'heure actuelle, essentiellement constituées de dispositifs non productifs. Du coup, leur mise en œuvre est souvent confrontée à une perception de déclenchement d'un cycle de dépenses coûteuses. Et notre postulat est que cette dimension financière est devenue, de façon implicite, un facteur de réticence déterminant d'engagement de travaux. Vu les limites budgétaires des pays africains, et aussi l'énorme retard à combler, il nous paraît donc judicieux de privilégier des mesures contribuant au recouvrement total ou partiel des sommes investies. Dans cet objectif, les technologies « alternatives » offrent globalement plusieurs possibilités encore inexplorées. Leur mise en place est salutaire dans les situations suivantes, entre autres : (i) nécessité de création de ressource hydrique additionnelle fonctionnelle, ou de dispositifs de correction des impacts de l'urbanisation sur les conditions hydrodynamiques, (ii) besoin de filtrage des polluants contenus dans les eaux, (iii) difficulté d'appropriation et coût élevé des solutions classiques, (iv) manque d'emprise disponible pour réaliser des ouvrages de grand gabarit, (v) lotissement irrégulier dans les quartiers populaires spontanés.

À propos du contexte géographique de référence, les multiples faits évoqués ont démontré que les centres urbains représentent des endroits appropriés, pour promouvoir une approche intelligente de développement. Ils sont des lieux privilégiés de production massive de ruissellement, de constitution d'un réservoir important de main d'œuvre mobilisable, de concentration de pauvreté et d'acheteurs potentiels. De plus, il s'agit de territoires à vulnérabilité élevée, à cause de l'occupation de zones *non aedificandi* et d'une structuration anarchique des habitations.

Afin de corriger ces dysfonctionnements lourds, la méthodologie conceptuelle veut miser sur le fait démographique pour impulser un processus de développement local. Selon les prévisions, 41 % de la jeunesse mondiale sera africaine dans moins de trois générations. En 2050, ces jeunes formeront plus d'un quart de la main-d'œuvre de la planète. Concrètement, l'innovation repose sur l'utilisation de ce capital humain pour promouvoir des activités socioéconomiques partagées. Les volumes d'eau élevés générés par ces milieux atypiques lors des épisodes pluvieux, représentent une ressource productive, non valorisée actuellement.

En effet, paradoxalement, la collecte des eaux de pluie est une pratique encore balbutiante dans le continent, les mesures d'assainissement étant toujours dominées par l'approche hygiéniste du tout-à-l'égout. En guise d'illustration, il est pris en référence le bilan de la Facilité africaine de l'eau (cf. Partie 2 / § sur les instruments institutionnels de financement), portant sur les soixante-onze (71) projets approuvés à la date du mois de janvier 2012. Sur ce total, seuls cinq (5) projets sont en lien plus ou moins direct avec la problématique-cible de notre approche de gestion durable du ruissellement pluvial. Il s'agit des projets n°s 12, 13, 24, 36 et 37, respectivement mis en œuvre : (i) au Rwanda, pour l'introduction des techniques de collecte et d'utilisation des eaux de pluie dans le District du Bugesera, afin d'accroitre la productivité et d'améliorer la production agricole et la disponibilité d'eau potable, (ii) en Ouganda, pour des activités d'éducation et de sensibilisation destinées à assurer une gestion efficace des ressources en eau collectées pendant les périodes de pénuries d'eau, (iii) au Djibouti, pour le pilotage de technologies innovantes de collecte d'eau, à but multiple, (iv) en Afrique du sud, pour l'amélioration durable des conditions de subsistance dans les communautés pauvres vivant dans les régions subtropicales, par la mise en place d'infrastructures de collecte d'eau, (v) au Maroc, pour l'amélioration de la gestion des ressources en eau dans le bassin Haouz, par une recharge artificielle des eaux souterraines à partir de la construction de barrages-seuils.

Au final, c'est sur la base de la tendance balbutiante à recourir à la récupération de l'eau de pluie, que cette troisième partie a voulu insister sur les multiples bénéfices associés au concept GDEPMU. Et il s'agit d'un plaidoyer fort sur lequel va revenir la conclusion générale, en se focalisant davantage sur les intérêts pluriels associés à une approche de gestion élargie et développante.

Comme souligné au départ, l'objectif global de ce premier volume était de promouvoir une *intelligence de développement inclusif* axée sur les contraintes et bénéfices des eaux de pluie. Globalement, on a voulu formuler un plaidoyer attirant l'attention sur l'importance critique du paramètre pluvial dans les performances actuelles du continent, et surtout indiquant une piste construite et éclairée de massification des avancées. Sur la base des limites des pratiques dominantes, une approche rationnelle de gestion des eaux pluviales pourrait jouer un rôle déterminant dans le renforcement des activités économiques et la consolidation du bien-être social. Et à ce propos, des informations appropriées ont été apportées dans la première partie, sur ses effets positifs pluriels. Effectivement, dans quatre secteurs clés de développement - agriculture, santé, hydraulique et assainissement liquide -, on a vu que la situation et/ou les performances sont partiellement corrélées à la pluviométrie. Précisément dans la deuxième partie, il a été largement mis en évidence que les tendances climatiques actuelles et futures se distinguent par une occurrence accrue des évènements extrêmes. Malheureusement, des phénomènes face auxquels le continent est très vulnérable, pour l'instant. Donc, dans ce contexte imprévisible et défavorable, la sécurisation quantitative et qualitative du paramètre hydrique devient une donne centrale, et même vitale pour l'Afrique. L'opportunité à saisir repose sur une valorisation du potentiel élevé de ressource hydrique additionnelle provoqué par l'imperméabilisation des surfaces d'écoulement déclenchée par l'urbanisation exponentielle. L'hypothèse est qu'en parvenant à créer des ressources hydriques additionnelles en bon état d'usage, il est possible d'apporter une réponse au manque de fiabilité, ou à l'incertitude de l'approvisionnement en eau ; un facteur décisif de contre-performance.

En particulier dans cet ouvrage, il est surtout question de rassembler des arguments factuels sur les multiples bénéfices associés à l'application de l'approche GDEPMU, surtout au profit des jeunes citadins et du monde rural. Plus globalement, la mobilisation de cette ressource de proximité, et pouvant être exceptionnelle en milieu urbanisé, rend possible, *in fine* : (i) une fiabilisation accrue de l'eau agricole, et cela pour le bénéfice de l'irrigation de proximité, ou des cultures très gourmandes en eau, (ii) la création d'activités locales de masse créatrices de revenus, (iii) une amélioration des conditions de subsistance des populations dépendantes de l'agriculture. En plus d'une protection efficace et efficiente des territoires, il s'agit là des objectifs de la vision de développement par la base défendue dans ce projet.

On a vu que le contexte actuel de financement se caractérise par une situation où les investissements en provenance de l'extérieur semblent insuffisants et difficiles à mobiliser. Voilà pourquoi, dans une démarche complémentaire, il est jugé nécessaire de forger un deuxième pilier alternatif de soutien au processus d'émergence, basé cette fois-ci sur les perspectives réelles offertes par les contextes locaux. Autrement dit, on veut s'appuyer sur la réalité des économies nationales, la collaboration et l'appropriation - des leviers surement disponibles et maîtrisables - pour impulser des initiatives reproductibles dans l'espace.

Afin d'améliorer sensiblement la situation socioéconomique, la méthode GDEPMU mise sur l'essor rapide des villes africaines ; le but étant d'impulser un dynamisme vertueux de progrès, davantage centré sur l'homme. Même si, à l'heure actuelle, l'expansion urbaine est plutôt porteuse de contraintes sur les milieux de vie, et de difficultés variées pour un très grand nombre de personnes. Par ailleurs, la proximité à grande échelle des populations favorise une maximisation des investissements. Elle permet de réaliser des économies d'échelle, ce qui ne serait pas le cas si la dispersion des personnes dans l'espace est de mise. De plus, une telle situation crée une interaction plus étroite entre des personnes disposant de compétences et de qualifications diverses et complémentaires, au profit d'une avancée des connaissances et une stimulation de l'innovation.

Selon les prévisions démographiques d'ici à 2030, plus de la moitié de la population africaine vivra dans des villes. Au lieu d'y entrevoir une perspective d'exacerbation des contraintes, le défi est d'utiliser ce potentiel démographique pour promouvoir l'activité socioéconomique, et faciliter la gestion participative. Ce capital humain est potentiellement utilisable comme partie prenante dans la mise en œuvre des infrastructures d'assainissement pluvial, ou de création de ressources hydriques additionnelles valorisables. Mais aussi, il pourrait servir de destination des produits alimentaires générés par les activités mises en œuvre. Selon les estimations, les villes africaines participent déjà pour près de 55 % du PIB continental, alors que dans les pays développés le taux se situe à environ 90 %, une différence assez évocatrice.

Dans le cas particulier des dépenses publiques nationales, la démarche souhaitée est de faire du financement affecté au secteur de l'assainissement pluvial, un investissement productif et partagé. Pour ce faire, il est surtout ciblé des mesures capables de générer des revenus d'autofinancement des équipements, et le cas échéant de protéger les ressources naturelles supportant des activités fonctionnelles. Le coût de construction des techniques « classiques » - axes linéaires, stations de refoulement et bassins de réception - est généralement assez élevé, de même que leur maintenance. Sur la base des services multiples pouvant être tirés de la valorisation des eaux pluviales, ce plaidoyer veut convaincre sur l'opportunité d'ériger cette thématique, en bonne place dans les investissements publics nationaux.

Par ailleurs au plan sociétal, il est aussi attendu de la pratique innovante suggérée, un changement de la perception et des représentations du processus de gestion des eaux de pluie, pour en faire une affaire de tous. Certains comportements inappropriés des populations expliquent en grande partie les dysfonctionnements actuels du réseau d'assainissement pluvial. Ainsi, les éléments de connaissance contenus dans ce premier tome pourraient servir à animer des campagnes d'IEC, visant une rectification et une adaptation des pratiques.

Une conviction est que **les perspectives de développement du continent ne devraient pas se mesurer en termes de juxtaposition de plusieurs projets, mais plutôt en fonction du nombre de personnes impactées, ou de la complémentarité des réalisations** - cohérence de la vision -, et c'est le fondement du concept GDEPMU. Les prescriptions de cette approche nouvelle ont été structurées autour de trois axes complémentaires d'intervention, spécifiés dans la troisième partie. Un acquis essentiel est la précision des conditionnalités pour impulser un progrès mieux partagé, misant sur une valorisation des eaux pluviales en excès.

Au regard des résultats actuels, les objectifs globaux de développement pour 2015 ne seront pas atteints pour le continent, et cela malgré une volonté réelle symbolisée par des engagements ou des déclarations sur l'assainissement, l'eau et l'agriculture. Vu les capacités financières des États, il est clair que les mesures nécessitant des investissements élevés de mise en œuvre, ont une faible chance d'être concrétisées convenablement. Pour cette raison, une gestion *smart* du ruissellement pluvial est préférée aux solutions coûteuses, techniquement contraignantes ou à fort impact environnemental. On entend par-là, les infrastructures modernes sophistiquées, le dessalement, les aquifères profonds ou de socle, entre autres.

Dans la première partie, les difficultés d'exploitation et d'accès à l'eau engendrées par les contraintes techniques et géographiques de mobilisation, ont été largement passées en revue. La conséquence de ces manquements au plan sociétal est qu'un très grand nombre est privé de ce bien essentiel. Quant au recours au dessalement, les sommes financières et l'énergie nécessaire pour la réalisation des *process* par distillation, sont élevées. A cette contrainte s'ajoutent les effets induits par les eaux rejetées dans les écosystèmes océaniques, ou sur la biodiversité marine. Les saumures sont deux fois plus concentrées en sel que l'eau de mer. Avec ces précisions, le débat ainsi posé est le concept de 'gestion active, ou techniciste de l'eau'. Il s'agit de l'approche selon laquelle les technologies sophistiquées peuvent solutionner tous les problèmes ; mais à quelles contraintes financières, environnementales et/ou énergétiques.

En effet, la perspective de dessalement est de plus en plus évoquée dans certains pays, pour résoudre les problèmes d'accès à l'eau potable. Notre souci est de savoir si les États en Afrique sont suffisamment outillés, ou si les destinataires seraient capables de supporter le renchérissement des coûts de consommation induits. Comparé à l'eau douce traitée, ce procédé nécessite des investissements deux fois plus élevés. Une première information supplémentaire à propos de cette technique : 80 % du montant de la production découle de l'installation de tuyaux dans lesquels l'eau doit être sous pression. Aussi, depuis les années 1980, l'osmose inverse s'est progressivement substituée à la distillation, pour devenir la technique la plus utilisée dans le monde. Elle est considérée comme moins gourmande en énergie, et partant plus favorable à la réduction des coûts et des contraintes environnementales.

Mais bien au contraire, notre projet suggère une approche de récupération à grande échelle du ruissellement pluvial - une ressource de proximité -, pour solutionner le manque d'eau. Le cas échéant, il s'agit là de l'un des trois aspects, ou dimensions, d'un plan d'actions contextualisé. Les deux autres sont la protection des territoires contre les risques hydrologiques - inondations et maladies hydriques - et la gestion participative, ou partagée. Fondamentalement, c'est sur la base d'enjeux persistants et émergents que l'utilisation d'un dispositif technologique mixte de gestion est suggérée, les innovations étant l'introduction des

« techniques alternatives » dans le paquet d'infrastructures, et la rationalisation des actions spontanées d'auto-défense des populations.

Ce dispositif d'équipements multifonctionnels, ou de réponse locale et d'appropriation facile, est plus adapté au contexte africain, et cela pour de multiples raisons. Par exemple, on peut compter sur ce type d'équipements pour promouvoir des politiques de l'habitat axées sur des « Constructions du Développement Durable » / C2D (Dasylva, 2009). Dans un objectif de résilience des territoires aux risques hydriques et hydrologiques actuels et futurs, et aussi de création d'emplois et d'espaces socio-récréatifs, on juge nécessaire d'intégrer ces dispositifs dans les projets de construction de logements, ou d'espaces destinés aux activités. Entre autres préoccupations, il est observé que les actions d'appropriation des milieux par l'homme bouleversent considérablement les conditions hydrodynamiques au fil du temps. Et certains dysfonctionnements du réseau d'assainissement découlent de ces perturbations qui rendent caduques les paramètres de conception des infrastructures. La résurgence des inondations en banlieue dakaroise, et le débordement fréquent des ouvrages, s'expliquent par les approches de construction non durables mises en œuvre.

Sur la thématique du développement territorial, les bénéfices pour la production alimentaire, le cadre de vie, l'emploi et les ressources naturelles fonctionnelles, font que l'usage des technologies « alternatives » représente un levier approprié. Pour les institutions décentralisées, elles sont plus en phase avec leurs capacités d'intervention. On sait que le contexte actuel est marqué par une dégradation rapide des lieux de vie dans les quartiers populaires, et un transfert de certaines responsabilités de l'État central.

Sur la gouvernance vertueuse, on considère que ces ouvrages compensatoires contribuent à l'instauration d'une dynamique de gestion commune effective, efficace et efficiente. Ainsi, ils participent à l'instauration d'une confiance entre les parties prenantes, sur les efforts à entreprendre. L'attitude finale attendue est une disposition accrue des acteurs pour soutenir ou accompagner les programmes d'émergence en œuvre, par une acceptation des efforts partagés à consentir.

Pour démontrer que cette vision de progrès est réaliste, un deuxième tome va indiquer clairement la méthodologie d'une application contextualisée du concept GDEPMU. Le but de ce référentiel global - ou cadre programmatique de planification - sera de mettre à la disposition des parties prenantes des éléments de réflexion, de décision et d'action.

L'innovation sera de tenir compte du changement climatique, de la spécificité des contextes d'intervention et des aptitudes des acteurs. Ainsi, il indiquera clairement : (i) les paramètres de diagnostic pour identifier les enjeux représentatifs, (ii) le mix d'infrastructures polyvalentes, sobre mais robuste applicable localement pour résoudre la diversité des problématiques, émergentes et persistantes, associées aux aléas pluviométriques et pratiques humaines, (iii) les acteurs de gestion selon leur capacité technico-financière. Le but poursuivi est que cet instrument d'actions publiques soit utilisé localement pour définir, en solidarité, des contrats locaux ou globaux d'une intervention durable. On considère que la cohérence et la complémentarité des différentes initiatives - officielles et spontanées - sont tributaires de la disponibilité et de l'appropriation d'un tel outil.

En résumé, les mesures préconisées dans ce projet visent, entre autres, la résilience des territoires, une requalification fonctionnelle des sites, l'arrêt du processus de dégradation des ressources naturelles ou leur restauration, et la lutte contre la précarité par des activités créatrices de richesse. On sait qu'une préoccupation centrale des États africains actuellement, est d'amplifier le processus de développement, avec des actions inspirées du PIDA et du PDDAA. Mais, parmi les facteurs de ralentissement des réalisations, le coût élevé des investissements fait indéniablement partie des paramètres bloquants majeurs. Et c'est aussi sur ce retour d'expérience que s'inspire l'approche opérationnelle suggérée, notamment d'inclure dans le dispositif global de gestion, des infrastructures productives moins gourmandes en investissement, et rendant possible le partage des tâches.

« (...) au sens marxiste du terme, l'Afrique a souffert, non d'avoir été exploitée, mais de n'avoir pas été suffisamment exploitée. L'investissement du capital n'y a pas été suffisant, trop peu de population a travaillé et gagné suffisamment pour produire une plus-value relative. Le surplus réinvesti a été insuffisant » (Leys et Saul, 1999, in Cox et Negi, 2009**).*

* Cox et Negi, 2009 - L'État et la question du développement en Afrique subsaharienne. *L'Espace Politique* [En ligne]
URL : http://espacepolitique.revues.org/1287

RÉFÉRENCES CITÉES PLUSIEURS FOIS DANS LE TEXTE

ABEJE (2000) : *La gestion durable des eaux pluviales urbaine par la gestion de l'espace et la subsidiarité : le cas d'Addis-Abeba (Éthiopie).* Thèse de Doctorat, INSA Lyon 395 p.

ACMOW, BAFD, Banque mondiale, WSP (2008) : « Analyse de la situation de l'hygiène et de l'assainissement dans 32 pays africains. L'Afrique peut-elle se permettre de manquer les objectifs du millénaire pour le développement ». Initiative conjointe CMAE, BAfD, Banque mondiale, WSP / Année Internationale de l'Assainissement, 58 p.

BAfD, FAO, FIDA, IWMI, Banque mondiale (2007) : « Appel de Ouagadougou sur l'expansion des aménagements hydro-agricoles en Afrique sub-saharienne », 26-28 mars 2007, Ouagadougou, Burkina Faso.

BAfD, OCDE et al (2011) : « Perspectives économiques en Afrique », 2011. 318 p.

BAfD (2012) : « Le financement du changement climatique : l'accès de l'Afrique aux fonds conventionnels », 7 p.

BAfD (2013a) : « Rapport 2012 sur le développement en Afrique. Vers une croissance verte en Afrique ». 36 p.

BAfD (2013b) : « Revue annuelle sur l'efficacité du développement. Edition 2013. Vers une croissance durable en Afrique ». Groupe de la Banque africaine de développement, 69 p.

Banque mondiale (2007) : Assemblée annuelle de la Banque mondiale – « Le rôle de l'agriculture dans la croissance du continent », Washington, États-Unis.

Berthélémy (2007) : « Les relations entre santé, développement et réduction de la pauvreté », Mini-Forum sur la santé dans les pays en développement, Paris, France, 22 p.

Bigot, *et al* (1998) : « Fluctuations pluviométriques et analyse fréquentielle de la pluviosité en Afrique centrale », Water Resources Variability in Africa during the XX° Century Conference, IAHS Publications n° 252, *Abidjan*, Côte d'ivoire, 8p.

Blein, *et al* (2008) : « Les potentialités agricoles de l'Afrique de l'Ouest (CEDEAO) », Fondation pour l'agriculture et la ruralité dans le monde, 116p.

CDB (2010) : « Perspectives mondiales de la diversité biologique ». 3ème édition, Montréal, Canada, 94 p.

CEA / UNECA (2008) : « Perspectives économiques en Afrique. L'Afrique et le Consensus de Monterrey ». Addis-Abeba, Éthiopie, 221p.

CEA/UNECA, *et al* (2012) : « Rapport OMD 2012. Évaluation des progrès accomplis en Afrique dans la réalisation des objectifs du Millénaire pour le développement. Perspectives émergentes en Afrique relativement à l'agenda de développement post-2015 ». 214 p.

Conte (2003) : « L'économie de l'Afrique », *Perspectives Sud*, p. 26-30.

CTA (2000) : « Le rôle économique des femmes dans le développement agricole et rural ». Rapport de synthèse d'un séminaire, Wageningen, Pays-Bas, 64 p.

Dasylva (2001) : *Les bas-fonds des sables dunaires de la Région de Dakar : potentialités agricoles et contraintes urbaines*. Thèse doctorat. Univ. Paris 1-Sorbonne, Paris, France, 405 p

Dasylva (2002) : « Proposition de gestion "intégrée" des eaux pluviales pour lutter contre les problèmes liés à l'eau dans la banlieue de Dakar ». Colloque Envirowater 2002. Ouagadougou, Burkina Faso

Dasylva, *et al* (2003) : « Assèchement des "niayes" (bas-fonds agricoles) de la Région de Dakar durant la période 1960-1990 : variabilité spatiale et rôle joué par la pluviosité ». *Revue Sud Science et Technologie*, 11, 27-34.

Dasylva, Cosandey (2005) : « L'exploitation de la nappe des sables quaternaires pour l'alimentation en eau potable de Dakar : une offre compromise par l'insuffisance de la recharge pluviométrique ». *Revue Géocarrefour*. 80(4)

Dasylva (2006) : « Risques environnementaux dans les bas-fonds urbanisés à Dakar : limite des solutions actuelles de gestion du temps de pluie et éléments techniques d'atténuation d'impacts ». Colloque Développement, Environnement et Santé, SIFEE, Bamako, Mali

Dasylva (2009) : *Inondations à Dakar et au Sahel. Gestion durable des eaux de pluie*. Dakar, Enda Editions, 267p.

Dasylva, Cosandey (2010) : « Éléments d'évaluation et d'action de gouvernance durable de l'eau de pluie en milieu urbanisé au Sahel pour la biodiversité et la sécurité alimentaire. Retour d'expérience d'une étude dans les "niayes" de la région de Dakar », Colloque Biodiversité et Evaluation environnementale, SIFEE, Paris, France

Dasylva (2011) : *Les bas-fonds des sables dunaires de la région de Dakar. La problématique de l'eau et l'écosystème agricoles et des inondations au Sahel et les perspectives de gestion intégrée*. Sarrebruck, Éditions Universitaires Européennes, 426 p.

Dieudonné (2001) : « Afrique : le continent le plus vulnérable ». *Bulletin Africain (Point de vue)*, n°14 hors-série, Enda Tiers-Monde, Dakar, Sénégal

FAO (2006) : « L'irrigation en Afrique en chiffres ». Enquête AQUASTAT 2005, FAO Division de la mise en valeur des terres et des eaux

FIDA, FEM (2002) : "Tackling land degradation and desertification". URL : http://www.ifad.org/events/wssd/gef/GEF_eng.pdf

HHA (2011) : « Investir dans la santé pour l'Afrique. L'argumentation en faveur du renforcement des systèmes pour de meilleurs résultats sanitaires », 72 p.

Hugon (2002) : « Rétrospectives et perspectives économiques. La Côte d'Ivoire à l'aube du XXIe s ». Paris, Karthala, pages 137-192

JICA (1993) : « L'étude sur l'assainissement de Dakar et ses environs », Rapport intérimaire, Tokyo, Japon, 231 p.

Lyon (2006) : « La cohérence et la complexité ». *in* : E. Christen-Gueissaz, G. Corajoud, M. Fontaine, J.B. Racine (dir.), *Recherche-action / Processus d'apprentissage et d'innovation sociale*. Paris, L'Harmattan.

Mariotti, *et al* (2009) : "Trachoma: Global Magnitude of a Preventable Cause of Blindness". *The British Journal of Ophthalmology*, 93(5):563-568.

Mathonnat (2010) : *Disponibilité des ressources financières pour la santé dans les pays d'Afrique subsaharienne*, Agence Française de Développement, Département de la Recherche, 284 p.

OCDE (2007) : « L'accès à l'eau potable et à l'assainissement en Afrique », *Repères* n° 41, 2 p.

OMM (2012) : « Déclaration de l'OMM sur l'état du climat mondial en 2011 », *OMM* n° 1085, 24 p.

Onu-Habitat (2010) : « L'état des Villes Africaines 2010. Gouvernance, inégalités et marchés fonciers urbains ». Nairobi, Kenya, 279 p.

Panthou G. (2013) : *Analyse des extrêmes pluviométriques en Afrique de l'Ouest et de leur évolution au cours des 60 dernières années*. Thèse de doctorat de l'Université de Grenoble, France, 282 p.

PNUD, CEA, et al (2012) : « Évaluation des progrès accomplis en Afrique dans la réalisation des objectifs du Millénaire pour le développement », 214 p.

PNUE (2008) : *Afrique. Atlas d'un environnement en mutation*, 393p.

PNUE (2013) : « 3ème Rapport de l'Avenir de l'environnement en Afrique (AEO 3) : Résumé à l'intention des décideurs », 40 p.

Radasoa (1991) : « Gestion autonome de l'eau pluviale en habitat spontané : pour des aménagements tenant compte des pratiques de l'espace en Afrique tropicale », CERGRENE / ENPC, Paris, 82 p.

Resweber (1995) : *La recherche-action*. Paris, PUF, 238 p.

Richard et al (2001) : "XXe Century Droughts in Southern Africa Spatial and temporal variability, teleconnections with oceanic and atmospheric conditions". *International Journal of Climatology*, 21, 873-885

Richer (2011) : « Recherche-action et didactique du FLE ». *Synergies Chine* n° 6 - 2011 pp. 47-58

Unicef, OMS (2008) : « Un Aperçu de la Situation de l'Assainissement en Afrique », ACMOW, 13 p.

Wethé, *et al* (2003) : « Assainissement des eaux usées et risques socio-sanitaires et environnementaux en zones d'habitat planifié de Yaoundé (Cameroun) », *VertigO - revue électronique en sciences de l'environnement* -, vol. 4, n° 1

Tableaux

Figures

Partie 3

Approche développante de gestion des eaux pluviales en milieu urbanisé : enjeux, modalités et bénéfices

L'HARMATTAN, ITALIA
Via Degli Artisti 15 ; 10124 Torino

L'HARMATTAN HONGRIE
Könyvesbolt ; Kossuth L. u. 14-16
1053 Budapest

L'HARMATTAN BURKINA FASO
Rue 15.167 Route du Pô Patte d'oie
12 BP 226 Ouagadougou 12
(00226) 76 59 79 86

ESPACE L'HARMATTAN KINSHASA
Faculté des Sciences Sociales, Politiques et Administratives
BP243, KIN XI ; Université de Kinshasa

L'HARMATTAN GUINÉE
Almamya Rue KA 028 en face du restaurant le cèdre
OKB agency BP 3470 Conakry
(00224) 60 20 85 08
harmattanguinee@yahoo.fr

L'HARMATTAN CÔTE D'IVOIRE
M. Etien N'dah Ahmon
Résidence Karl / cité des arts, Abidjan-Cocody 03
BP 1588 Abidjan 03
(00225) 05 77 87 31

L'HARMATTAN MAURITANIE
Espace El Kettab du livre francophone
N° 472 avenue Palais des Congrès,
BP 316 Nouakchott
(00222) 63 25 980

L'HARMATTAN CAMEROUN
Immeuble Olympia face à la Camair
BP 11486 Yaoundé
(237) 458.67.00/976.61.66
harmattancam@yahoo.fr

L'HARMATTAN SÉNÉGAL
« Villa Rose », rue de Diourbel X G, Point E
BP 45034 Dakar FANN
(00221) 33 825 98 58 / 77 242 25 08
senharmattan@gmail.com

L'HARMATTAN MALI
Rue de Leipzig, face au Palais de la culture,
Porte 203, Badalabougou, Bamako
00 223 20 22 57 24 / 00 223 76 37 80 82
pp.harmattan@gmail.com

654557 - Mai 2016
Achevé d'imprimer par

1livre.com
du rêve à la réalité !

www.ingramcontent.com/pod-product-compliance
Lightning Source LLC
LaVergne TN
LVHW011157061026
849535LV00003B/770